# 砾岩油藏化学驱实践与认识

刘顺生　栾和鑫　白　雷　关　丹　徐崇军　等著

U0198109

石油工业出版社

## 内 容 提 要

本书简要介绍了聚合物驱技术、复合驱技术的驱油机理和国内外应用现状，详细阐述了砾岩油藏聚合物驱配方设计和现场实施效果。通过对化学剂在多孔介质渗流中的乳化规律、乳状液运移、驱油体系普适性等研究明确了砾岩油藏中复合驱驱油机理，指导了复合驱驱油配方的设计。通过新疆油田实施的化学驱工业化试验，总结了砾岩油藏聚合物驱、二元复合驱、弱碱三元复合驱等的应用效果。

本书可供从事石油天然气开发工作的管理人员、工程技术人员，以及相关院校师生参考使用。

## 图书在版编目（CIP）数据

砾岩油藏化学驱实践与认识 / 刘顺生等著 .—北京：

石油工业出版社，2022.2

ISBN 978-7-5183-5156-5

Ⅰ.① 砾… Ⅱ.① 刘… Ⅲ.① 砾岩 – 砂岩储集层 – 化

学驱油 – 研究 Ⅳ.① TE357.4

中国版本图书馆 CIP 数据核字（2021）第 271750 号

出版发行：石油工业出版社

（北京安定门外安华里 2 区 1 号　100011）

网　　址：www.petropub.com

编辑部：（010）64253537　　图书营销中心：（010）64523633

经　　销：全国新华书店

印　　刷：北京中石油彩色印刷有限责任公司

2022 年 2 月第 1 版　2022 年 2 月第 1 次印刷

787×1092 毫米　开本：1/16　印张：18.25

字数：400 千字

定价：160.00 元

# 前　言

目前我国的主要油田（大庆、胜利、辽河等）已进入了二次采油的后期阶段，主要特点是高含水和特高含水，原油产量递减速度加快，经济效益下降。为了提高现有油田的采收率，三次采油技术的开发应用已势在必行。化学驱包括聚合物驱、表面活性剂驱、碱水驱以及复合驱，化学驱油是中国提高采收率的主导技术。聚合物驱经过大庆、胜利、大港等油田大规模的矿场应用，可提高采收率10%左右。复合驱先导试验结果表明，该技术可提高采收率20%左右。这充分显示了中国化学驱可大幅度增加可采储量，显著提高采收率。因此，新疆克拉玛依油田自2004年开始陆续开展了聚合物驱、二元复合驱、三元复合驱重大开发试验，试验区覆盖新疆砾岩高渗透、中渗透、低渗透油藏，经过技术攻关和矿场试验，化学驱技术已经基本成熟，形成了系列配套技术，开始了工业化推广。

《砾岩油藏化学驱实践与认识》以砾岩油藏化学驱技术研究为重点，从油藏工程、配方设计、驱油机理、乳化规律、油水界面作用、矿场应用等方面进行了详细论述，全书共分为四章。第一章论述了聚合物驱、复合驱驱油机理以及国内外应用现状；第二章论述了人造岩心制作技术、聚合物驱驱油方案设计和现场实施效果；第三章论述了二元复合驱驱油机理、乳状液运移机理、二元复合驱驱油方案设计及现场实施效果；第四章论述了弱碱三元复合驱应用界限、方案设计及现场实施效果。

本书编写过程中，得到了中国石油天然气股份有限公司、中国石油克拉玛依石化有限责任公司、新疆金塔投资集团公司、中国科学院兰州化学物理研究所和四川大学等单位领导和专家的大力支持，在此表示感谢。由于笔者水平及掌握的资料有限，书中不足之处在所难免，敬请广大读者批评指正。

# CONTENTS 目录

# 第一章 绪 论

油田开发的历史，就是对油田不断认识、不断提高采收率的过程。随着对油田开发规律的不断深化认识和油田开发理论的发展，一次、二次、三次采油反映了油田开发的重大发展历程和不同的开发历史阶段。20 世纪 70 年代以前，中国油田的开发主要是依靠天然能量开采，一般采收率仅 5%～10%，称为一次采油。它反映了油田开发早期的较低技术水平，90% 左右探明石油地质储量依靠一次采油技术不能被采出。

随着渗流理论的发展，达西定律用于流体在多孔介质的流动。反映出油井产量与压力梯度成正比关系，人们认识到影响一次采收率的主要因素是油层能量的衰竭，从而提出了人工注水（气）保持油层压力、利用人工举升增加生产压差开发油田的二次采油方法。这是至今中国乃至世界油田的主要开发方式，二次采油能够使油田石油采收率达到 30%～40%。但二次采油仍有 60%～70% 剩余油留在地下采不出来。为此，多年来国内外石油工作者进行了大量研究工作，逐步认识到制约二次采油采收率提高的因素，从而提出了三次采油方法。

利用物理化学能采油，即通过改变油层、流体的性质，特别是改变注入水的性质（增加注入水的黏度）和油水界面性质进行的采油方法，称为三次采油法或三次采油技术。主要的三次采油方法有化学驱、气驱、蒸汽驱、蒸汽吞吐、热水驱、火烧油层、蒸汽辅助重力泄油（SAGD）。化学驱包括胶束—聚合物驱、聚合物驱、碱驱、表面活性剂驱、三元复合驱、二元复合驱；气驱包括烃混相（非混相）驱、二氧化碳混相（非混相）驱、氮气驱、烟道气驱、酸气驱；其他包括微生物驱、碳酸水驱等[1]。

新疆砾岩油藏具有典型复模态孔隙结构，发育"非网状"渗流系统，宏微观非均质性强，水驱后开展聚合物驱进一步提高采收率难度大。同时国内没有可以借鉴的砾岩油藏聚合物驱技术先例，需要探索一套适合砾岩油藏特点的聚合物驱技术，为砾岩油藏水驱后进一步提高采收率奠定基础。国内外从 20 世纪 60 年代开始进行了大量的室内研究和矿场试验，取得提高原油采收率 10 个百分点以上的增油效果，大庆油田在 90 年代中后期进入了聚合物驱技术推广应用阶段。20 世纪 60 年代聚合物驱油在新疆油田开展过小型矿场试验，由于技术等原因未继续进行。为了探索新疆砾岩油藏聚合物驱的可行性和潜力，2005 年设立"克拉玛依油田七东$_1$区克下组砾岩油藏聚合物驱工业化试验研究"项目，并被中国石油天然气股份有限公司列为重大开发试验项目。新疆油田七东$_1$区克下组砾岩油藏 9 注 16 采聚合物驱工业化试验作为中国石油第一个砾岩油藏聚驱项目，2014 年成功在七东$_1$区工业化推广。复合驱技术早在"八五"期间，就在克拉玛依油田二中区克下组进行过清水配液三元复合驱先导试验，50m 井距实现化学驱提高采收率 25 个百分点，展示了复合驱良好的应用前景，但存在注采系统结垢、采出液破乳难等问题，特别是清水配液在新疆地区难以规模应用。自2007年开始，在中国石油天然气股份有限公司重大开发试验和中国石油天然气股份有限公司重大科技专项等项目支持下，新疆油田历经十余年技术攻关，在聚合物驱、聚/表二元驱以及三元复合驱技术获得重大突破，形成了适用于砾岩油藏模态孔隙结构特点的聚合物驱、聚/表二元驱以及三元复合驱配套技术系列，该技术系列为新疆油田稀油老油田稳产提供了技术支撑。

# 第一节　聚合物驱技术

聚合物驱是指以聚合物溶液作为驱油剂的驱油技术，主要是向地层注入水中加入高分子量的聚合物，溶于水后的聚合物分子可在水溶液中伸展形成空间结构增大驱替相的黏度，改善驱替相与被驱替相间的流度比，进而扩大驱替相流体的波及体积增大原油采收率。

## 一、聚合物驱概况

聚合物驱油技术开始于20世纪五六十年代，经过数十年的室内研究和矿场试验，聚合物驱已发展成为三次采油技术中的一种非常成熟的驱油方法，在我国一些油田（大庆、胜利、辽河等油田）得到了广泛应用，并取得了良好的应用效果，水驱后采用聚合物驱油可以提高原油采收率8%～15%。20世纪70年代，我国首次在大庆油田进行聚合物驱矿场试验，并取得了较大成就，聚合物驱得以飞速发展。大庆油田已经发展聚合物驱工业化区块48个，完善了注水后期油藏精细描述、聚合物筛选及评价、聚合物配制、注入井完井、分注和测试、合理井网井距优化、数值模拟、聚合物驱防窜等聚合物驱配套技术；1997年聚合物驱增产原油产量就占当年原油产量十分之一，创造了巨大的经济效益，成为大庆油田保持稳固发展的有力保障[2]。20世纪60年代，胜利油田开展聚合物驱室内研究，90年代进行先导试验，取得显著的控水增油效果并展开扩大试验。同样，鉴于聚合物驱较好的提高采收率能力，在我国其他油田中也得到广泛应用且均取得较好的经济效益。在国外，聚合物驱油技术也得到了迅速的发展，1964年，美国开展了首次聚合物驱矿场试验，紧接在随后的五年期间完成了61个聚合物驱油试验。从20世纪70年代至80年代共开展聚合物驱项目183个并取得了较好的增油效果。苏联、法国、加拿大等都相继进行了聚合物驱矿场试验，与水驱油相比提高采收率6%～17%[3]。20世纪90年代，受较低的原油价格影响，水驱采油成为油田开发的首选方法，由于近年原油需求量日益变大，聚合物驱又逐步走向油田现场。

## 二、聚合物驱驱油机理

驱油用聚合物都是相对分子质量很大的线型水溶性聚合物，例如驱油用的聚丙烯酰胺的相对分子量一般为$1\times10^7$或更高[4]。如此高的相对分子质量使聚合物分子间以及聚合物分子与溶剂小分子之间的摩擦力增大，使溶液的流动受到阻滞，表现出很大的黏性[5]。驱油用聚合物的链节上都含有亲水基团，如 –COONa、–CONH₂、–SO₃Na、–OH 和 –CH₂CH₂O– 等，这些亲水基团在水中都是溶剂化了的，溶剂化层使聚合物分子体积增大，从而增大了相对移动时的内摩擦力。聚合物分子中的 –COONa 等离子型亲水基团可在水中解离，产生许多带电符号相同的链节，这些链节的相互排斥使聚合物分子在水中更好地伸展，与溶剂接触面增大，分子间摩擦力增大，使溶液黏度升高[6]。

聚合物溶液在流经孔隙介质时，会发生聚合物分子在孔隙介质中的滞留现象，它对溶液在孔隙介质中的流变性和降低孔隙介质渗透率起着重大作用[7]。聚合物在孔隙介质中的滞留分为吸附滞留和机械捕集两种方式。

### 1. 吸附滞留

驱油用的水溶性聚合物在岩石表面上的吸附服从 Langmuir 吸附等温式，吸附是单分子吸附，吸附量随聚合物浓度增加而增加，达到一定浓度后吸附量不再增加，即吸附达到饱和。组成岩石的矿物主要是二氧化硅、黏土和碳酸盐等。在相同条件下，聚合物分子在这些矿物表面上的吸附量不同，在碳酸盐和黏土表面上的吸附量要比在二氧化硅上的吸附量高很多。如部分水解聚丙烯酰胺在碳酸盐表面上的吸附，主要是聚合物分子中的羧基与碳酸盐表面上的阳离子通过静电作用而产生吸附[8]。二氧化硅几乎不吸附部分水解聚丙烯酰胺，但是在溶液中加入氯化钠后，钠离子在二氧化硅表面上吸附，聚合物分子中的羧基可与钠离子发生静电吸附。除静电吸附外，也存在氢键吸附。尤其是砂岩表面在水的长期冲刷下发生羟基化作用，因此可与聚合物分子中的酰胺基、羟基或羧基发生氢键吸附。

### 2. 机械捕集

聚合物通过孔隙介质时产生的非吸附性滞留称为机械捕集。曾有人用不吸附聚丙烯酰胺的聚四氟乙烯粉末做成非胶结的人造岩心，当聚合物溶液流过此岩心时，渗透率和孔隙度都下降了，这说明一部分聚合物分子滞留在了岩心孔隙中。用含有残余油的人造砂岩岩心进行驱替试验，发现聚合物溶液通过岩心的滞留量与距岩心入口的距离有关。离岩心入口近处滞留量大，随着距离增大滞留量降低。这是因为一些较大的分子首先在岩心入口附近滞留在小孔隙入口处，而一些较小的分子从大孔隙通过时却未受到岩心的捕集[9]。它们继续向前流动，不时会遇到直径更小的孔隙而滞留下来。这种连续不断地对大分子的过滤作用逐渐把大分子滞留下来。由于聚合物分子在孔隙介质中的滞留，增加了流体在孔隙介质中流动的阻力，因此导致渗流率下降。

## 第二节 复合驱技术

复合驱油顾名思义，是指由两种或者两种以上驱油成分（主要包括聚合物、表面活性剂、碱）复合而成的一种驱油技术。根据成分多少又可分为二元复合驱油技术和三元复合驱油技术两种[10-12]。

## 一、复合驱概况

单一驱油成分虽然可以有效提高采收率,但受到驱油成本和油藏地质条件等因素的影响,使得单一驱油体系存在一定的局限性:如聚合物驱虽然能有效减小油水流度比增大波及系数,但最终提高采收率仅为7%~15%;表面活性剂溶液也可有效降低油水界面张力但矿场用量较大,驱油用成本较高;碱水驱虽然可以与原油中的石油酸生成表面活性物质,但是采收率增值一般低于6%~8%,这主要是由于碱水溶液注入油藏后碱与地层流体发生反应造成大量的碱耗以及不适宜的流度比造成的。鉴于以上所述单一驱油技术在取得一定成效的同时也面临着新的挑战[13],早在20世纪20年代,M.de Groot曾成功申请一项关于表面活性剂水溶液驱油的专利,专利中所提出的表面活性剂体系就是一种混合体系,在后来的研究中也表明不同的表面活性剂体系进行复配之后可使得油水界面张力达到超低[14-16]。W.B.Gogarty等人在较高浓度(5%)表面活性剂驱油体系中加入一些表面活性剂助剂(醇类、电解质等),发现复配后的表面活性剂体系可进一步降低油水界面张力,说明复配之后的表面活性剂具有更好的表面活性,为复合驱油技术奠定了基础[17-19]。20世纪60年代初期,国外提出在聚合物溶液中加入碱的方法,此方法既可以利用聚合物的增黏性能来提高波及系数,又可以利用碱与石油酸生成的表面活性物质降低油水界面张力进而提高波及系数,主要有碱增效聚合物驱或聚合物增效碱驱,美国在Isenhour油田进行了单元聚合物增效碱驱试验,获得了重大突破[20, 21]。

国外于20世纪80年代对三元复合驱进行了相关研究,美国、加拿大分别进行了三元复合驱矿场试验[22]。在前期研究的基础上,中国也明确提出了由碱、表面活性剂、聚合物三者组成的三元复合驱(即ASP驱)的概念,随后做了大量的室内研究工作和矿场试验[23]。1994年9月,大庆油田在萨尔图背斜构造西冀纯油区实施三元复合驱矿场试验,同年11月开始见效,截至1996年8月全区日产油由注入三元复合体系前的37t上升至88t,全区综合含水率由措施前的88.4%降至63.7%。另外大庆油田在杏五区中块(杏树岗油田)、杏二区等几个区块进行了先导性试验,试验表明:三元复合驱具有很好的降水增油效果,提高采收率不低于20%。截至2019年底,三元复合驱油技术在大庆油田已广泛应用并取得了飞速进展[24, 25]。1992年8月,胜利油田在孤东油田实行三元复合驱矿场试验并取得了成功,提高原油采收率13.4%。1996年7月,克拉玛依油田采用小井距在二中区北部进行三元复合驱矿场试验,中心井采收率提高18%。

很早之前,有文献指出聚表二元复合驱是在油层中先注入表面活性剂体系,之后再注入聚合物驱油体系[26]。由于表面活性剂在岩石表面吸附量较大且驱油机理复杂,使得聚表二元复合驱的效果并不显著。后来人们提出聚表二元复合驱是指由聚合物和表面活性剂两种驱油剂复合而成的驱油方法,此体系为混合体系[27]。聚表二元复合驱由于不存在碱,可以避免由于碱的加入而带来的一系列负面问题(油层结垢、聚合物降黏等),但对表面活性剂的表面活性要求较高[28]。从20世纪50年代,针对无碱二元复合驱,国内外也进行了大量的室内研究和矿场试验。杨艳、蒲万芬等人研究了疏水缔合聚合物和双阳离子型表面活性剂复合体系，发现聚合物对表面活性剂的表面活性影响较小并且加入电解质后有助于增大复合体系的表面活性。吴文祥等人通过实验室内物理模拟实验发现：均质岩心上无碱二元复合驱与三元复合驱驱油效果相差不大，而在非均质岩心无碱二元复合驱的驱油效果明显好于三元复合驱[29-31]，且提高采收率都可达 20% 以上，二元复合驱具有广阔的发展潜力。美国 Oryx 公司在 Ranger 油田进行无碱二元复合驱先导性试验，采出的油量占水驱后残余油总量的四分之一，取得了显著的驱油效果[32]。以三元复合驱作为基础，2003 年中国石化胜利油田在孤东油田进行了无碱二元复合驱油技术的先导试验，矿场试验结果表明优选出的二元复合配方可有效降低含水率，取得了显著成效。

## 二、复合驱驱油机理

与单一聚合物驱油技术相比，由于表面活性剂和碱水的存在，三元复合体系在增大波及系数的同时也有效地降低了油水界面张力提高了洗油效率；与表面活性剂驱或碱水驱油技术相比，由于聚合物的存在使得三元复合体系波及范围更大洗油效率更高，增大了表面活性剂体系的利用率。复合驱除了具有各组分的全部驱油机理外，还可以发挥碱、聚合物以及表面活性剂三者的协同作用。

### 1. 流度控制

聚合物组分通过提高驱替相黏度，改善水（驱替液）油流度比，从而扩大波及体积，以及通过在油藏岩石上适当的吸附、滞留作用，降低油层岩石的水相渗透率。

### 2. 降低油水界面张力

洗油效率是影响原油采收率的众多因素中最重要的参数之一。一般通过增加毛细管准数来提高洗油效率，而降低油水界面张力是增加毛细管准数的主要途径。毛细管准数与界面张力的关系式如下：

$$N_c = \frac{v\mu_w}{\delta_{wo}} \qquad (1-1)$$

式中  $N_c$——毛细管准数；

$v$——驱替速度，m/s；

$\mu_w$——驱替液黏度，mPa·s；

$\delta_{wo}$——油水界面张力，mN/m。

$N_c$ 越大，残余油饱和度越小，驱油效率越高。

从式（1-1）可以看出，毛细管准数与油—水界面张力成反比。通过降低油—水界面张力可使 $N_c$ 有 2～3 个数量级的变化，从而大大降低或消除地层的毛细管作用，减少剥离原油时所需的黏附功，提高了洗油效率。过去的研究认为，降低界面张力是表面活性剂驱的基本依据，但 Wang 等人[33]研究了聚丙烯酰胺（分子量：17.9×10⁶）和石油磺酸盐（PS）形成的聚/表二元复合体系后发现，体系界面张力值并非越低越好，在非均质油藏中（30℃，20000mg/L NaCl），最大提高采收率为33.02%，此时的最优界面张力值为$1.4 \times 10^{-2}$mN/m。

### 3. 乳化机理

在油水两相流动剪切的条件下，表面活性剂体系迅速将岩石表面的原油分散剥离，形成水包油（O/W）型乳状液，从而改善油水两相的流度比，提高波及系数[34]。由于表面活性剂在油滴表面吸附使油滴带有电荷，油滴不易重新黏附到地层表面，被活性水夹带着流向采油井。Felix等人[35]研究了聚/表二元复合体系与原油的接触角以及乳化能力和该体系提高采收率幅度的关系，得到表面活性剂浓度越大，聚/表二元复合体系乳化能力越好，将油剥离的时间越短，提高采收率幅度越大，从而间接表明此二元体系主要是以乳化机理提高原油采收率的。

### 4. 润湿反转

岩石的润湿性对驱油效率有很大的影响。一般而言，亲油表面导致驱油效率差，亲水表面导致驱油效率好。一定的表面活性剂可以改变原油与岩石表面间的接触角，使岩石表面由油润湿向水润湿转变，从而降低油滴在岩石表面的黏附功，提高驱油效率。蒋平等人[36]利用界面张力和接触角关系阐述了表面活性剂剥离亲油（亲水）固体表面原油的机理：在亲水固体表面，水与固体的接触角在油—固界面张力作用下逐渐减小，油珠收缩，当油珠与固体表面的接触面积小到不足以附着其上时，油珠就从固体表面脱落下来；在亲油固体表面，油—水界面张力降低的速率远大于固体表面油珠铺展的速率，由浮力产生的垂向加速度导致了油珠的剥离。

## 参 考 文 献

[1] Wang D M, Hao Y X. Results of Polymer Flooding Pi-lots in the Central Area of Daqing Oilfield[C]. SPE 26401.

[2] 郭万奎，程杰成，廖广志. 大庆油田三次采油技术研究现状及发展方向[J]. 大庆石油地质与开发，2002，21（3）：1-6.

[3] 李梅霞. 国内外三次采油现状及发展趋势[J]. 当代石油石化，2008，16（12）：19-25.

[4] 刘杰，王学惠，刘影，等. 丙烯酰胺类聚合物在油田中的应用[J]. 化学工程师，2006（8）：21-23.

[5] 赵福麟. 采油用剂[M]. 东营：石油大学出版社，1997.

[6] 康万利，董喜贵. 三次采油化学原理[M]. 北京：化学工业出版社，1997.

[7] 张景存. 三次采油[M]. 北京：石油工业出版社，1997.

[8] 于涛，丁伟，罗洪君. 油田化学剂[M]. 北京：石油工业出版社，2002.

[9] 王启民，冀宝发，隋军，等. 大庆油田三次采油技术的实践与认识[J]. 大庆石油地质与开发，

2001, 20（2）：1-8.

［10］刘建，冯丹，马卫东，等. 胜坨油田胜一区沙二段 1-3 砂层组聚合物驱先导试验研究［J］. 油气田地面工程，2002, 21（2）：45-47.

［11］张晓芹，关恒，王洪涛. 大庆油田三类油层聚合物驱开发实践［J］. 石油勘探与开发，2006, 33（3）：374-377.

［12］杨承志. 胶束溶液及其在油田上的应用［J］. 石油勘探与开发，1978（2）：46-60.

［13］Cui D, Mao S, Liu M, et a1. Mechanism of Surfactant Micelle Formation［J］. Langmuir, 2008（24）：10771-10775.

［14］Turro N J, Yekta A. Luminescent Probes for Detergent Solutions. A Simple Procedure for Determination of the Mean Aggregation Number of Micelles［J］. J. Am. Chem. Soc., 1978（100）：5951-5952.

［15］Miller D D, Evans D F. Fluorescence Quenching in Double-Chalned Surfactants. 1. Theory of Quenching in Micelles and Vesicles［J］. J. Phys. Chem., 1989（93）：323-333.

［16］Patterson J P, Kelley E G, Murphy R P, et al. Structural Characterization of Amphiphilic Homopolymer Micelles Using Light Scattering, SANS, and Cryo-TEM［J］. Macromolecules, 2013（46）：6319-6325.

［17］Young C Y, MIssel P J, Mazer N A, et al. Deduction of Micellar Shape from Angular Dissymmetry Measurements of Light Scattered from Aqueous Sodium Dodecyl Sulfate Solutions at High Sodium Chloride Concentrations［J］. J. Phys. Chem., 1978（12）：1375-1378.

［18］Chatterjee S, Suresh Kumar G. Visualization of Stepwise Drug-Micelle Aggregate Formation and Correlation with Spectroscopic and Calorimetric Results［J］. J. Phys. Chem. B, 2016（120）：11751-11760.

［19］Bendedouch D, Chen S H, Koehler W C. Structure of ionic micelles from small angle neutron scattering［J］. J. Phys. Chem., 1983（87）：153-159.

［20］Cabane B, Duplessix R, Zemb T. High resolution neutron scattering on ionic surfactant micelles：SDS in water［J］. J. Physique, 1985（46）：2161-2178.

［21］Kalyanasundaram K, Thomas J K. Environmental Effects on Vibronic Band Intensities in Pyrene Monomer Fluorescence and Their Application in Studies of Micellar Systems［J］. J. Am. Chem. Soc., 1977（99）：2039-2044.

［22］Long J A, Rankin B M, Ben-Amotz D. Micelle Structure and Hydrophobic Hydration［J］. J. Am. Chem. Soc., 2015（137）：10809-10815.

［23］Beija M, Fedorov A, Charreyre M T, et al. Fluorescence Anisotropy of Hydrophobic Probes in Poly（N-decylacrylamide）-block-poly（N, N-diethylacrylamide）Block Copolymer Aqueous Solutions：Evidence of Premicellar Aggregates［J］. J. Phys. Chem. B, 2010（114）：9977-9986.

［24］蒋兵，赵保卫，赵兰萍，等. 阴—非混合表面活性剂对菲和萘的增溶作用［J］. 兰州交通大学学报，2007（26）：154-157.

［25］李干佐，林元，郭荣.胶束溶液增溶过程的高分辨 NMR 研究［J］.物理化学学报，1986（2）：183-189.

［26］Ranganathan R, Peric M, Medina R, et al. Size, Hydration, and Shape of SDS/Heptane Micelles Investigated by Time-Resolved Fluorescence Quenching and Electron Spin Resonance［J］. Langmuir, 2001（17）：6765-6770.

［27］陈宝梁，李菱，朱利中.温度和离子强度对 SDBS 增溶菲的影响及机理［J］.环境化学，2006（25）：698-700.

［28］刘春兰，许月峰.增溶剂的增溶原理及其在制剂生产中的应用［J］.中国药业，2008（17）：13-14.

［29］Jones M N. The interaction of sodium dodecyl sulfate with polyethylene oxide［J］. J. Colloid Interface Sci., 1967（23）：36-42.

［30］周润才.表面活性剂 / 聚合物驱油的基本原理［J］.国外油田工程，1995（3）：9-12.

［31］朱友益，沈平平.三次采油复合驱用表面活性剂合成性能及应用［M］.北京：石油工业出版社，2002.

［32］沈平平.国外油田提高采收率发展过程与现状［J］.世界石油工业，2006（13）：14-19.

［33］Wang Y F, Zhao F L, Bai B J. Optimized surfactant IFT and polymer viscosity for surfactant-polymer flooding in heterogeneous formations［C］. SPE 127391, 2010.

［34］王业飞，李继勇，赵福麟.高矿化度条件下应用的表面活性剂驱油体系［J］.油气地质与采收率，2001（1）：67-69.

［35］Felix U, Ayodele T O, Olalekan O. Surfactant-Polymer Flooding Schemes（A Comparative Analysis）［C］. SPE 178367, 2015.

［36］蒋平，张贵才，葛际江，等.表面活性剂剥离固体表面原油机理［J］.石油学报（石油加工），2008（24）：222-226.

# 第二章 七东₁区聚合物驱现场试验

克拉玛依油田七东₁区位于新疆克拉玛依市白碱滩地区，距克拉玛依市以东约 30km，地面海拔 260~275m，地表平坦，为较松软碱土覆盖，交通便利。七东₁区处于准噶尔盆地西北缘克—乌逆掩断裂带白碱滩段的下盘，是一个四周被断裂切割成似菱形的封闭断块油藏（图 2-1），北以北白碱滩断裂为界与六区相邻；南以 5137 井断裂为界与七东₂区相邻；西以 5054 井断裂与七中区接壤；内部发育逆断层 TD71303 井断裂。

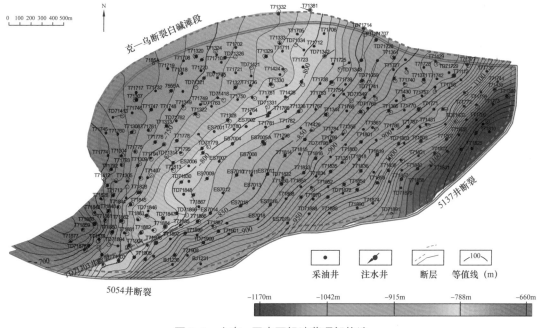

图 2-1 七东₁区克下组油藏顶部构造

## 第一节 地 质 特 征

由于东西部岩性差异明显，同一小层内东部储层岩性偏细，泥质含量相对较高（如 $S_7^{3-1}$ 小层，西部取心井 T71911 井以砂砾岩为主，东部取心井 T71839 井以含砾粗砂岩和中细砂岩为主；其次，油藏西部井区的储层电阻率高，在 $100\Omega \cdot m$ 左右，而东部井区储层电阻率偏低，大多在 $20~50\Omega \cdot m$；同时，东北部取心井 T71740 井与东南部取心井 T71839 井相比物性相对更差，因此结合沉积、砂体、物性、产能分布和地层压力等特征，将七东₁区克下组油藏整体划分为Ⅰ区、Ⅱ区、Ⅲ区（图2-2），分区进行储层特征研究、储量评价、开发效果分析、注采参数优化以及聚合物配方的个性化设计等基础工作。不同区块的主要地质参数见表2-1。

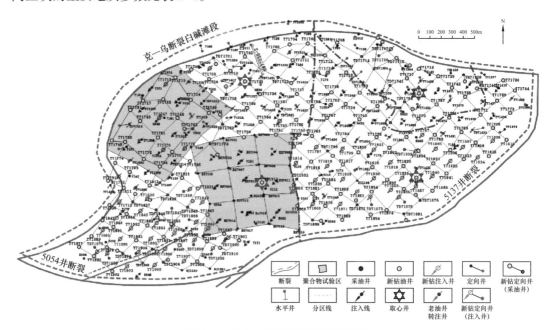

图 2-2　七东₁区克下组油藏分区图

表 2-1　七东₁区克下组油藏分区参数统计

| 参数及单位 | | Ⅰ区 | Ⅱ区 | Ⅲ区 | 总计 |
|---|---|---|---|---|---|
| 基本情况 | 面积（km²） | 3.3 | 2.1 | 0.9 | 6.3 |
| | 总井数（口） | 140 | 97 | 40 | 277 |
| | 油井（口） | 80 | 53 | 22 | 155 |
| | 水井（口） | 60 | 44 | 18 | 122 |
| 沉积特征 | 砂体厚度（m） | 20.9 | 16.1 | 13.8 | 17.3 |
| | 优势相带 | 扇主体 | 扇侧缘 | 扇间 | — |
| 物性差异 | 目的层渗透率（mD） | 805.4 | 457.1 | 59.4 | 597.7 |
| | 目的层孔隙度（%） | 18.7 | 17.3 | 16.6 | 17.4 |
| 动态特征 | 地层压力（MPa） | 9.7 | 10.2 | 11.0 | 10.3 |
| | 注水见效率（%） | 83.8 | 71.4 | 55.6 | 70.3 |

# 第二节　砾岩人造岩心制造技术

## 一、储层特征

### 1.孔隙结构特征

前人研究认为砾岩油藏的储层孔隙结构特征具有复模态的特征，即以砾石为骨架形成的孔隙中，部分或全部为砂粒所充填；而在砂粒组成的孔隙结构中，又部分地为黏土颗粒所充填[1]。七东₁区克下组不同分区岩心样品的扫描电镜及铸体薄片鉴定资料统计结果表明，砾岩储层的孔隙类型在不同分区均表现出多种孔隙类型兼备的特点；孔隙结构受沉积及成岩后生作用控制，不同岩性、不同区块储层的主要孔隙结构类型及特征存在显著差异。

#### 1）孔隙类型

砾岩储层的孔隙类型具有原生孔隙与次生孔隙并存的特点。一般受成岩后生变化影响较弱的储层，总体以原生的粒间孔为主；当受后生变化影响较强时，以次生的溶蚀孔为主。根据镜下观察统计可知，七东₁区克下组油藏储层主要以粒间孔为主，占77.0%；其次为粒内溶孔，占15.7%；其他微孔、砾缘缝、微裂缝等占7.27%。不同类型的孔隙结构特征如图2-3和图2-4所示。

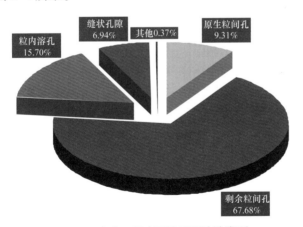

图2-3　七东₁区克下组不同孔隙类型

#### 2）喉道类型

喉道是指在孔隙之间起沟通作用的狭窄部分。常见喉道类型有：（1）缩颈状喉道：喉道是孔隙的缩小部分；（2）点状喉道，可变断面收缩部分是喉道；（3）片状喉道；（4）弯片状喉道；（5）管束状喉道（图2-5）[2]。七东₁克下组储层喉道以缩颈状喉道、片状喉道和弯片状喉道为主（图2-6）。

(a) 含砾不等粒砂岩，以原生粒间孔和剩余粒间孔为主
(T71839井1405.48m)

(b) 砾质不等粒砂岩，以剩余粒间孔为主
(T71911井1145.25m)

(c) 砂质砾岩，以粒内溶孔为主
(T71740井1212.14m)

(d) 砂质砾岩，以微裂缝和粒内溶孔为主
(T71740井1230.47m)

图 2-4　储层微观孔隙结构特征

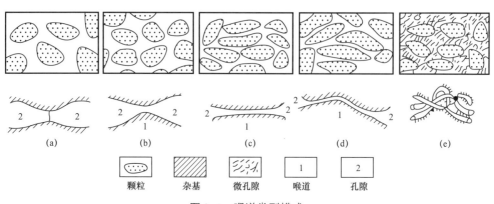

图 2-5　喉道类型模式

### 3）不同岩性的孔隙类型特征

七东$_1$区克下组砾岩油藏整体表现为一个自下而上岩性逐渐变细的沉积特征，由 $S_7^4$ 的砾岩类储层逐渐过渡为 $S_7^2 \sim S_7^3$ 的砂岩类储层，由于岩性的变化，导致不同小层孔隙结构特征存在显著差异。

(a) 缩颈型喉道　　　　　　　　　　(b) 点状喉道

(c) 片状喉道　　　　　　　　　　　(d) 弯片状喉道

图 2-6　七东₁区喉道类型

砾岩类储层：主要发育在 $S_7^4$ 小层，颗粒粒径 0.3～6mm，岩石碎屑为颗粒支撑，呈点—线接触。砾石成分复杂，颗粒分选中等—差，以次棱角状—次圆状为主。矿物以石英、钾长石为主，斜长石次之。填隙物含量高，包括细砂级碎屑颗粒、水云母及泥质胶结物、碳酸盐胶结物。孔隙发育程度中等—差，以粒内溶孔和剩余粒间孔为主，局部发育晶间孔、微裂缝和砾缘缝，孔隙以不规则线状孔隙为特征，配位数 1～2，储层物性表现低孔、低渗的特点（图 2-7）。

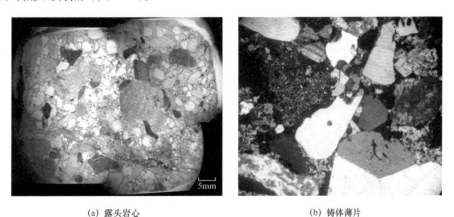

(a) 露头岩心　　　　　　　　　　　(b) 铸体薄片

图 2-7　砾岩类孔隙结构（以复模态为主）

砂砾岩储层：主要发育在 $S_7^3$ 层。颗粒粒径 1～5mm，岩石碎屑为颗粒支撑，呈点—线接触。砾石成分复杂，颗粒分选中等—差，以次圆—次棱角状为主。矿物以石英、钾长石为主，斜长石次之；云母片常见，主要呈粒间充填及片状或弯片状产出于颗粒表面。填隙物含量分布不均，包括细砂级碎屑颗粒、水云母及泥质胶结物，碳酸盐胶结物易见。孔隙发育程度好—中等，孔隙以剩余粒间溶孔和原生粒间孔为主，孔喉分布不均匀，配位数多在 3 左右，储层物性表现中孔、中高渗的特点（图 2-8）。

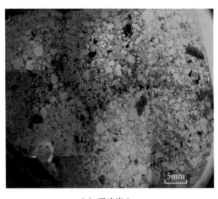

(a) 露头岩心 　　　　　　　　　　　(b) 铸体薄片

图 2-8　砂砾岩类孔隙结构（以双模态—复模态为主）

含砾砂岩储层：主要发育在 $S_7^3$ 层中上部和 $S_7^2$ 层。颗粒粒径 0.5～3.3mm，岩石碎屑为颗粒支撑，呈点接触。砾石成分复杂，颗粒分选中等—差，以次棱角状—次圆状为主。矿物以石英、钾长石为主，斜长石次之；云母片常见，主要呈粒间充填及片状或弯片状产出于颗粒表面；部分发育碳酸盐矿物。填隙物含量较低且分布不均，包括细砂级碎屑颗粒、水云母及泥质胶结物，偶见碳酸盐胶结物。孔隙发育程度好，孔隙类型以原生粒间孔和粒间溶孔为主，局部发育粒内溶孔。孔喉组合类型为大孔大喉型，其次为中孔中喉型。孔喉连通呈较好的网络状。配位数多在 3 左右，储层物性表现中孔、高渗的特点（图 2-9）。

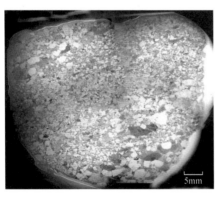

(a) 露头岩心 　　　　　　　　　　　(b) 铸体薄片

图 2-9　含砾砂岩类孔隙结构（以双模态为主）

中细砂岩储层：主要发育在 $S_7^1$ 小层。岩石分选好，填隙物含量高，主要为黏土质杂基和碳酸盐胶结物。孔隙发育程度差，以剩余粒间孔和粒间溶孔为主，孔喉分布均匀，但相对较小，储层物性相对较差，为低孔低渗储层（图2-10）。

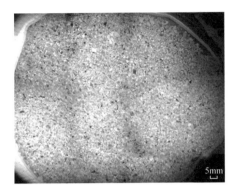 

(a) 露头岩心 　　　　　　　　　　　　(b) 铸体薄片

图 2-10　砂岩类孔隙结构（以单模态为主）

总之，克下组主要发育粗喉小孔、细喉大孔、粗喉中孔、中喉高孔、细喉中孔和多喉多孔等类型，反映储层不但有相对单一的孔渗系统，而且还同时存在双重—多重孔渗系统，反映了冲积扇沉积体系的储层微观结构的多样性和复杂性。

**4）分区定量孔隙结构参数表征**

通过对大量样品压汞资料的统计分析，建立了最大孔喉半径、平均孔喉半径、孔喉中值半径以及平均喉道半径与渗透率的定量关系及平面分布特征，并分区统计了不同层位的微观孔喉特征。结果表明，Ⅰ区、Ⅱ区、Ⅲ区主力层孔隙结构差异较大（图2-11），喉道半径Ⅰ区、Ⅱ区喉道接近，Ⅲ区小（图2-12），反映了Ⅰ区物性最好，Ⅱ区次之，Ⅲ区最差。

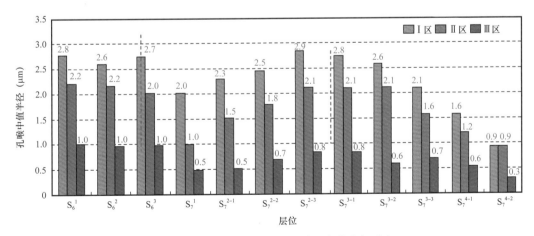

图 2-11　聚合物驱目的层分区孔吼中值半径对比

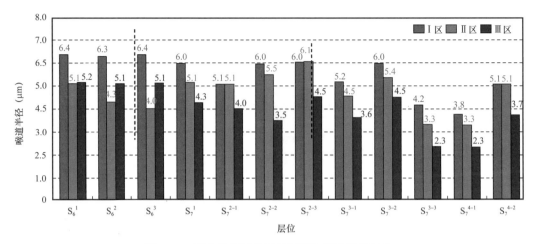

图 2-12　聚合物驱目的层分区平均喉道半径对比

层间对比来看，$S_7^3$ 层平均孔喉半径较大，其次是 $S_7^2$ 层，$S_7^{4-1}$ 层最小，其中 $S_7^{3-2}$ 层、$S_7^{2-3}$、$S_7^{2-1}$ 层平均喉道半径最大，其次是 $S_7^{3-1}$、$S_7^{2-2}$ 层，$S_7^{4-1}$ 层最小。

5）孔隙结构特征与储层分类

收集了七东$_1$区克下组 6 口密闭取心井分析的 175 个储层岩样压汞资料，根据反映孔隙结构特征的 16 项参数的优选，确定了 9 项参数：孔隙度、渗透率、均值、偏态、饱和度中值半径、最大孔喉半径、平均毛细管半径、视孔喉体积比和非饱和汞孔隙体积百分数，采用 K-means 聚类分析方法将砾岩储层孔隙结构分为四大类（表 2-2）。

表 2-2　七东$_1$区克下组储层孔隙结构分类特征

| 类别 | 孔隙度（％） | 渗透率（mD） | 均值 | 偏态 | 饱和度中值半径（μm） | 最大孔喉半径（μm） | 平均毛细管半径（μm） | 视孔喉体积比 | 非饱和汞体积百分数（％） |
|---|---|---|---|---|---|---|---|---|---|
| I | >17 | >300 | <8 | >0.5 | >5.0 | >30.0 | >15.0 | >4.0 | <5 |
| II | 14～23 | 150～300 | 8～10 | <0.5 | 0.3～5.0 | 1.5～30.0 | 0.5～15.0 | 1.0～4.0 | 5～20 |
| III | 11～23 | 50～150 | 9～11 | 0.1～0.7 | 0.1～0.5 | 0.5～10.0 | 0.2～3.0 | 0.5～2.5 | 15～20 |
| IV | <17 | <50 | >10 | <0 | <0.2 | <2.0 | <0.5 | 0.5～2.0 | >20 |

（1）I 类储层储层特征。

以含砾粗砂岩和砂砾岩为主，岩石碎屑为颗粒支撑，呈点接触。砾石成分复杂，颗粒分选中等—差，以次棱角状—次圆状为主。矿物以石英、钾长石为主，斜长石次之；云母片常见，主要呈粒间充填及片状或弯片状产出于颗粒表面。填隙物含量分布不均，包括细砂级碎屑颗粒、水云母及泥质胶结物，偶见碳酸盐胶结物。

I 类储层孔隙度大于 17%，渗透率大于 300mD，为高孔中高渗储集。孔隙类型以原生粒间孔隙和剩余粒间孔隙为主，局部发育粒内溶孔。最大孔喉半径大于 30μm，孔喉分布为单峰偏粗态，孔喉组合类型为大孔中喉型，孔喉连通呈较好的网络状（图 2-13）。

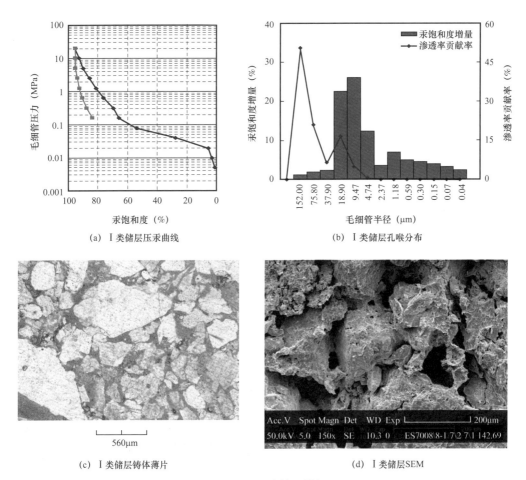

(a) Ⅰ类储层压汞曲线　　　　　　　　(b) Ⅰ类储层孔喉分布

(c) Ⅰ类储层铸体薄片　　　　　　　　(d) Ⅰ类储层SEM

图2-13　Ⅰ类储层特征

（2）Ⅱ类储层储层特征。

以砂砾岩为主，岩石碎屑为颗粒支撑，呈点—线接触。砾石成分复杂，颗粒分选中等—差，以次圆—次棱角状为主。矿物以石英、钾长石为主，斜长石次之；云母片常见，主要呈粒间充填及片状或弯片状产出于颗粒表面。填隙物含量分布不均，包括细砂级碎屑颗粒、水云母及泥质胶结物，碳酸盐胶结物易见。

Ⅱ类储层孔隙度在14%～23%之间，渗透率在150～300mD之间，为中高孔中渗储集。粒间杂基含量稍高，颗粒分选差，溶蚀孔发育，粒间杂基含量稍高，孔隙中云母含量稍高。孔隙类型以剩余粒间孔隙为主，孔喉分布呈多峰偏细型，孔喉组合类型为中孔中喉型，孔喉连通呈稀疏网络状（图2-14）。

（3）Ⅲ类储层储层特征。

岩性以不等粒砂岩为主，岩石颗粒分选差，岩石碎屑为杂基支撑，呈点—线接触。砾石成分复杂，以次圆状为主。矿物以石英、钾长石为主，斜长石次之；云母常见，主要呈粒间充填及片状或弯片状产出于颗粒表面。填隙物含量较高，广泛分布，包括细砂级碎屑颗粒、水云母及泥质胶结物、碳酸盐胶结物。

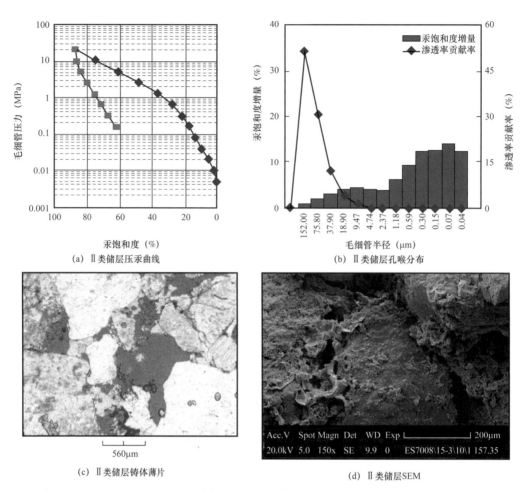

(a) Ⅱ类储层压汞曲线

(b) Ⅱ类储层孔喉分布

(c) Ⅱ类储层铸体薄片

(d) Ⅱ类储层SEM

图 2-14　Ⅱ类储层特征

Ⅲ类储层孔隙度在 11%～23% 之间，渗透率在 50～150mD 之间，为中孔中低渗储集。孔隙类型以剩余粒间孔隙和粒内溶孔为主，孔喉组合类型为小孔细喉型，其次为小孔—微喉型。孔喉分布呈多峰偏细型，主流喉道半径为少量粗大喉道（图 2-15）。

（4）Ⅳ类储层储层特征。

岩性复杂，包括砂质砾岩、泥质含砾粗砂岩、泥质砂砾岩、中细砂岩、泥质中细砂岩。碎屑岩颗粒呈点—线接触，砾石成分复杂，颗粒分选差，以次棱角状—次圆状为主。矿物以石英、钾长石为主，斜长石次之。填隙物含量高，包括细砂级碎屑颗粒、水云母及泥质胶结物、碳酸盐胶结物，泥质胶结物和碳酸盐胶结物含量高。

Ⅳ类储层孔隙度小于 17%，渗透率小于 50mD，为中低孔低渗储集。孔隙以粒内溶孔和剩余粒间孔为主，孔喉组合类型为小孔—微喉型，孔喉分布呈单峰偏细型，主流喉道半径为少量粗大吼道（图 2-16）。

根据以上分类标准，分区进行了储层类型的比例统计（图 2-17），其中Ⅰ区孔隙结构主要以Ⅰ类为主，Ⅱ区以Ⅰ类和Ⅱ类为主，Ⅲ区以Ⅳ类为主。

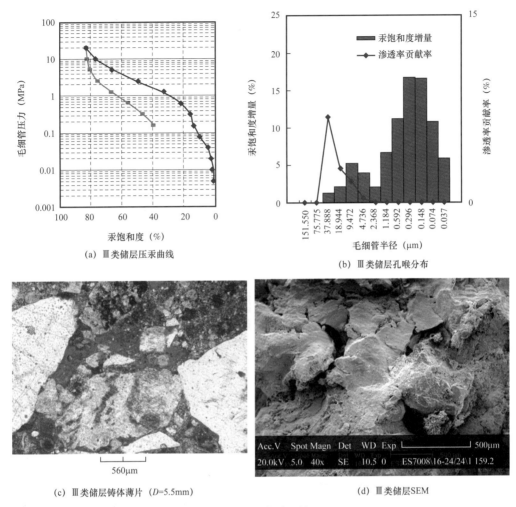

(a) Ⅲ类储层压汞曲线

(b) Ⅲ类储层孔喉分布

(c) Ⅲ类储层铸体薄片（D=5.5mm）

(d) Ⅲ类储层SEM

图 2-15　Ⅲ类储层特征

## 2. 储层非均质特征

### 1）平面非均质性

（1）砂体连续性及厚度变化。

七东₁区克下组平均砂层厚度 23.8m（聚合物驱目的层段平均砂层厚度 17.3m），平均单层砂砾岩厚度 3～5m。砂体总体上由西部向东部逐渐变薄，砂体形态受控于沉积时古地形和古水流方向，平行古水流方向砂体延伸远、连续性好，纵剖面上砂体呈楔形；垂直古水流方向为多期砂体的叠置，也较为连续，横剖面上砂体总体呈上凸形。上部 $S_7^2$ 层、$S_7^3$ 层为扇中和扇中向泛滥平原过渡相砂砾岩体，横向上呈带状分布，下部扇顶亚相沉积呈大厚块状体分布。同一砂层由于相带的急剧变化和同相带砂体厚度变化造成砂砾岩体分布的不均匀性。一般主槽、槽滩、辫流线、辫流砂岛等微相油砂体厚度依次减薄。受沉积相带的影响，平面上砂体分布和连片情况总体由西向东逐渐变薄，导致聚合物驱目的层（S$_7^{2-1}$~S$_7^{4-1}$层）砂体厚度在各区差异大，Ⅰ区砂体厚度最厚，平均为20.9m；Ⅱ区砂体厚度居中，平均为16.1m；Ⅲ区砂体厚度最薄，平均为13.8m；并进一步统计了不同分区的砂体控制程度，全区平均93.8%（表2-3）。

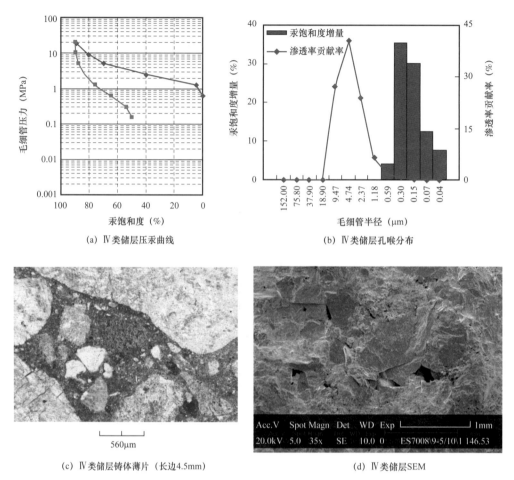

(a) Ⅳ类储层压汞曲线

(b) Ⅳ类储层孔喉分布

(c) Ⅳ类储层铸体薄片（长边4.5mm）

(d) Ⅳ类储层SEM

图2-16　Ⅳ类储层特征

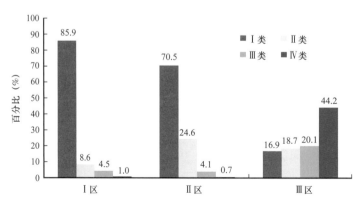

图2-17　七东₁区克下组分区各储层类型统计

表 2-3  七东₁区克下组分区分层砂体厚度及井网控制程度统计

| 小层 | I 区 | | II 区 | | III 区 | |
|---|---|---|---|---|---|---|
| | 砂体厚度（m） | 砂体控制程度（%） | 砂体厚度（m） | 砂体控制程度（%） | 砂体厚度（m） | 砂体控制程度（%） |
| $S_6^1$ | 0.9 | 70.0 | 1.1 | 58.1 | 1.3 | 57.1 |
| $S_6^2$ | 0.6 | 65.0 | 0.8 | 60.0 | 1.2 | 54.8 |
| $S_6^3$ | 1.0 | 85.0 | 1.0 | 83.6 | 1.1 | 68.4 |
| $S_7^1$ | 1.3 | 85.0 | 1.1 | 80.0 | 0.8 | 73.5 |
| $S_7^{2-1}$ | 2.7 | 97.0 | 1.8 | 96.3 | 1.3 | 81.1 |
| $S_7^{2-2}$ | 3.1 | 98.0 | 2.5 | 100.0 | 1.8 | 89.2 |
| $S_7^{2-3}$ | 2.9 | 100.0 | 2.8 | 100.0 | 2.4 | 97.3 |
| $S_7^{3-1}$ | 3.1 | 95.7 | 2.4 | 93.2 | 2.3 | 91.9 |
| $S_7^{3-2}$ | 3.4 | 100.0 | 2.3 | 99.1 | 2.1 | 97.3 |
| $S_7^{3-3}$ | 3.1 | 100.0 | 2.3 | 100.0 | 2.2 | 89.2 |
| $S_7^{4-1}$ | 2.6 | 99.5 | 2.0 | 92.8 | 1.8 | 83.8 |
| $S_7^{4-2}$ | 1.8 | 100.0 | 1.5 | 100.0 | 1.3 | 99.5 |
| 目的层（$S_7^{2-1}$～$S_7^{4-1}$） | 20.9 | 98.6 | 16.1 | 97.3 | 13.8 | 90.0 |

（2）储层物性特征。

根据 9 口取心井 537 个岩心样品物性分析数据，孔隙度最大值 28.7%，最小值 1.4%，平均 13.6%，主要集中在 16%～24% 之间，样品占 60%。渗透率最大值 5000mD，最小值 0.23mD，平均 474.7mD，渗透率分布区间大，一般在 10～5000mD 之间，大于 1000mD 的比例占 37.5%，渗透率级差几十至数百倍。不同岩性的孔渗区别显著，从岩性的孔渗直方图（图 2-18）分析得出，含砾粗砂岩的孔隙度、渗透率最高，其次为砂砾岩及中细砂岩，砾岩的孔隙度、渗透率最差。

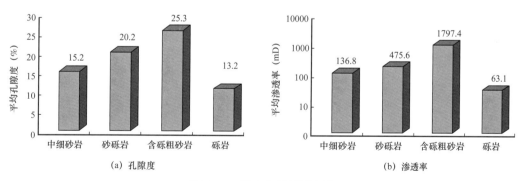

图 2-18  岩心分析储层孔渗

进一步分区统计可知,七东₁区克下组油藏不同分区的孔隙度差异不大,而渗透率存在显著差异,Ⅰ区储层平均孔隙度为17.6%,平均渗透率为785.9mD,渗透率大于1000mD的比例占43.2%;Ⅱ区平均孔隙度14.6%,平均渗透率为389.5mD,渗透率大于1000mD的比例占31.7%;Ⅲ区平均孔隙度13.5%,平均渗透率为46.0mD,渗透率大于100mD的比例占20.4%。(图2-19至图2-21)。

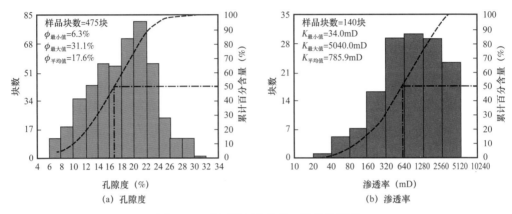

图2-19　Ⅰ区储层孔隙度、渗透率频率

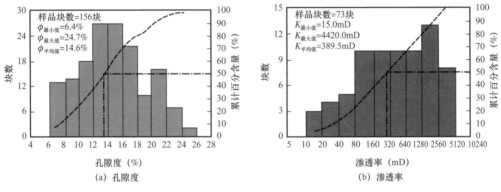

图2-20　Ⅱ区储层孔隙度、渗透率频率

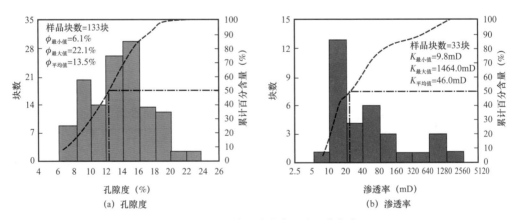

图2-21　Ⅲ区储层孔隙度、渗透率频率

全区目的层测井解释油层平均孔隙度 17.4%，平均渗透率 597.7mD，物性分布受沉积相带的控制，优势相带顺物源呈条带状展布，孔渗分布与沉积微相分布一致，不同相带不同分区之间变化较大（表 2-4），西部（Ⅰ区）好，东部（Ⅱ区、Ⅲ区）差。各区物性差异比较大，Ⅰ区目的层油层平均孔隙度 18.7%，平均渗透率为 805.4mD，Ⅱ区目的层油层平均孔隙度 17.3%，平均渗透率为 457.1mD；Ⅲ区目的层油层平均孔隙度 16.6%，平均渗透率为 59.4mD。

表 2-4 七东₁区克下组不同沉积单元物性特征统计

| 相带 | 发育层位 | 构型单元 | 沉积单元长度（m） | 沉积单元厚度（m） | 孔隙度（%） | 渗透率（mD） | 备注 |
|---|---|---|---|---|---|---|---|
| 扇根扇中 | $S_7^{4-1} \sim S_7^{3-3}$ $S_7^{3-2} \sim S_7^{2-1}$ | 片流砾石体 | $\dfrac{300 \sim 1000}{750}$ | $\dfrac{2.1 \sim 5.3}{3.5}$ | $\dfrac{5.5 \sim 36.0}{14.5}$ | $\dfrac{20 \sim 2000}{210}$ | 数值为：$\dfrac{\text{最小值} \sim \text{最大值}}{\text{平均值}}$ |
| | | 漫洪砂体 | $\dfrac{20 \sim 100}{60}$ | $\dfrac{1.5 \sim 3.0}{0.5}$ | $\dfrac{14.0 \sim 22.8}{15.5}$ | $\dfrac{10 \sim 500}{100}$ | |
| 扇缘相带 | $S_7^1 \sim S_6^1$ | 辫流沙坝 | $\dfrac{100 \sim 600}{250}$ | $\dfrac{3.0 \sim 6.0}{4.5}$ | $\dfrac{4.0 \sim 25.0}{16.0}$ | $\dfrac{300 \sim 5000}{1200}$ | |
| | | 辫流水道 | $\dfrac{300 \sim 600}{400}$ | $\dfrac{2.0 \sim 5.0}{3.0}$ | $\dfrac{6.0 \sim 20.0}{18.0}$ | $\dfrac{30 \sim 2500}{800}$ | |
| 扇根 | $S_7^{4-1} \sim S_7^{3-3}$ | 径流水道 | $\dfrac{100 \sim 400}{150}$ | $\dfrac{1.5 \sim 3.0}{3.5}$ | $\dfrac{10.0 \sim 20.0}{16.5}$ | $\dfrac{32 \sim 3000}{650}$ | |
| | | 漫流砂体 | $\dfrac{250 \sim 800}{500}$ | $\dfrac{1.1 \sim 2.5}{2.0}$ | $\dfrac{8.0 \sim 18.0}{13.0}$ | $\dfrac{10 \sim 50.0}{6.0}$ | |

2）层内非均质性

（1）粒序及层理特征。

该区克下组储层粒度在垂向上呈正韵律变化，与克下组在基底不断下降，沉积不断扩大条件下形成的一套冲积扇—泛滥平原—分流平原—浅湖相的正旋回沉积相对应，每个砂层组（$S_7$ 层、$S_6$ 层）、砂层（$S_7^4$、$S_7^3$、$S_7^2$、$S_7^1$、$S_6^3$、$S_6^2$、$S_6^1$）和各单层（$S_7^{4-2}$、$S_7^{4-1}$、$S_7^{3-3}$、$S_7^{3-2}$、$S_7^{3-1}$、$S_7^{2-3}$、$S_7^{2-2}$、$S_7^{2-1}$）又分别是Ⅱ级、Ⅲ级、Ⅳ级韵律。该区目的层为Ⅰ类储层，为高—中等水动力强度下的冲积扇扇顶、扇中亚相沉积，因水动力变化频繁，沉积构造复杂且发育规模差别大，多为洪积层理和大型交错层理。

（2）层内渗透率的韵律性特征。

克下组岩心分析资料显示，渗透率服从 $\Gamma \sqrt{X}$ 型分布，$r=4$；采用对数正态分布统计，渗透率变异系数 0.87。全区大于 1D 的样品占 18.5% 左右，其中Ⅰ区大于 1D 的样品占 28.7%，Ⅱ区大于 1D 的样品占 21.4%，Ⅲ区占 2.6%，储层中高渗透率比例较高。

根据取心井统计了主力储层段不同韵律类型（渗透率纵向变化形式即韵律性）的比例，该区渗透率纵向上主要以复合韵律为主，高渗透段位于砂层中部，向上或向下渗透率降低，自然电位和电阻率曲线一般构成箱形，其次为反韵律和正韵律（表2-5）。

表2-5　七东₁区克下组储层砂体层内韵律特征

| 韵律类型 | 典型测井相示意图 | | | | | | 发育微相 | 优势储层位置及比例 | 韵律性发育比例（%） |
|---|---|---|---|---|---|---|---|---|---|
| 正韵律 | | | | | | | 径流水道、辫流水道 | 砂层中下部40%~60% | 26.75 |
| 反韵律 | | | | | | | 辫流水道、沙坝 | 砂层中上部60%~80% | 32.02 |
| 复合韵律 | | | | | | | 片流砾石体、沙坝 | 砂层上部30%~50% 砂层中部20%~30% 砂层下部20%~50% | 41.23 |

（3）高渗透层段的分布。

将目的层 $S_7^{2-1}$ ~ $S_7^{2-1}$ 层中渗透率大于1D的储层段定义为高渗透层段，统计了岩心中高渗透层段厚度在砂层中位置及比例（表2-6）。高渗透层段厚度一般占所在砂层厚度的4.3%~39%，且主要分布在砂层中上部。高渗透层段所占厚度比例较高的层位也是目前主要出液层。

表2-6　七东₁克下组储层高渗透层段在砂层中位置及比例

| 层位 | 沉积厚度（m） | 砂层厚度（m） | 油层占沉积厚度比例（%） | 油层占砂层厚度比例（%） | 油层在砂层中位置及比例（%） | 高渗透层段垂向分布（%） | 高渗透层段比例（%） |
|---|---|---|---|---|---|---|---|
| $S_7^{2-1}$ | 4.6 | 2.7 | 38.6 | 59.3 | 上部59.0 下部41.0 | 中4.3 | 4.3 |
| $S_7^{2-2}$ | 5.1 | 3.3 | 41.2 | 63.9 | 上部63.8 下部36.2 | 上2.0 中10.4 下5.0 | 17.4 |

续表

| 层位 | 沉积厚度（m） | 砂层厚度（m） | 油层占沉积厚度比例（%） | 油层占砂层厚度比例（%） | 油层在砂层中位置及比例（%） | 高渗透层段垂向分布（%） | 高渗透层段比例（%） |
|---|---|---|---|---|---|---|---|
| $S_7^{2-3}$ | 4.8 | 3.5 | 47.7 | 61.1 | 上部 57.2<br>下部 42.8 | 上 5.0<br>中 7.5<br>下 14.6 | 27.1 |
| $S_7^{3-1}$ | 5.0 | 3.7 | 49.1 | 68.2 | 上部 53.3<br>下部 46.7 | 上 8.4<br>中 24.0 | 32.4 |
| $S_7^{3-2}$ | 4.9 | 4.0 | 55.3 | 69.1 | 上部 57.2<br>下部 42.8 | 上 18.0<br>中 21.0 | 39.0 |
| $S_7^{3-3}$ | 5.2 | 3.8 | 50.6 | 65.6 | 上部 48.8<br>下部 51.2 | 上 2.3<br>中 17.1 | 19.4 |
| $S_7^{4-1}$ | 5.1 | 3.9 | 45.8 | 61.3 | 上部 54.1<br>下部 45.9 | 上 2.9<br>中 8.1<br>下 4.3 | 15.3 |

（4）层内泥质夹层分布。

七东₁克下组目的层储层层内夹层可见两种类型：一种是低渗透泥岩、泥质粉砂岩和粉砂质泥岩，电阻率测井曲线上显示低阻，微电极测井曲线上微电位和微梯度曲线间幅度差异小，自然电位曲线贴近泥岩基线；另一种为高阻致密的低渗透泥质砾岩和钙质砾岩，微电极曲线均显示高阻，但微电位和微梯度曲线间幅度差异小。夹层厚度一般较小，0.2～1m，延伸不远，井间无法对比，仅在单井中可以划分出。目的层夹层钻遇率在11.3%～28.2%。扇顶亚相 $S_7^4$ 层和扇中亚相 $S_7^3$ 层夹层钻遇率相对较高。夹层密度一般 0.2个/m。夹层对油气渗流基本不起遮挡作用，仅在局部对油气流动起着"绕流"作用。

（5）层内渗透率非均质程度。

对层内渗透率的变化进行统计，渗透率级差大，单层内渗透率级差可达 468，反映出克下组渗透率分布的复杂性和严重的非均质性。层内非均质性 Ⅰ 区相对最弱，级差平均为255.2，变异系数平均为 0.88，突进系数为 3.0；Ⅱ 区级差平均为 293.8，变异系数平均为 1.13，突进系数为 4.1；Ⅲ 区级差平均为 202.6，变异系数平均为 1.21，突进系数为 4.6（图 2-22）。

3）层间非均质性

（1）层间隔层分布。

该区层间隔层一般指厚度大于 0.5m、相对稳定且连续性好的细粒沉积层，岩性主要为泥岩、粉砂质泥岩和泥质粉砂岩。电阻率曲线显示低阻，自然电位曲线靠近泥岩基线。对全区全部新老井的层间隔层厚度进行了统计（表 2-7），砂层间隔层相对稳定，隔层稳定程度（钻遇同一隔层的井数与统计总井数之比）一般在 67.4%～88.4%，不同分区的隔层稳定性及厚度存在显著差异。

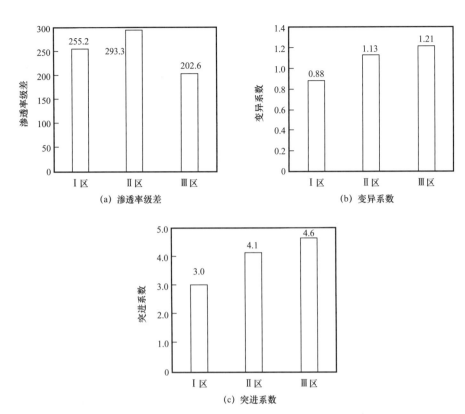

图 2-22　七东$_1$区克下组分区层内非均质参数统计对比

表 2-7　七东$_1$克下组储层层间隔层分布统计表

| 层间 | 隔层厚度（m） | | | | |
|---|---|---|---|---|---|
| | 全区 | 试验区 | Ⅰ区 | Ⅱ区 | Ⅲ区 |
| $S_7^{2-1}/S_7^{2-2}$ | 2.2 | 2.6 | 1.3 | 2.3 | 2.7 |
| $S_7^{2-2}/S_7^{2-3}$ | 1.8 | 1.7 | 0.9 | 1.8 | 3.0 |
| $S_7^{2-3}/S_7^{3-1}$ | 1.8 | 1.7 | 1.1 | 1.7 | 2.7 |
| $S_7^{3-1}/S_7^{3-2}$ | 1.5 | 1.2 | 0.9 | 2.2 | 1.8 |
| $S_7^{3-2}/S_7^{3-3}$ | 1.3 | 0.8 | 0.6 | 2.0 | 2.0 |
| $S_7^{3-3}/S_7^{4-1}$ | 1.6 | 1.0 | 0.4 | 2.9 | 2.3 |
| 平均 | 1.7 | 1.5 | 0.8 | 2.2 | 2.4 |

（2）层间渗透率非均质程度。

注聚合物目的层层间非均质程度不同分区差别大（表 2-8），不同分区的渗透率级差均大，其中Ⅰ区最大，主要是因为其高渗透层段相对较多；变异系数和突进系数Ⅱ区和

Ⅲ区均大于Ⅰ区。上述特点也反映出克下组渗透率分布的复杂性和严重的非均质性。

表2-8 七东₁区克下组分区层间非均质程度统计表

| 分区 | 级差 | | | 变异系数 | | | 突进系数 | | |
|---|---|---|---|---|---|---|---|---|---|
| | 最大 | 最小 | 平均 | 最大 | 最小 | 平均 | 最大 | 最小 | 平均 |
| Ⅰ区 | 246.25 | 41.23 | 136.10 | 1.91 | 0.39 | 0.76 | 3.51 | 1.52 | 2.13 |
| Ⅱ区 | 234.17 | 24.94 | 134.60 | 2.13 | 0.56 | 0.86 | 4.17 | 1.38 | 2.49 |
| Ⅲ区 | 150.19 | 8.99 | 131.50 | 2.41 | 0.43 | 0.95 | 5.14 | 1.46 | 2.93 |

同时也以小层平均渗透率为基础数据进行了层间渗透率非均质性程度的统计，该结果表明全区层间渗透率非均质性程度均较弱，由于Ⅲ区位于沉积交汇区，其渗透率非均质性程度相对最强，Ⅱ区次之，Ⅰ区相对较弱（图2-23）。

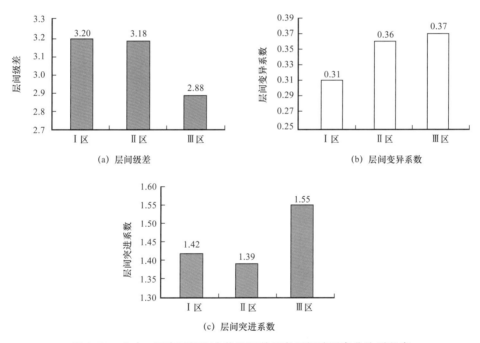

(a) 层间级差

(b) 层间变异系数

(c) 层间突进系数

图2-23 七东₁区克下组聚合物驱目的层段层间渗透率非均质程度

## 二、流体性质分析

### 1.原油性质分析

根据全区黏度数据统计，地面原油黏度在9.5～297.7mPa·s，黏度大于100mPa·s的区域主要集中在7152A井、5016井和7246井附近，统计结果如图2-24和表2-9所示。

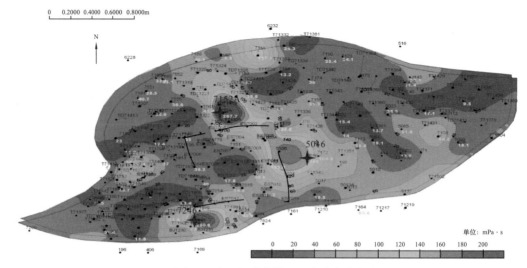

图 2-24　七东₁区克下组油藏地面原油黏度分布（34℃）

表 2-9　七东₁区克下组油藏地面原油黏度分析结果

| 井号 | 34℃时地面原油黏度（mPa·s） | 分区区域 |
|---|---|---|
| 古 95 | 12.5 | Ⅰ区西南部 |
| 5052 | 14.7 | Ⅰ区西南部 |
| T71304 | 11.2 | Ⅰ区西部 |
| 7122A | 12.4 | Ⅰ区西部 |
| 7181 | 12.4 | Ⅰ区西北部 |
| 古 30 | 12.7 | Ⅰ区北部 |
| 7183 | 35.7 | Ⅰ区北部 |
| 平均 | 15.9 | Ⅰ区 |
| 7149 | 20.0 | 工业化试验区 |
| ES7012 | 17.8 | 工业化试验区 |
| 平均 | 18.9 | 工业化试验区 |
| T71428 | 11.4 | Ⅲ区 |
| T71437 | 9.5 | Ⅲ区 |
| T71350 | 14.0 | Ⅲ区 |
| T71361 | 13.7 | Ⅲ区 |
| 平均 | 12.1 | Ⅲ区 |
| T71422 | 13.6 | Ⅱ区东南部 |

2013 年，对试验区 T71908 井进行了 PVT 测试，由于样品脱气，气油比差异较大，采用饱和压力下配制样品测试，饱和压力 11.26MPa 下样品黏度为 12.14mPa·s。36.3℃时，该井地面脱气原油黏度为 46.69mPa·s。2006 年对工业化试验区 ES7013 井进行 PVT 测试，结果显示，34.3℃时，该井地面脱气原油黏度为 15.47mPa·s，采用饱和压力下配制样品测试，饱和压力 11.46MPa 下样品黏度为 6.5mPa·s。通过两口井 PVT 测试结果可以看出，地层条件下原油黏度差异明显低于地面情况。2013 年，对试验区部分井取样进行了原油族组分分析，结果见表 2-10。

表 2-10 七东₁区克下组油层原油族组分分析（34℃）

| 井号 | 含量（%） | | | | | 区块（层位） | 地面黏度（mPa·s） |
| --- | --- | --- | --- | --- | --- | --- | --- |
| | 饱和烃 | 芳香烃 | 胶质 | 沥青质 | 总收率 | | |
| T71908 | 63.17 | 11.68 | 10.78 | 2.69 | 88.32 | 七东₁克下 | 46.69 |
| T71422 | 68.48 | 10.61 | 7.88 | 1.82 | 88.79 | 七东₁克下 | 13.61 |
| T71428 | 64.65 | 9.67 | 9.67 | 2.42 | 86.41 | 七东₁克下 | 11.40 |
| 7183 | 60.85 | 7.89 | 13.52 | 3.38 | 85.64 | 七东₁克下 | 35.70 |

试验区原油各族组分中饱和烃含量差异不大，胶质和沥青质的含量较高的样品黏度较高。尽管试验区局部少数井存在黏度偏高现象，但仍满足聚合物驱油层条件筛选标准中对于地面原油黏度的要求，因此，通过对注入聚合物浓度进行个性化设计即可满足流度控制需求。

### 2. 注入水水质指标要求

自 2005 年七东₁区克下组油藏聚合物驱工业化试验前缘水驱注入清水以来，持续对注入水水质进行了跟踪分析，监测结果见表 2-11。

表 2-11 七东₁区聚合物驱工业化试验注入清水水质跟踪结果

| 取样日期 | 分析项目及含量（mg/L） | | | | | | |
| --- | --- | --- | --- | --- | --- | --- | --- |
| | $HCO_3^-$ | $Cl^-$ | $SO_4^{2-}$ | $Ca^{2+}$ | $Mg^{2+}$ | $K^++Na^+$ | 矿化度（mg/L） |
| 2005-3-2 | 146.7 | 37.2 | 108.5 | 57.6 | 8.4 | 49.9 | 335.0 |
| 2007-1-17 | 145.2 | 39.1 | 93.1 | 51.9 | 7.3 | 51.4 | 315.4 |
| 2007-2-18 | 159.2 | 69.4 | 118.1 | 54.9 | 9.1 | 81.4 | 412.5 |
| 2007-6-20 | 117.4 | 62.1 | 26.3 | 30.1 | 4.6 | 53.8 | 235.7 |
| 2007-7-6 | 115.0 | 26.7 | 19.5 | 36.8 | 3.3 | 21.6 | 165.4 |
| 2007-10-18 | 137.3 | 39.1 | 79.7 | 45.8 | 8.8 | 46.1 | 288.1 |

续表

| 取样日期 | 分析项目及含量（mg/L） | | | | | | |
|---|---|---|---|---|---|---|---|
| | $HCO_3^-$ | $Cl^-$ | $SO_4^{2-}$ | $Ca^{2+}$ | $Mg^{2+}$ | $K^++Na^+$ | 矿化度（mg/L） |
| 2008-6-24 | 92.3 | 19.5 | 34.3 | 31.7 | 5.9 | 16.3 | 153.7 |
| 2009-3-27 | 157.0 | 39.3 | 99.0 | 64.2 | 2.5 | 53.6 | 415.6 |
| 2009-4-6 | 118.0 | 72.1 | 77.0 | 43.6 | 13.2 | 75.4 | 370.3 |
| 2009-5-5 | 201.3 | 71.9 | 90.6 | 41.0 | 7.8 | 104.2 | 416.2 |
| 2009-6-4 | 112.0 | 53.6 | 40.3 | 33.4 | 14.0 | 41.2 | 250.8 |
| 2010-6-23 | 140.7 | 51.9 | 129.1 | 30.1 | 12.2 | 91.0 | 384.7 |
| 2010-9-18 | 176.4 | 31.7 | 86.8 | 47.4 | 8.2 | 45.4 | 307.7 |
| 2011-5-11 | 150.7 | 174.5 | 12.0 | 34.8 | 1.5 | 15.8 | 321.5 |
| 2011-11-4 | 188.4 | 39.6 | 98.0 | 44.5 | 8.4 | 76.8 | 361.4 |
| 2012-5-2 | 176.6 | 32.0 | 57.9 | 45.2 | 7.9 | 48.2 | 367.7 |
| 2012-9-14 | 159.7 | 31.9 | 48.5 | 44.0 | 6.8 | 40.8 | 331.7 |
| 2013-4-25 | 222.7 | 42.2 | 78.1 | 56.4 | 6.4 | 72.0 | 477.7 |
| 2013-6-26 | 120.5 | 32.2 | 156.1 | 35.4 | 6.8 | 87.6 | 438.7 |
| 平均 | 149.3 | 50.8 | 76.5 | 43.6 | 7.5 | 56.4 | 334.2 |

对七东₁区注入清水的跟踪结果显示，注入清水水质稳定，矿化度在150～500mg/L，平均334.2mg/L；二价离子含量低于70mg/L，平均51.2mg/L。由此配制的聚合物溶液黏度稳定，达到方案设计要求，结果如图2-25所示。

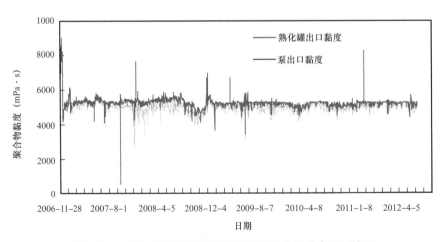

图2-25　七东₁区聚合物驱工业化试验聚合物黏度监测结果

结合七东₁区注入清水配制溶液时，具有聚合物溶液黏度高、长期稳定性好、二价离子含量低于 70mg/L、符合聚合物驱配方要求的特点，依据水驱注入水质最高要求（满足渗透率小于 0.01D）及注聚合物对水质的要求，确定了七东₁区聚合物驱注入清水水质指标，见表 2-12。

表 2-12 七东₁区聚合物驱（含前缘水驱）注入清水水质指标要求

| 控制指标名称 | 悬浮固体含量（mg/L） | 悬浮物颗粒直径（μm） | 硫化物（mg/L） | 总铁（mg/L） | 矿化度（mg/L） | 二价离子（mg/L） | SRB（个/mL） | TGB（个/mL） | 铁细菌（个/mL） | 平均腐蚀速率（mm/a） |
|---|---|---|---|---|---|---|---|---|---|---|
| 注入清水 | <1.0 | <1.0 | — | — | <500 | <75 | 0 | <$10^2$ | <$10^2$ | <0.076 |

### 3. 产出水水质分析

2013 年在试验区新井投产后，陆续对部分井取样进行了产出水水质分析，结果见表 2-13。

表 2-13 七东₁区克下组油藏部分油井产出水水质分析结果

| 项目 | 含量（mg/L） | | | | | | | |
|---|---|---|---|---|---|---|---|---|
| | 7183 井 | T71879 井 | T71863 井 | T71901 井 | T71422 井 | T71428 井 | T71846 井 | T71794 井 |
| $HCO_3^-$ | 4063.4 | 4363.9 | 2426.9 | 2610.6 | 11484.7 | 3406.9 | 2644.1 | 2704.3 |
| $Cl^-$ | 3740.2 | 3388.2 | 1390.5 | 3259.5 | 16544.9 | 5104.3 | 1629.8 | 2399.9 |
| $SO_4^{2-}$ | 62.2 | 89.4 | 57.0 | 369.0 | 1693.0 | 142.9 | 271.2 | 390.8 |
| $Ca^{2+}$ | 60.8 | 33.9 | 74.5 | 46.6 | 62.5 | 93.7 | 78.0 | 151.9 |
| $Mg^{2+}$ | 15.7 | 20.3 | 37.5 | 31.3 | 26.6 | 16.9 | 43.6 | 41.8 |
| $Na^++K^+$ | 3888.6 | 3808.6 | 1687.8 | 3162.8 | 15751.8 | 4524.7 | 2011.9 | 2510.2 |
| 矿化度（mg/L） | 11830.9 | 11704.3 | 5674.2 | 9479.8 | 45563.4 | 13289.3 | 6678.5 | 8198.8 |
| pH 值 | 7.71 | 7.81 | 7.52 | 7.66 | 8.12 | 7.76 | 7.88 | 7.54 |
| 水型 | $NaHCO_3$ | $NaHCO_3$ | $NaHCO_3$ | $NaHCO_3$ | $NaHCO_3$ | $NaHCO_3$ | $NaHCO_3$ | $NaHCO_3$ |
| 区域 | Ⅰ区 | | | | Ⅱ区 | Ⅲ区 | Ⅰ区 | Ⅰ区 |

目前油井产出水矿化度在 5000～46000mg/L 之间，Ⅰ区南部矿化度较低，Ⅱ区东南部矿化度较高；二价离子含量在 30～200mg/L 之间，其中以二元驱试验区最高，Ⅱ区东南部次之。试验区产出水矿化度及二价离子含量分布如图 2-26 所示。

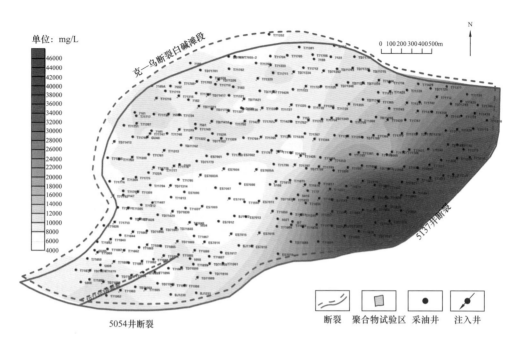

(a) 矿化度

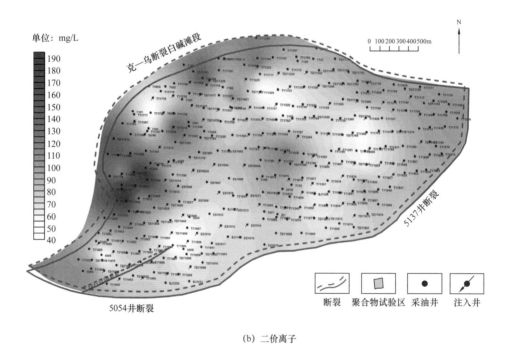

(b) 二价离子

图 2-26　试验区产出水矿化度及二价离子含量分布图

## 三、人造胶结岩心制造技术

砾岩储层岩性多样并且孔隙结构复杂，不仅具有多级别的孔隙分布，而且存在砾内缝及沉积界面缝的双重孔隙群，使砾岩的开发特征明显异于砂岩油藏[3,4]。通常采用柱状天然岩心研究砾岩的开发渗流特征，受制于尺寸，难以客观地模拟砾岩孔隙分布范围及复杂的孔隙结构，虽然天然全直径岩心具有一定的代表性，但受制于数量，且很难找到相近的全直径岩心开展方案之间的对比，使得研究结果偏离砾岩油藏实际的开发特征，因此开展了人造砾岩岩心的研制工作，填补了国内外相关研究领域空白。

### 1. 工艺技术路线选择

物理模型研制的任务，就是在保证其物性与实际地层相似的基础上，提高其渗透率、孔隙度等参数的控制精度，使制作出的均质及非均质模型具有较好的重复性。

目前国内人造岩心胶结方式主要有机级颗粒胶结和烧结法。由于烧结法需要较高的温度，对于大尺寸模型的制造难度较大，而无机颗粒可以常温（室温至120℃）固化，因而无机颗粒胶结法在国内得到了较为广泛的使用[5,6]。本项工作就是以无机颗粒为胶结剂，探讨岩心制作参数控制方法。

在成型工艺上，大庆油田采用振夯机夯实法，即利用振夯机产生的机械振动，将拌胶后石英砂夯实。本项工作采用了压力实验机加压制作工艺。与夯实法相比较，该技术显著提高了模型的重复性和各部位的均匀性，是岩心制作较为理想的成型工艺技术。

### 2. 岩心渗透率控制方法

在岩心渗透率控制方法上，前人采用以下方法：用不同粒级的石英砂按一定配比配制成基准砂，通过调整基准砂和细砂的比例，制作较低渗透率岩心，调整基准砂与粗砂的比例制作高渗透性岩心[7]。本项工作采用如下方法。

对于天然碎屑岩，其颗粒大小分布具有一定的规律。一般情况下，如果定义粒度 $\Phi=-\log_2 d$，其中 $d$ 为颗粒直径，则 $\Phi$ 值分布近似于正态分布规律。也就是说，碎屑岩颗粒 $\Phi$ 值的分布参数直接影响其物性参数。

岩心制作过程中，石英砂粒度分布无疑是决定岩心物理性质的主要因素，如果控制一定的加压强度、胶质用量及粒度分布方差 $\sigma$，则 $\Phi$ 中值和岩心渗透率之间必然存在着很强的依赖关系。在加压强度 3MPa 及 $\sigma=0.8$ 条件下，选用 $\overline{\Phi}$ 分别为 2.1、2.4、2.7、3.0、3.3、3.6、3.9 和 4.2 的粒度组成，制作了人造岩心。

与传统的配制基准砂，通过调整基准砂与细砂（或粗砂）配比控制岩心渗透率的方式相比，调整 $\overline{\Phi}$ 控制岩心渗透率的方式具有一定的优势。一方面，由于粒度分布方差 $\sigma$ 相同，不同渗透率岩心之间孔隙结构更加接近，因而更具科学性。另一方面，简化了基准曲线工作量（将基准曲线由两条减为一条），因而更具实用性。综上所述，在选择石英砂粒度分布方差 $\sigma$ 并控制制作工艺条件不变的情况下，通过调整石英砂粒度分布 $\overline{\Phi}$ 可以较好地控制岩心渗透率。这种岩心渗透率控制方法具有较好的科学性和实用性。

### 3. 岩心孔隙度控制方法

岩心制作加压强度直接影响着模型渗透率、孔隙度等物性参数。为了研究加压强度的影响，选用不同配比的石英砂（$\overline{\Phi}$ 分别为 2.1、2.4、2.7、3.0、3.3、3.6），在加压强度分别为 3MPa、5MPa、7.5MPa、10MPa 和 15MPa 下制作岩心，恒温固化后钻取岩心，分析其物性变化规律。

图 2-27 给出了不同配比的石英砂所制作的岩心，其渗透率与岩心制作加压强度之间的关系。从图 2-27 中可以看出，随加压强度的提高，岩心渗透率明显降低。

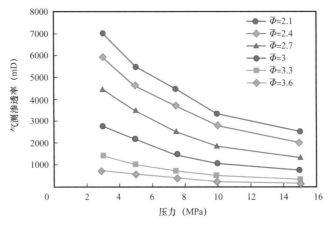

图 2-27　岩心渗透率随压力变化曲线

通过图 2-27 和图 2-28 标准曲线的结合，即可达到控制人造岩心渗透率和孔隙度的目的。但由于受岩心制作条件制约，岩心制作压力的选择具有一定的范围，因而人造岩心孔隙度的控制具有一定的局限性。

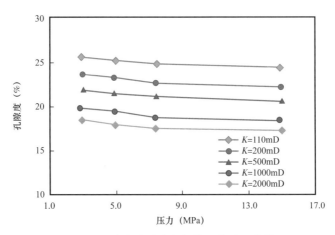

图 2-28　岩心孔隙度与制作压力关系曲线

### 4.岩心润湿性控制方法

#### 1）弱亲油岩心制作

将石英砂用量的三分之一进行硅油处理，使制作出的岩心呈弱亲油性。将部分

40～60目、60～100目和100～200目石英砂用硅油处理，制备成硅油砂。制作岩心时由粗到细选用总用砂质量的三分之一。硅油砂制备过程如下：将砂重1%的硅油用20倍石油醚稀释，与石英砂搅拌均匀，室温下挥发20h后，放入电热鼓风干燥箱中加热至180℃，恒温8h。

2）中性及水湿岩心制作

用未经处理石英砂和无机颗粒（E-44），采用20%邻苯二甲酸二丁酯作为增韧剂、7%乙二胺作固化剂，所制作的人造岩心具有中性偏亲油的润湿性质。

除石英砂表面性质外，胶结剂的表面性质同样对人造岩心润湿性起着重要的作用。实验研究表明，在固化剂中加入一定量添加剂可以显著改变所制作岩心的润湿性质。通过大量筛选实验工作，确定了一种油溶性非离子型表面活性剂（OP-10），控制添加百分比，可以使制作的人造岩心润湿性由中性偏亲油性向亲水性转化，从而达到一定程度上控制人造岩心润湿性的目的。

利用Amott法测定了上述方法制作出岩心的润湿性。表2-14给出了测定结果。从表2-14中可以看出，利用上述方法，可以较好地控制人造岩心润湿性。

表2-14 不同岩心润湿性

| 岩心 | 硅油砂 | 普通砂 | 0.3%OP | 1.0%OP |
|---|---|---|---|---|
| 润湿指数 | 0.4 | 0.8 | 1.4 | 3.6 |
| 润湿性 | 弱亲油 | 中性偏亲油 | 中性偏亲水 | 弱亲水 |

### 5. 岩心孔隙结构控制方法

在天然岩心中，用压汞法测得的岩心孔喉分布曲线呈双峰态，而普通无机颗粒胶结岩心孔隙大小分布呈单峰。图2-29对比了天然岩心与这种人造岩心的孔隙大小分布状态的差别。

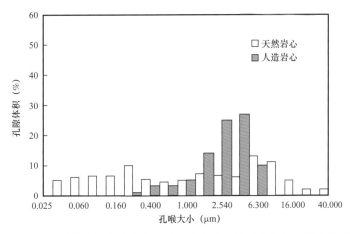

图2-29 天然岩心与人造岩心孔喉大小分布对比（未加天然岩心碎屑）

借鉴前人模型制作经验，可以制作出具有细微孔隙的人造岩心。取低渗透性天然岩心，压碎成 20～40 目颗粒，人造岩心拌砂后，成型前均匀加入 30% 天然岩心碎屑，加压成型后所制作的人造岩心孔喉分布接近于天然岩心（图 2-30）。如果按此方法制备人造岩心，其渗透率与孔隙度的控制需要建立相应标准曲线。

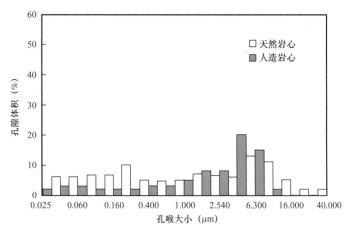

图 2-30　天然岩心与人造岩心孔喉大小分布对比（加入 30% 天然岩心碎屑）

## 四、人造岩心制作标准

### 1. 材料准备

石英砂：石英含量 99% 以上；用振筛机重新筛选为 40～60 目、60～100 目、100～200 目、200 目以下几个级别。无机颗粒：E-44。邻苯二甲酸二丁酯：化学纯。乙二胺：化学纯。丙酮：化学纯以上。石油醚：化学纯。

### 2. 岩心制作工艺原理

#### 1）工艺技术路线选择

无机颗粒加入固化剂和增韧剂后，经过丙酮稀释后与石英砂充分拌合，装入模具加压成型，120℃下恒温固化。

#### 2）岩心渗透率控制方法

制备岩心渗透率控制标准曲线，通过调整石英砂粒度分布 $\Phi$ 值，实现人造岩心渗透率控制。

#### 3）岩心润湿性控制方法

（1）弱亲油岩心制作。

将石英砂用量的三分之一进行硅油处理，制作出的岩心呈弱亲油性[7]。

硅油砂制备过程如下：将砂重 1% 的硅油用 20 倍石油醚稀释，与石英砂搅拌均匀，室温下挥发 20h 后，放入电热鼓风干燥箱中加热至 180℃，恒温 8h。

（2）中性及水湿岩心制作。

用未经处理石英砂和无机颗粒（E-44），采用 20% 邻苯二甲酸二丁酯作为增韧剂、7% 乙二胺作固化剂，所制作的人造岩心具有中性偏亲油的润湿性质。在固化剂中加入表面活性剂（OP-10），可以使制作的人造岩心润湿性由中性偏亲油性向亲水性转化。

4）岩心孔隙结构控制方法

取低渗透性天然岩心，压碎成 20～40 目颗粒，人造岩心拌砂后，成型前均匀加入 30% 天然岩心碎屑，加压成型后所制作的人造岩心孔吼分布接近于天然岩心。

### 3. 岩心制作工艺参数确定

1）$\overline{\Phi}$ 及加压强度确定

加压强度与 $\overline{\Phi}$ 值根据人造岩心渗透率与孔隙度，通过标准曲线确定。

2）无机颗粒的选择及用量

从用途上选择：作黏接剂时最好选用中等环氧值（0.25～0.45）的树脂，如 WSR-618、634；作浇注料时最好选用高环氧值（＞0.40）的树脂，如 618、WSR-618；作涂料用时一般选用低环氧值（＜0.25）的树脂，如 601、604、607、609 等。

从机械强度上选择：环氧值过高的树脂强度较大，但较脆；环氧值中等的高低温度时强度均好；环氧值低的则高温时强度较差。因为强度和交联度的大小有关，故引起强度上的差异。

从操作要求上选择：不需耐高温，对强度要求不大，希望无机颗粒能快干，不易流失，可选择环氧值较低的树脂；如希望渗透性好，强度较高的，可选用环氧值较高的树脂。

模型制作过程中的无机颗粒用量直接影响着模型强度、孔隙度、渗透率及均质程度。因此选择合理的无机颗粒用量非常重要。

在理论上，无机颗粒用量应与石英砂的总的表面积成正比，这样制作出的模型其强度及胶结方式更为接近。若石英砂成球性，其比面为：

$$s=6/d \qquad\qquad (2-1)$$

式中　$s$——比面；

　　　$d$——颗粒直径。

制作某种人造岩心，如果 40～60 目、60～100 目、100～200 目及 200 目以下各种组分石英砂用量分别为 $W_1$、$W_2$、$W_3$ 和 $W_4$，据无机颗粒与比面呈正比的原则，总无机颗粒用量 $W$：

$$W = C \times (16.8 \times W_1 + 29.0 \times W_2 + 57.5 \times W_3 + 150 \times W_4) \qquad (2-2)$$

其中常数 $C$ 推荐选定为 0.0012。

3）改性剂的选择及用量

改性剂的作用是为了改善无机颗粒的韧性、抗剪、抗弯、抗冲，提高绝缘性能等。常用改性剂有以下 11 种。

（1）聚硫橡胶：可提高冲击强度和抗剥性能。

（2）聚酰胺树脂：可改善脆性，提高粘接能力。

（3）聚乙烯醇叔丁醛：提高抗冲击韧性。

（4）丁腈橡胶类：提高抗冲击韧性。

（5）酚醛树脂类：可改善耐温及耐腐蚀性能。

（6）聚酯树脂：提高抗冲击韧性。

（7）尿醛三聚氰胺树脂：增加抗化学性能和强度。

（8）糠醛树脂：改进静弯曲性能，提高耐酸性能。

（9）乙烯树脂：提高抗剥性和抗冲强度。

（10）异氰酸酯：降低潮气渗透性和增加抗水性。

（11）硅树脂：提高耐热性。

聚硫橡胶等的用量可以在 50%～300% 之间，需加固化剂；聚酰胺树脂、酚醛树脂用量一般为 50%～100%，聚酯树脂用量一般在 20%～30%，可以不再另外加固化剂，也可以少量加些固化剂促使反应快些。

一般说来改性剂用量越多，韧性越大，但树脂制品的热变形温度就相应下降。为改善树脂的韧性，常用增韧剂：环氧丙烷丁基醚 660 或环氧丙烷丁基醚二辛酯。

4）增韧剂的选择及用量

选用邻苯二甲酸二丁酯作为无机颗粒增韧剂，用量为无机颗粒用量的 20%。

5）固化剂的选择及用量

无机颗粒固化剂选用乙二胺，其较好的固化范围为无机颗粒用量的 6%～9%，模型制作时，其用量为无机颗粒质量的 7%。但乙二胺具有毒性，对人有很大的伤害，目前实验室欲寻取替代乙二胺作固化剂的原料，其他固化剂的参考用量如下。

（1）胺类作交联剂时按式（2-3）计算：

$$胺类用量 = MG/H_n \qquad (2-3)$$

式中　$M$——胺分子量；

　　　$H_n$——含活泼氢数目；

　　　$G$——环氧值（每 100g 无机颗粒中所含的环氧当量数）。

胺类用量改变的范围不多于 20%，若用过量的胺固化时，会使树脂变脆。若用量过少则固化不完善。

（2）用酸酐类时按式（2-4）计算：

$$酸酐用量 = MG（0.6\sim1）/100 \qquad\qquad （2-4）$$

式中 $M$——酸酐分子量；

      $G$——环氧值；

      （0.6～1）——实验系数。

6）稀释剂的选择及用量

稀释剂的作用是降低黏度，改善树脂的渗透性。稀释剂可分惰性及活性两大类，用量一般不超过 30%。常用稀释剂见表 2-15 和表 2-16。

表 2-15 活性稀释剂

| 名称 | 牌号 | 用量 | 备注 |
|------|------|------|------|
| 二缩水甘油醚 | 600 | 30% | 需多加计算量固化剂 |
| 多缩水甘油醚 | 630 | 30% | 需多加计算量固化剂 |
| 环氧丙烷丁基醚 | 660 | 15% | 需多加计算量固化剂 |
| 环氧丙烷苯基醚 | 690 | 15% | 需多加计算量固化剂 |
| 二环氧丙烷乙基醚 | 669 | 15% | 需多加计算量固化剂 |
| 三环氧丙烷丙基醚 | 662 | 15% | 需多加计算量固化剂 |

表 2-16 惰性稀释剂

| 名称 | 用量 | 备注 |
|------|------|------|
| 二甲苯 | 15% | 不需多加固化剂 |
| 甲苯 | 15% | 不需多加固化剂 |
| 苯 | 15% | 不需多加固化剂 |
| 丙酮 | 15% | 不需多加固化剂 |

在加入固化剂之前，必须对所使用的树脂、固化剂、填料、改性剂、稀释剂等所有材料加以检查，应符合以下几点要求。

（1）不含水分：含水的材料首先要烘干，含少量水的溶剂应尽量少用。

（2）纯度：除水分以外的杂质含量最好在 1% 以下，若杂质在 5%～25% 时虽也可使用，但须增加配方的百分比。

（3）了解各材料是否失效。

使用丙酮作为稀释剂，稀释剂用量 $X$ 采用与石英砂比面呈正比的原则，各种渗透性模型制作均可较好地拌砂：

$$X = D \times （16.8 \times W_1 + 29.0 \times W_2 + 57.5 \times W_3 + 150 \times W_4） \qquad （2-5）$$

其中常数 $D$ 选定为 0.00065。

### 7）填料的选择及用量

填料的作用是改善制品的一些性能，并改善树脂固化时的散热条件，用了填料也可以减少无机颗粒的用量，降低成本。因用途不同可选用不同的填料（表 2-17）。其大小最好小于 100 目，用量视用途而定。

表 2-17 常用填料简介

| 填料名称 | 作用 |
|---|---|
| 石棉纤维、玻璃纤维 | 增加韧性、耐冲击性 |
| 石英粉、瓷粉、铁粉、水泥、金刚砂 | 提高硬度 |
| 氧化铝、瓷粉 | 增加黏接力，增加机械强度 |
| 石棉粉、硅胶粉、高温水泥 | 提高耐热性 |
| 石棉粉、石英粉、石粉 | 降低收缩率 |
| 铝粉、铜粉、铁粉等金属粉末 | 增加导热、导电率 |
| 石墨粉、滑石粉、石英粉 | 提高抗磨性能及润滑性能 |
| 金刚砂及其他磨料 | 提高抗磨性能 |
| 云母粉、瓷粉、石英粉 | 增加绝缘性能 |
| 各种颜料、石墨 | 具有色彩 |

适量（27%～35%）的 P、AS、Sb、Bi、Ge、Sn、Pb 的氧化物添加在树脂中能在高热度、压力下保持黏接性。

### 4. 岩心制作工艺流程

（1）按设计渗透率、孔隙度及用砂量，选择 $\overline{\varPhi}$ 值及加压强度，并计算各粒级石英砂（包括硅油砂）用量以及胶结剂组成配比。

（2）按配方称取各粒级石英砂，拌匀并过 20 目筛。

（3）按比例配制无机颗粒胶结剂。

（4）拌砂并过 10 目筛。

（5）装入模具并加压恒定 10min。

（6）卸下模具，恒温 120℃ 6h 以上。

（7）根据需要，切割、钻取、整形。

### 5. 树脂类岩心的不适用性

目前的人造岩心全部是树脂类人造岩心，树脂类岩心是当前市场的主流，在 2004—2019 年共授权了人造岩心发明专利 28 项，其中树脂类岩心授权了 12 项，占其中的 42.85%。这是因为环氧树脂胶结法可以在常温固化，并且在国内已经较为成熟。

但是树脂胶结剂也存在很多缺点，树脂胶结剂会完全包覆在微粒矿物表面，制造出来的人造岩心孔隙表面特性与真实岩心差异较大；并且树脂岩心孔隙结构单一，难以产生小孔隙（图 2-31）。图 2-32 所示的人造砾岩孔喉中，孔喉大小分布集中在 0.6～10μm，孔喉大小分布较窄；图 2-33 所示的天然砾岩孔喉，孔喉大小分布在 0.01～40μm，分布较广。

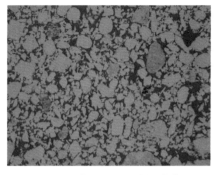

图 2-31 树脂型人造砾岩铸体薄片图

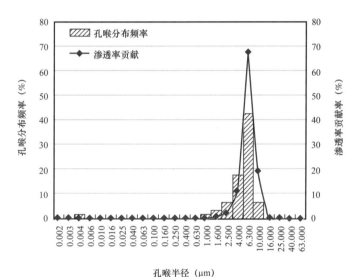

图 2-32 树脂型人造砾岩孔喉分布图

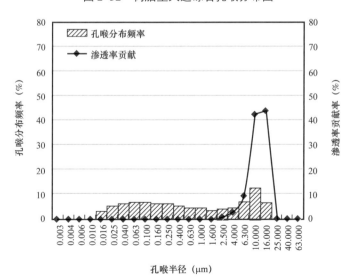

图 2-33 天然砾岩孔喉分布图

在使用树脂类胶结剂制造出来的岩心中,砂岩与真实岩心差别不大,因为砂岩的孔隙结构单一,没有复杂的孔喉结构,但使用树脂类胶结剂制造出来的砾岩岩心却远远达不到要求,所以采用无机颗粒代替树脂胶结剂(图2-34)。

(a) 环氧树脂　　　　　　　　　　(b) 无机颗粒

图 2-34　人造砾岩的实物图

使用了无机颗粒制造技术,突破了环氧树脂包覆在微粒矿物表面的技术壁垒,研发了新型无级人造砾岩岩心,成功研制了"全孔隙尺度"的人造砾岩岩心。图2-35所示为新型人造岩心的孔喉分布图,孔喉大小的在0.01~16μm,孔喉大小分布较广,与天然砾岩非常近似。

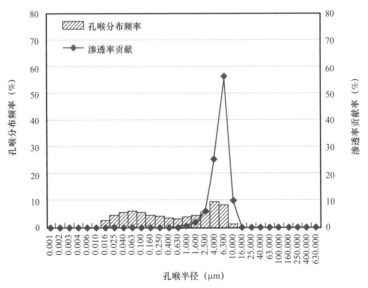

图 2-35　新型人造岩心孔喉分布图

### 6.快速堆积模式的人造岩心制备工艺

克拉玛依油田位于扎伊尔褶皱带山前、准噶尔盆地西北缘的断阶带上，是一个以单斜为背景的大型断块油田。主要产出层为砾岩油层，属于多旋回的山前陆相盆地边缘沉积，是在古山麓地理条件下，形成的多类型、窄相带的复杂碎屑岩体系。由于山麓洪积相的沉积作用，加之部分成岩后生作用的影响，使其储层的非均质程度十分严重。储层的连通性差，由大小不等的砾砂岩透镜体组成，每个大的透镜体内，又包括次一级的小透镜体。这种砾岩层组内，透镜体大小相嵌、此断彼连变化多端的特点，构成了极为复杂的格局，从而导致了砾岩储层模态结构的复杂性，粒度曲线呈现多峰并存（图2-36）。

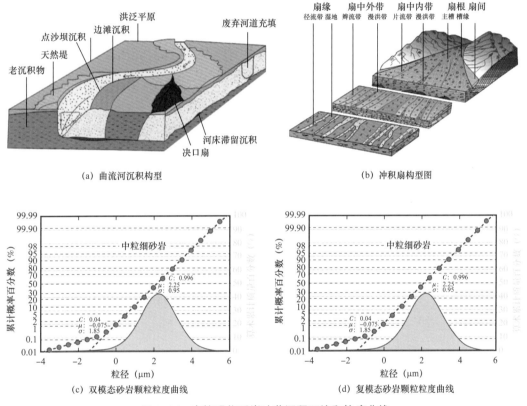

图2-36 克拉玛依砾岩油藏沉积环境和粒度曲线

根据复模态砂岩颗粒粒度曲线，形成了"沉积粒度双峰偏移"的设计模式，以主峰位置偏移、宽窄为参数的设计体系。如图2-37所示，在制造之前首先考虑所制作岩心的粒度曲线的位置，主要以双峰为核心设计，控制双峰的位置，以及双峰的"胖瘦"，就可以设计出较为相似的人造岩心。

### 7.岩性可控技术

经过多次研究和设计，最终得到了能控制岩性的岩性分类图版。图版的绘制是依靠天然岩心的粒度曲线的双峰，根据大粒径正态分布峰的位置决定岩性。如图2-38

所示，可以从天然岩心中得到各类岩性的主峰的位置，绘制正态分布曲线后可以得到大致统计规律，例如砂砾岩的主峰位于 –2～0 之间，含砾粗砂岩位于 0～2 之间，粗粒中砂岩位于 1～2 之间。根据得到的两条主峰的正态分布主峰位置，就可以绘制出岩性分类图版。

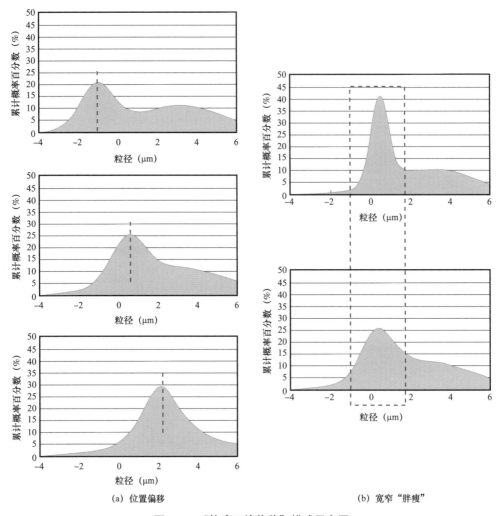

(a) 位置偏移　　　　　　　　　　　　　　(b) 宽窄"胖瘦"

图 2-37　"粒度双峰偏移"模式示意图

岩心制造中需要加入少许天然岩心碎屑来模拟天然岩心的孔隙结构，在加入前可以在图版中标注出所加入的岩心的均值点，如图 2-39 所示加入了不等粒砾岩、小砾岩、含砾砂岩、粗质砂岩，就可以得到小砾岩人造岩心。

## 8. 物性控制技术

在测试了天然岩心的渗透率数据后，发现岩性不同，渗透率随粒度的关系也各不相同。图 2-40 中小砾岩随着粒度的变化，呈现的是一条指数递减曲线。

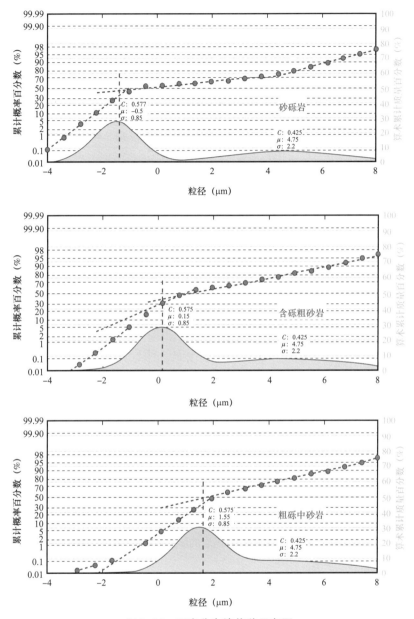

图 2-38 正态分布峰偏移示意图

图 2-41 中含砾粗砂岩则是接近线性递减。不同的岩性，渗透率递减规律不同。另外还发现第二主峰的粒径尤为重要，粒径越小，渗透率降幅尤其明显。例如砂砾岩的第二主峰粒径小，渗透率可以从 4300mD 降低至 10mD。

## 五、复模态孔隙的控制因素

单纯由卵砾或砂粒组成的储层称为单模态结构。单模态结构是最简单的孔隙结构，图 2-42 显示了相同半径球形体的两种不同排列形式。

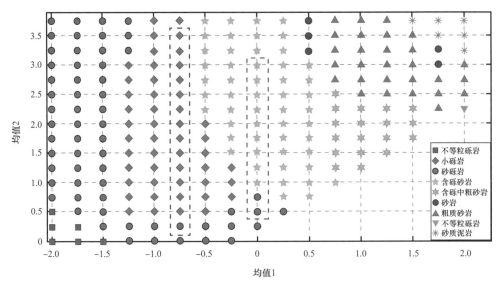

图 2-39 岩性图版分类设计

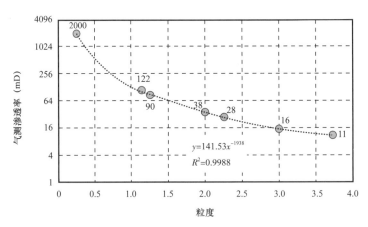

图 2-40 小砾岩的渗透率曲线

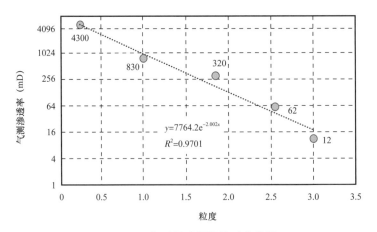

图 2-41 含砾粗砂岩的渗透率曲线

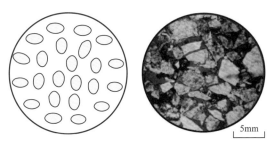

图 2-42　单模态孔隙

由卵砾和砂粒共同组成的砾岩或砾状砂岩称为双模态储层结构（图 2-43）。由于卵粒形成的孔隙部分或全部被砂粒所充填，其孔隙度将急剧减小。

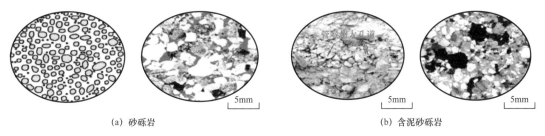

（a）砂砾岩　　　　　　　　　　　　　　　（b）含泥砂砾岩

图 2-43　双模态孔隙

储层结构在以砾石为骨架形成的孔隙中，部分或全部地为砂粒所填充；而在砂粒组成的孔隙结构中，又部分地为黏土颗粒所充填，这种结构被称为复模态结构（图 2-44）。形成这种结构特点的因素有四点：

（1）岩石成分复杂，变化幅度大；

（2）砾石的磨圆度很差；

（3）组成砾岩储层的粒度分布范围宽，为 0.01～200mm；

（4）胶结方式，主要以孔隙式胶结为主，半接触式胶结次之。

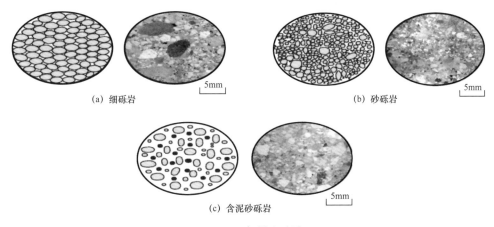

（a）细砾岩　　　　　　　　　　　　　　　（b）砂砾岩

（c）含泥砂砾岩

图 2-44　复模态孔隙

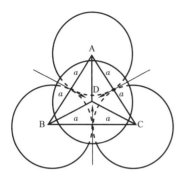

图 2-45　堆积模式图

复模态孔隙的判别目前大部分都依赖于薄片分析，但由于人造砾岩需要大量地制造复模态孔隙结构，因此目前缺乏一套量化的判别方法。

基于堆积模型，建立了量化指标——复模态指数，依靠该指数，能够判断是属于复模态，还是属于双模态结构。

依据堆积模式图（图 2-45），寻找出了粒级和粒度的关系。统计分析不同级别颗粒的对应公式，列出表格。其中 0 级颗粒的粒级 $R$ 和粒度 $\Phi$ 的关系是 $\Phi=-\log_2 R$。根据粒径的不同，在沉积粒度图中可以将颗粒分类为不同级别的颗粒，见表 2-18 和图 2-46。

表 2-18　不同级别颗粒粒级和粒度参数

| 参数 | 0 级颗粒 $X^{(0)}$ | 1 级颗粒 $X^{(1)}$ | 2 级颗粒 $X^{(2)}$ | 3 级颗粒 $X^{(3)}$ | 4 级颗粒 $X^{(4)}$ |
|---|---|---|---|---|---|
| 粒级 | $R$ | $0.155R$ | $0.063R$ | $0.034R$<br>$0.021R$ | $0.015R$<br>$0.008R$ |
| 粒度 | $\Phi$ | $\Phi+2.692$ | $\Phi+3.988$ | $\Phi+4.878$<br>$\Phi+5.574$ | $\Phi+6.059$<br>$\Phi+6.966$ |

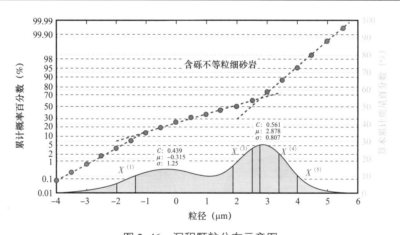

图 2-46　沉积颗粒分布示意图

复模态指数 $CM_I$ 的表达式为：

$$CM_I = \sum_i X_i^{(1)} \cdot \left[ \frac{1}{\left| \ln \dfrac{X_i^{(1)}}{X_i^{(2)}} \right|} + \frac{1}{\left| \ln \dfrac{X_i^{(1)}}{X_i^{(8)}} \right|} + \frac{1}{\left| \ln \dfrac{X_i^{(1)}}{X_i^{(4)}} \right|} \right] \qquad (2-6)$$

复模态指数公式中，$i$ 的含义是分别累加 1 级颗粒，2 级颗粒到 4 级颗粒的总和，最后得到复模态指数。该指数反映着多级颗粒的填充程度，值越大说明填充越紧密，越接近复模态。定义 $CM_I > 1$ 为复模态，$CM_I < 1$ 为双模态。

## 六、复模态指数应用

列举两类人造岩心的实际应用，以验证复模态指数的可用程度。

### 1. 砂砾岩

图 2-47 中能从铸体薄片中清晰地看到大颗粒砾石骨架，周围为砂粒所填充，蓝色的区域为储层部分，是典型的复模态孔隙结构。孔喉分布如图 2-48 所示，具有双峰结构，分别在孔喉半径 0.025μm 和 1.6μm，两主峰比较明显。经计算，该岩心的复模态指数为 1.695，数值大于 1，属于复模态孔隙结构。

图 2-47 砂砾岩岩心及铸体薄片图

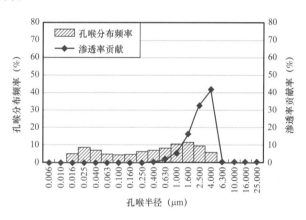

图 2-48 砂砾岩孔喉分布图

### 2. 细砂岩

图 2-49 中能从铸体薄片中清晰地看到储层骨架由卵砾和砂粒共同组成，深蓝色的区域为储层部分，是典型的双模态孔隙结构。孔喉分布如图 2-50 所示，只有单峰结构，主峰位置位于 2.5μm。经计算，该岩心的复模态参数为 0.376，数值小于 1，属于双模态孔隙结构。

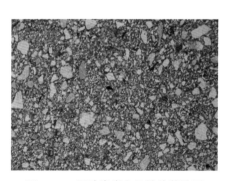

图 2-49 细砂岩岩心及铸体薄片图

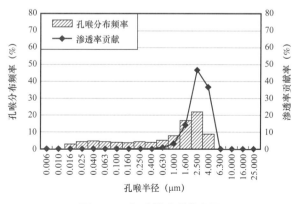

图 2-50 细砂岩孔喉分布图

## 七、孔喉分布形态控制因素

孔喉分布图的形态分为两种，一种是单峰发育的孔喉分布，另一类为双峰特征的孔喉分布图。根据人造岩心的制造和测试，得到以下结论。

### 1. 填充程度的影响

填充程度越高，该岩心的复模态指数越高。图 2-51 中随着复模态指数 $CM_1$ 的下降，双峰结构逐渐向单峰结构转变。

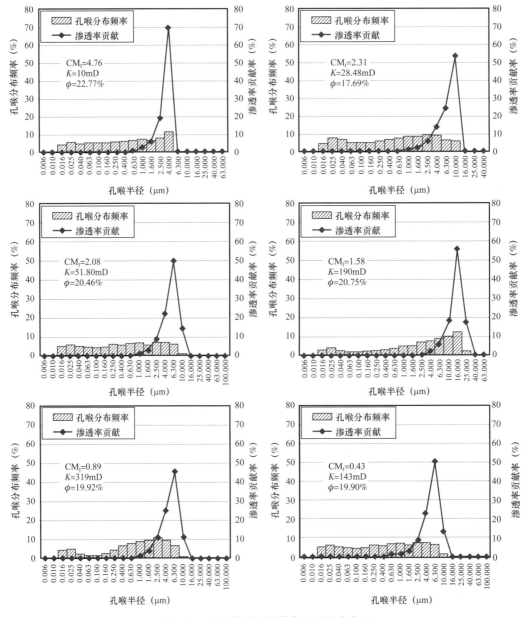

图 2-51　不同复模态指数岩心孔喉分布图

### 2. 颗粒粒度分布的影响

对于人造岩心，颗粒粒度的形状与孔隙形状的趋势一致性越高，孔喉的分布就越朝着双峰发育方向。如图 2-52 所示，对于渗透率为 11mD 的小砾岩，在粒径累计贡献图中产生了拐点，与孔隙形状差别较大，故孔喉分布图中只有单峰发育的结构。渗透率为 23mD 的小砾岩，虽然粒径分布图中有拐点，但是斜率变化不是很大，相对于前者孔喉分布图有双峰的趋势。渗透率为 1600mD 的砂砾岩，粒径分布曲线几乎和孔隙线一致，斜率基本相同，孔喉分布图显示出典型的双峰结构。

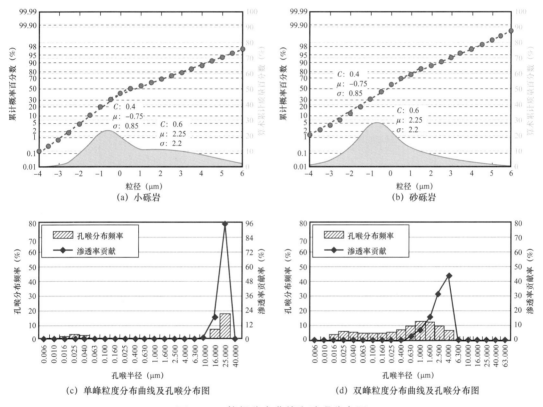

图 2-52 粒径分布曲线和孔喉分布图

### 3. 填隙物的影响

目前的填隙物大多以泥质为主，泥质含量越多，人造岩心的孔喉分布越多为双峰结构。从深层次来说，泥质含量越高，胶结程度越好，故低孔喉半径越发育（图 2-53 和图 2-54）。

### 4. 压实压力的影响

压实压力又称上覆压力。压实压力决定了第二主峰的分布频率。图 2-55 和图 2-56 中，高压实压力和低压实压力下小孔喉的分布基本一致，高压实压力下，大孔喉的分布频率明显高于低压实压力下的分布频率。

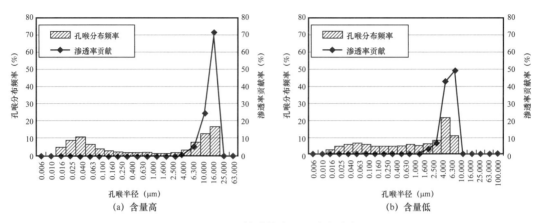

图 2-53　不同填隙物含量下孔喉分布图

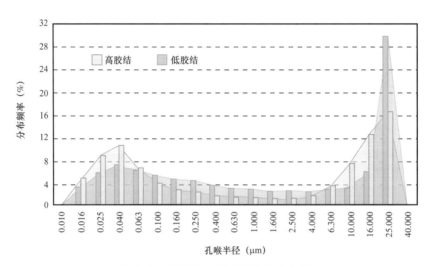

图 2-54　不同胶结程度下孔喉分布图

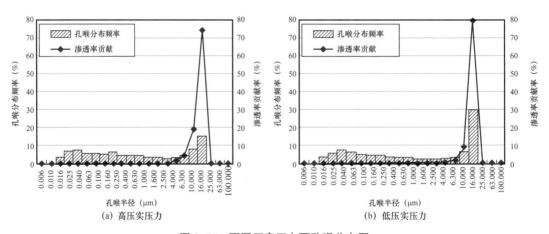

图 2-55　不同压实压力下孔喉分布图

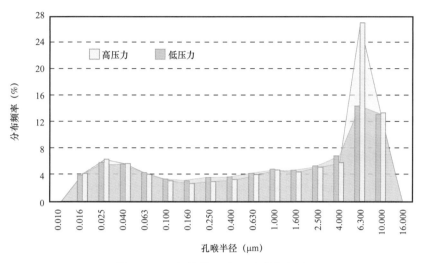

图 2-56　不同上覆压力下孔喉分布图

## 八、小结

砥岩储层的特点是常规物性差、孔隙结构复杂、喉道半径均值小、孔隙分选系数大、孔喉半径频率分布曲线峰值低、孔喉比大、孔喉配位数低；在微观上孔隙分布也极不均匀，表现为孔隙连通性差，尤其是二类、三类区块孔隙孔道稀少、喉道细而长、迂回曲折、节点少，并且具有大量盲孔和单通道孔隙网络。由于其特殊的复模态微观孔隙结构和严重的宏观非均质性，导致开发难度大，水驱最终采出程度普遍在 20%～30% 之间，远低于砂岩油藏 50% 左右的水驱开发效果。

通过对人造岩心的岩性、物性及孔隙结构的统计分析，得出以下结论。

（1）新型人造岩心并非树脂类人造岩心，使用的是新型微粒矿物作为胶结剂。该颗粒能够在孔隙结构上相对树脂类与真实岩心更接近，制造出来的人造岩心效果更好，更符合砾岩的复模态结构。

（2）得到了可控岩性的图版和可控物性的图版，可依据该图版控制所造的人造岩心的岩性和物性。其中岩性和物性需分开考虑，不同岩性物性变化也不同。孔喉分布图中第二主峰的粒径控制着人造岩心的渗透率。

（3）建立了复模态的量化指标——复模态指数。可依靠该指数区分岩心是单模态、双模态、复模态结构。

（4）研究了孔喉分布形态的影响因素，其与填充程度、颗粒粒度形状、填隙物含量、压实压力有关。填充程度越高、颗粒粒度形状越接近孔隙形状、填隙物含量越高，压实压力越高，越容易得到双峰孔喉分布曲线。

# 第三节　聚合物驱驱油体系设计

## 一、聚合物分子量、浓度选择

### 1.聚合物分子量与渗透率匹配关系建立

#### 1）聚合物水动力学特征尺寸测定

利用微孔滤膜法测定不同矿化度下、不同分子量、不同浓度体系的聚合物分子水动力学特征尺寸大小[8]，结果见表2-19。

表2-19　不同矿化度、不同聚合物分子量、不同浓度体系水动力学特征尺寸

| 矿化度<br>（mg/L） | 聚合物浓度<br>（mg/L） | 水动力学特征尺寸（μm） | | | | |
|---|---|---|---|---|---|---|
| | | （500～700）万 | 1000万 | 1500万 | 2000万 | 2500万 |
| 405 | 800 | ＜0.22 | ＜0.22 | ＜0.22 | 0.26 | 0.32 |
| | 1000 | ＜0.22 | 0.23 | 0.25 | 0.28 | 0.34 |
| | 1200 | 0.23 | 0.27 | 0.32 | 0.34 | 0.45 |
| | 1500 | 0.24 | 0.30 | 0.38 | 0.58 | 0.60 |
| | 1800 | 0.26 | 0.36 | 0.42 | 0.60 | 0.62 |
| | 2000 | 0.27 | 0.44 | 0.61 | 0.62 | 0.64 |
| 5674 | 1000 | ＜0.22 | ＜0.22 | ＜0.22 | 0.35 | 0.38 |
| | 1500 | ＜0.22 | 0.30 | 0.32 | 0.38 | 0.41 |
| 11704 | 1000 | ＜0.22 | ＜0.22 | ＜0.22 | 0.30 | 0.32 |
| | 1500 | ＜0.22 | ＜0.22 | 0.33 | 0.33 | 0.36 |
| 13279 | 800 | ＜0.22 | ＜0.22 | ＜0.22 | ＜0.22 | ＜0.22 |
| | 1000 | ＜0.22 | ＜0.22 | ＜0.22 | 0.26 | 0.27 |
| | 1500 | ＜0.22 | ＜0.22 | 0.24 | 0.38 | 0.39 |
| | 2000 | ＜0.22 | ＜0.22 | 0.41 | 0.49 | 0.58 |
| 45563 | 1000 | ＜0.22 | ＜0.22 | ＜0.22 | ＜0.22 | ＜0.22 |
| | 1500 | ＜0.22 | ＜0.22 | ＜0.22 | 0.26 | 0.30 |

从表2-19中可以看出：矿化度、聚合物分子量、聚合物浓度对聚合物体系水动力学特征尺寸都有一定的影响。当矿化度、聚合物浓度一定时，随着聚合物分子量的增加，聚合物体系的水动力学特征尺寸增大；对于不同分子量的聚合物，随着浓度的增加，溶液的水动力学特征尺寸增加；当聚合物分子量、浓度一定时，随着配制水矿化度的增加，二元体系的水动力学特征尺寸呈减小趋势。由此可见，在建立聚合物与储层渗透率匹配关系及分子量选择时，需要考虑溶液浓度、矿化度等因素的影响。

2）流动性实验

为了模拟聚合物体系在地层深部中的运移过程，克服恒速注入方式的缺点，采用恒压法注入进行实验。

七东₁区克下组油田生产参数：注聚合物井井底流压23MPa，采出井井底压力3MPa，井距200m，井深1150m。根据解析法以及油田的生产参数，可计算出七东₁区克下组的井间压力梯度分布，地层深处（20～120m）的压力梯度非常小，约为0.13MPa/m。

在压力梯度为0.13MPa/m，有效渗透率为10～20mD、20～30mD、50mD、100mD、200mD、300mD、700mD的岩心中注入分子量（300～500）万、（500～700）万、1000万、1500万、2000万、2500万、3000万、3500万系列分子量，浓度800mg/L、1000mg/L、1500mg/L、2000mg/L的聚合物溶液，测定溶液在岩心中的流动速度，并根据流动速度大于0.2m/d作为流动性判断依据，对各个体系在不同渗透率岩心中的流动状况进行研究。由此得到的实验结果见表2-20至表2-26。

表2-20 10～20mD岩心流动性实验结果

| 浓度（mg/L） | 不同分子量聚合物溶液的流速（m/d） | | |
|---|---|---|---|
| | KA300-500 | KB500 | KB1000 |
| 500 | 0.38 | 0.23 | 0.18 |
| 1000 | 0.26 | 0.08 | ＜0.05 |
| 1500 | 0.05 | ＜0.05 | ＜0.05 |

表2-21 20～30mD岩心流动性实验结果

| 浓度（mg/L） | 不同分子量聚合物溶液的流速（m/d） | | | | |
|---|---|---|---|---|---|
| | KB500 | KB1000 | KB1500 | KB2000 | KB2500 |
| 800 | 0.30 | 0.28 | 0.11 | 0.05 | ＜0.05 |
| 1000 | 0.11 | 0.07 | 0.06 | ＜0.05 | ＜0.05 |
| 1500 | 0.09 | 0.05 | ＜0.05 | ＜0.05 | ＜0.05 |
| 2000 | 0.03 | 0.03 | ＜0.05 | ＜0.05 | ＜0.05 |

表 2-22 50mD 岩心流动性实验结果

| 浓度（mg/L） | 不同分子量聚合物溶液的流速（m/d） | | | | |
|---|---|---|---|---|---|
| | KB500 | KB1000 | KB1500 | KB2000 | KB2500 |
| 800 | 0.78 | 0.76 | 0.42 | 0.09 | <0.05 |
| 1000 | 0.43 | 0.36 | 0.09 | <0.05 | <0.05 |
| 1500 | 0.21 | 0.08 | <0.05 | <0.05 | <0.05 |
| 2000 | 0.08 | 0.05 | <0.05 | <0.05 | <0.05 |

表 2-23 100mD 岩心流动性实验结果

| 浓度（mg/L） | 不同分子量聚合物溶液的流速（m/d） | | | | |
|---|---|---|---|---|---|
| | KB500 | KB1000 | KB1500 | KB2000 | KB2500 |
| 800 | 1.83 | 1.76 | 1.02 | 0.74 | 0.45 |
| 1000 | 1.52 | 1.01 | 0.38 | 0.24 | 0.15 |
| 1500 | 0.63 | 0.61 | 0.31 | 0.20 | 0.07 |
| 2000 | 0.30 | 0.28 | 0.11 | 0.08 | <0.05 |

表 2-24 200mD 岩心流动性实验结果

| 浓度（mg/L） | 不同分子量聚合物溶液的流速（m/d） | | | | |
|---|---|---|---|---|---|
| | KB500 | KB1000 | KB1500 | KB2000 | KB2500 |
| 800 | 2.72 | 2.18 | 1.63 | 1.13 | 0.65 |
| 1000 | 1.63 | 1.13 | 1.36 | 0.61 | 0.52 |
| 1500 | 0.74 | 0.78 | 1.12 | 0.72 | 0.20 |
| 2000 | 0.54 | 0.43 | 0.30 | 0.24 | 0.06 |

表 2-25 300mD 岩心流动性实验结果

| 浓度（mg/L） | 不同分子量聚合物溶液的流速（m/d） | | | |
|---|---|---|---|---|
| | KB2000 | KB2500 | KB3000 | KB3500 |
| 800 | 1.12 | 0.79 | 0.61 | 0.46 |
| 1000 | 0.81 | 0.65 | 0.53 | 0.32 |
| 1500 | 0.58 | 0.47 | 0.31 | 0.16 |
| 2000 | 0.29 | 0.06 | <0.05 | <0.05 |

表 2-26　700mD 岩心流动性实验结果

| 浓度（mg/L） | 不同分子量聚合物溶液的流速（m/d） | | | |
|---|---|---|---|---|
| | KB2000 | KB2500 | KB3000 | KB3500 |
| 800 | 5.60 | 3.23 | 2.28 | 1.87 |
| 1000 | 4.05 | 2.90 | 1.30 | 1.17 |
| 1500 | 2.36 | 2.35 | 1.55 | 0.93 |
| 2000 | 1.82 | 1.30 | 0.59 | 0.31 |

以上实验结果表明，随着渗透率的增大，聚合物分子量、浓度的选择范围变宽。在实际应用中，要考虑渗透率的分布情况，并结合技术经济评价对吨聚增油量的要求，选择最佳的聚合物分子量和浓度。

3）聚合物分子量、浓度与渗透率匹配关系

在流动性实验的基础上，对实验结果进行分析、处理，得到聚合物分子量、浓度与渗透率匹配关系图版，如图 2-57 所示。

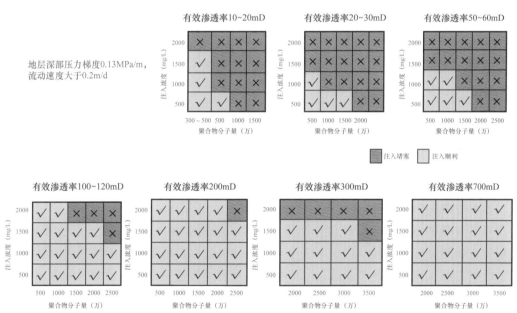

图 2-57　聚合物分子量、浓度与渗透率匹配关系图版

考虑到室内实验所用岩心渗透率为有效渗透率（水测），现场测井解释渗透率是基于气测，为了方便应用，建立了有效渗透率与气测渗透率间的转换关系，如图 2-58 所示。

综合考虑流动性实验结果中聚合物分子量、浓度，得到渗透率与聚合物分子量间的定量匹配关系见表 2-27。

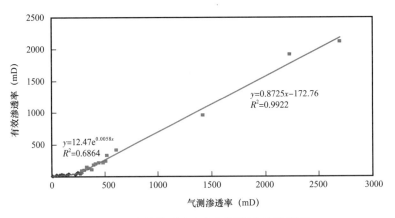

图 2-58 有效渗透率与气测渗透率转换关系

表 2-27 渗透率与聚合物分子量间的定量匹配关系

| 气测渗透率（mD） | 有效渗透率（mD） | 理论聚合物分子量上限（万） | 实验聚合物分子量上限（万） |
|---|---|---|---|
| 50 | 16.5 | 750 | 350 |
| 110 | 20.0 | 1000 | 650 |
| 150 | 30.0 | 1200 | 1000 |
| 220 | 50.0 | 1800 | 1500 |
| 275 | 80.0 | 3000 | 2000 |
| 300 | 100.0 | 3500 | 2500 |
| 420 | 200.0 | >3500 | 3500 |

### 2. 聚合物驱最小流度计算及最佳浓度的确定

#### 1）最小流度计算及聚合物浓度下限的确定

油水在多孔介质中的相对流动主要取决于它们的流度比。为使聚合物段塞均匀前进，防止指进现象的发生，应保证聚合物段塞与其前缘油水混合带的流度比不大于 1[9, 10]。进行聚合物驱流度设计须经过以下 3 个步骤：（1）根据实施聚合物驱区块的具体油层条件，绘制出油水相对渗透率曲线；（2）根据油水相对渗透率曲线，计算不同含水饱和度下油水混合带总流度，并找出其最小流度；（3）根据油水混合带的最小流度，计算控制流度的聚合物质量浓度范围。

根据七东$_1$区天然岩心测定的水驱相对渗透率曲线，计算得到的总流度如图 2-59 所示。

由此可见，含水饱和度越大，控制聚合物驱流度的最小聚合物浓度越大。针对有效渗透率 100mD 的岩心，在目前含水饱和度（$S_w$=60%）条件下，聚合物最小流度控制需要的工作黏度为 12.0mPa·s。

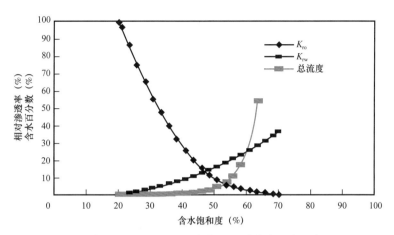

图 2-59　七东₁区水驱相对渗透率曲线及总流度（渗透率 100mD）

考虑到聚合物溶液在地层中的工作黏度主要受矿化度、剪切作用的影响，可以定义：地层工作黏度 = 地面黏度 × 矿化度影响系数 × 剪切黏度保留率。

其中矿化度影响系数的确定根据实验室所测试的矿化度对聚合物溶液黏度影响曲线（图 2-60），当矿化度在 3000～15000mg/L 时，矿化度影响系数为 0.45，当矿化度大于 15000mg/L 时，矿化度影响系数为 0.3，即地面用清水配制的溶液进入矿化度 3000～15000mg/L 地层水体系后的黏度是原来的 0.45 倍，进入矿化度高于 15000mg/L 地层水体系后的黏度是原来的 0.3 倍。

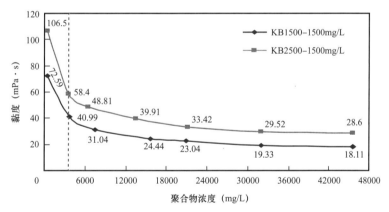

图 2-60　矿化度对聚合物溶液黏度的影响

剪切黏度保留率是参考七东₁区聚合物驱工业化试验及七中区二元复合驱试验中的返排试验结果确定的，赋值为 50%。

根据最小流度计算结果，地层最低工作黏度为 12mPa·s，可以确定地面配制最低黏度为：低矿化度区域 50mPa·s、高矿化度区域 80mPa·s，根据聚合物黏度—浓度曲线（图 2-61），可以得到对应的最低聚合物浓度分别为：低矿化度区域 800mg/L、高矿化度区域 1100mg/L。

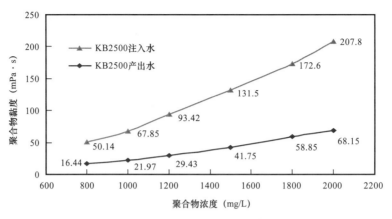

图 2-61　聚合物溶液黏度—浓度曲线

2）聚合物浓度上限的确定

（1）根据聚合物分子量、浓度与渗透率匹配关系及聚合物溶液水动力学特征尺寸测定结果（表 2-28 和表 2-29）：有效渗透率为 100mD 时，注入水中浓度上限 1200mg/L，考虑矿化度，浓度上限 1500mg/L；有效渗透率为 200mD 时，注入水中浓度上限 1800mg/L，考虑矿化度，浓度上限 2000mg/L。

表 2-28　不同分子量、不同浓度聚合物可注入渗透率下限值（注入水）

| 分子量（万） | 不同聚合物浓度对应的有效渗透率下限值（mD） | | | |
| --- | --- | --- | --- | --- |
| | 800mg/L | 1000mg/L | 1500mg/L | 2000mg/L |
| 500 | <30 | 30～50 | 50 | 50～100 |
| 1000 | <30 | 30～50 | 50～100 | 100 |
| 1500 | 30～50 | 50～100 | 50～100 | 100～200 |
| 2000 | 50～100 | 100 | 100 | 100～200 |
| 2500 | 50～100 | 100～200 | 200 | >200 |
| 3000 | — | — | 300 | — |
| 3500 | — | 300 | — | — |

表 2-29　矿化度对聚合物特征尺寸影响（分子量为 2500 万）

| 浓度（mg/L） | 不同矿化度水中的溶液特征尺寸（μm） | | | |
| --- | --- | --- | --- | --- |
| | 405mg/L | 45563mg/L | 9875mg/L | 5674mg/L |
| 1000 | 0.34 | <0.22 | 0.27 | 0.38 |
| 1200 | 0.35 | | | |
| 1500 | 0.61 | 0.28 | 0.39 | 0.41 |
| 1800 | 0.61 | | | |
| 2000 | 0.64 | | 0.58 | |

（2）依注入压力上限、数值模拟不同注聚浓度时压力上升情况（表2-30和图2-62），确定的注入聚合物浓度上限为：Ⅰ区2500万分子量时大于2000mg/L、Ⅱ区2500万分子量时大于2000mg/L、Ⅲ区（300～500）万分子量时为800mg/L、全区1850mg/L。

表2-30　注入压力上限及平均注聚合物浓度上限

| 分区 | 井数（口） | 井口破裂压力（MPa） | 平均井口注入压力上限（MPa） | 目前井口注入压力（MPa） | 前缘水驱注入压力上限（MPa） | 聚合物驱压力上升空间（MPa） | | 平均注聚合物浓度上限（mg/L） | |
|---|---|---|---|---|---|---|---|---|---|
| | | | | | | 按破裂压力 | 按注入压力上限 | 按破裂压力 | 按注入压力上限 |
| Ⅰ区 | 59 | 15.0 | 13.5 | 4.7 | 6.5 | 8.5 | 7.0 | >2000 | >2000 |
| Ⅱ区 | 35 | 16.1 | 14.5 | 5.9 | 7.5 | 10.2 | 7.0 | >2000 | 2000 |
| Ⅲ区 | 17 | 15.1 | 13.6 | 8.4 | 9.0 | 6.1 | 4.6 | 1400 | 1000 |
| 全区 | 111 | 15.4 | 13.9 | 6.5 | 7.7 | 7.7 | 6.2 | >2000 | 1850 |

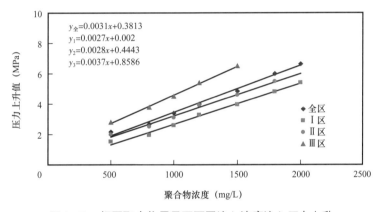

图2-62　相同聚合物用量下不同注入浓度注入压力上升

（3）根据全区数值模拟结果（图2-63）：技术经济评价对吨聚增量要求不小于40t/t，区块注入聚合物平均浓度上限为1800mg/L。

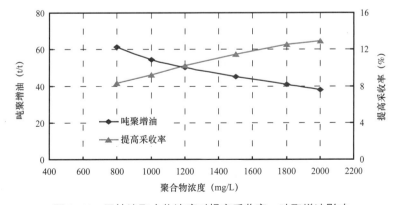

图2-63　区块注聚合物浓度对提高采收率、吨聚增油影响

**3）最佳浓度范围的确定**

七东₁区地层原油黏度 6.5mPa·s，根据现场经验及文献资料，聚合物驱的最佳水油流度比为 0.25～0.5，即七东₁区聚合物驱的地层工作黏度应为地层原油黏度的 2～4倍，即 13～26mPa·s。按照地层工作黏度＝地面黏度 × 矿化度影响系数 × 剪切黏度保留率，地面配制聚合物的最佳黏度范围为：低矿化度区 60～120mPa·s、高矿化度区 90～180mPa·s。对应的聚合物最佳浓度范围为：低矿化度区 900～1450mg/L、高矿化度区 1200～1850mg/L。

### 3. 分区域聚合物分子量、浓度设计

**1）Ⅰ区**

Ⅰ区储层孔隙度 18.7%，解释渗透率 805.4mD，有效渗透 572.3mD。产出水矿化度 5000～15000mg/L，二价离子 30～200mg/L。根据建立的聚合物分子量、浓度与渗透率匹配关系图版，该区域适宜选择 2500 万分子量的聚合物，浓度 800～1800mg/L，清水配制黏度 50～170mPa·s。

根据Ⅰ区平面上渗透率分布特征（图 2-64），该区域内部仍然存在物性差异。另外，从注水动态反映来看，西南部日产液 30t，西北部日产液 20～25t，中部日产液 10～15t（开采现状如图 2-65 所示），与平面上渗透率分布特征相对应，进一步表明注入聚合物的浓度需要差异性设计。在充分考虑地面配制工艺设计的前提下，参考原聚合物驱试验区注聚合物浓度设计，Ⅰ区浓度设计为：A 区域聚合物浓度 800～1200mg/L，黏度 50～90mPa·s；B 区域聚合物浓度 1200～1500mg/L，黏度 90～130mPa·s；C 区域聚合物浓度 1000～1500mg/L，黏度 70～130mPa·s；D 区域聚合物浓度 1200～1800mg/L，黏度 90～170mPa·s。

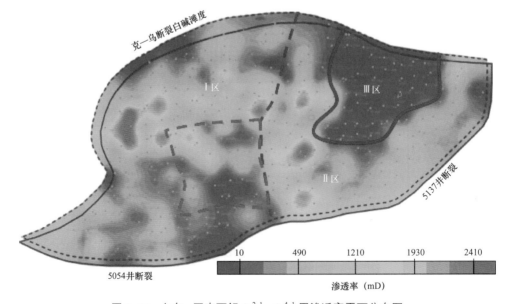

图 2-64　七东₁区克下组 $S_7^{2-1}$～$S_7^{4-1}$ 层渗透率平面分布图

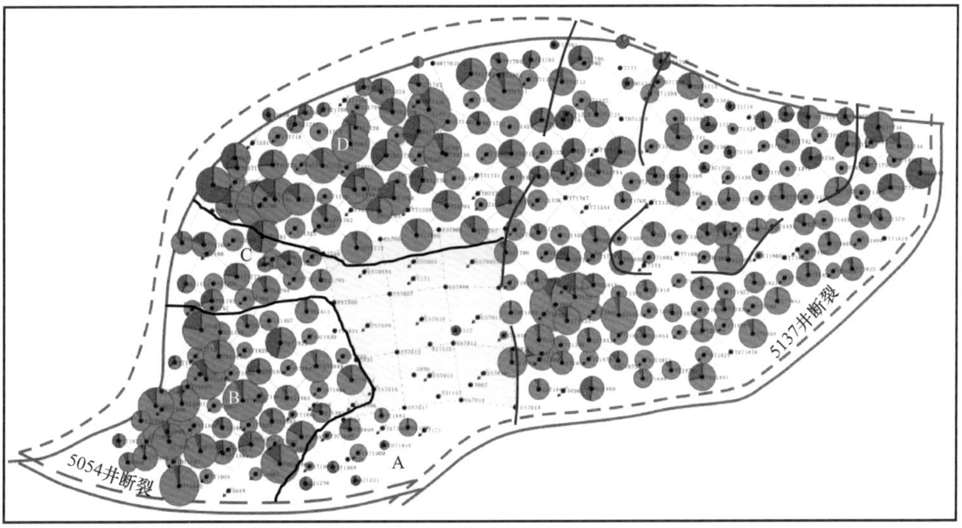

图 2-65 七东₁区聚合物驱油藏 2013 年 11 月开采现状图

另外，按照渗透率纵向分级，对Ⅰ区不同渗透率级别孔隙体积所占目的层比例统计及聚合物分子量的选择见表 2-31。由此可见，按注入水条件下 2500 万分子量聚合物可进入渗透率下限 300mD 统计，Ⅰ区注入 2500 万分子量聚合物时，可进入的孔隙体积占目的层总孔隙体积的 85.9%。

表 2-31 Ⅰ区不同渗透率级别孔隙体积所占目的层比例统计结果

| 渗透率级别（mD） | $S_7^{2-1}$ | $S_7^{2-2}$ | $S_7^{2-3}$ | $S_7^{3-1}$ | $S_7^{3-2}$ | $S_7^{3-3}$ | $S_7^{4-1}$ | 比例（%） | 聚合物分子量（万） | 累计比例（%） |
|---|---|---|---|---|---|---|---|---|---|---|
| 5000＞K＞2000 | 38.2 | 56.9 | 69.0 | 67.9 | 72.9 | 30.2 | 9.6 | 34.0 | 3500 | 34.0 |
| 2000＞K＞1000 | 25.0 | 36.2 | 46.5 | 35.2 | 40.4 | 30.7 | 12.4 | 22.3 | 3500 | 56.3 |
| 1000＞K＞500 | 18.6 | 28.6 | 36.8 | 26.3 | 27.6 | 35.7 | 19.4 | 19.1 | 2500 | 75.4 |
| 500＞K＞300 | 8.8 | 13.9 | 19.1 | 14.4 | 14.6 | 21.4 | 14.6 | 10.5 | 2500 | 85.9 |
| 300＞K＞250 | 2.1 | 3.3 | 4.2 | 3.4 | 4.1 | 6.8 | 5.1 | 2.9 | 2000 | 88.8 |
| 250＞K＞200 | 2.3 | 3.7 | 3.6 | 3.5 | 4.3 | 6.7 | 5.0 | 2.9 | 2000 | 91.6 |
| 200＞K＞150 | 2.4 | 3.7 | 3.1 | 3.4 | 4.0 | 6.6 | 4.9 | 2.8 | 1500 | 94.4 |
| 150＞K＞50 | 3.6 | 5.2 | 4.9 | 5.0 | 6.6 | 12.9 | 8.7 | 4.6 | 300 | 99.0 |
| 50＞K＞10 | 0.7 | 1.2 | 1.3 | 1.0 | 1.3 | 2.6 | 1.7 | 1.0 | — | 100.0 |

2）Ⅱ区

Ⅱ区孔隙度 17.3%，解释渗透率 457.1mD，有效渗透 218mD。Ⅱ区北部矿化度在为 10000～15000mg/L，南部矿化度为 35000～48000mg/L，2013 年 2 月分析的 T71422 井矿化度为 45563mg/L。根据建立的聚合物分子量、浓度与渗透率匹配关系图版，该区域适宜选择 2500 万分子量的聚合物。考虑到 Ⅱ 区北部靠近 Ⅲ 区的区域渗透率较低、南部区域渗透率较高、矿化度高等特点，注入聚合物浓度差异性设计如下：北部区域 800～1200mg/L，黏度 50～90mPa·s，南部区域 1200～1800mg/L，黏度 90～170mPa·s。

按照注入水条件下 2500 万分子量聚合物可进入渗透率下限 300mD 统计，Ⅱ 区注入 2500 万分子量聚合物时，可进入的孔隙体积占目的层总孔隙体积的 82.5%，结果见表 2-32。

表 2-32 Ⅱ 区不同渗透率级别孔隙体积所占目的层比例统计结果

| 渗透率级别（mD） | $S_7^{2-1}$ | $S_7^{2-2}$ | $S_7^{2-3}$ | $S_7^{3-1}$ | $S_7^{3-2}$ | $S_7^{3-3}$ | $S_7^{4-1}$ | 比例（%） | 聚合物分子量（万） | 累计比例（%） |
|---|---|---|---|---|---|---|---|---|---|---|
| 5000>K>2000 | 5.7 | 7.4 | 18.8 | 13.8 | 14.9 | 4.6 | 0.6 | 19.1 | 3500 | 19.1 |
| 2000>K>1000 | 5.8 | 8.3 | 21.1 | 15.3 | 11.9 | 10.9 | 3.1 | 22.1 | 3500 | 41.2 |
| 1000>K>500 | 7.4 | 11.4 | 23.6 | 16.4 | 9.6 | 14.3 | 4.4 | 25.2 | 2500 | 66.4 |
| 500>K>300 | 2.9 | 12.3 | 14.4 | 10.3 | 4.7 | 8.4 | 3.0 | 16.2 | 2500 | 82.5 |
| 300>K>250 | 1.1 | 3.8 | 3.3 | 2.9 | 1.8 | 2.6 | 1.1 | 4.8 | 2000 | 87.4 |
| 250>K>200 | 1.1 | 2.4 | 3.1 | 2.5 | 1.3 | 2.2 | 1.8 | 4.2 | 2000 | 91.5 |
| 200>K>150 | 0.7 | 1.8 | 2.8 | 2.1 | 1.4 | 1.8 | 1.9 | 3.6 | 1500 | 95.2 |
| 150>K>50 | 0.6 | 1.5 | 3.2 | 1.4 | 1.7 | 3.9 | 2.4 | 4.2 | 300 | 99.4 |
| 50>K>10 | 0 | 0.2 | 0.4 | 0.1 | 0.3 | 0.6 | 0.7 | 0.7 | — | 100.0 |

### 3）Ⅲ 区

Ⅲ 区孔隙度 16.6%，解释渗透率 59.4mD，有效渗透 17mD。产出水矿化度 10000～20000mg/L，二价离子 50～120mg/L。从渗透率纵向分级统计结果看，对应的有效渗透率主要集中在 30mD 以下，统计结果见表 2-33。

表 2-33 Ⅲ 区不同渗透率级别孔隙体积所占目的层比例统计结果

| 渗透率级别（mD） | $S_7^{2-1}$ | $S_7^{2-2}$ | $S_7^{2-3}$ | $S_7^{3-1}$ | $S_7^{3-2}$ | $S_7^{3-3}$ | $S_7^{4-1}$ | 比例（%） |
|---|---|---|---|---|---|---|---|---|
| K>300 | 1.0 | 2.8 | 5.9 | 3.3 | 4.8 | 1.8 | 2.4 | 16.9 |
| 300>K>250 | 0.2 | 1.0 | 2.1 | 1.1 | 0.9 | 1.1 | 0.5 | 5.3 |
| 250>K>200 | 0.6 | 1.5 | 3.1 | 2.0 | 1.5 | 1.6 | 0.5 | 8.2 |
| 200>K>150 | 0.4 | 0.9 | 1.6 | 1.4 | 1.1 | 0.9 | 0.4 | 5.2 |
| 150>K>110 | 0.6 | 1.3 | 1.7 | 1.4 | 1.4 | 1.1 | 0.4 | 6.0 |
| 110>K>50 | 1.1 | 2.6 | 4.4 | 3.3 | 3.2 | 2.4 | 1.2 | 14.1 |
| 50>K>30 | 2.3 | 5.1 | 5.4 | 5.5 | 6.1 | 4.7 | 2.0 | 23.9 |
| 30>K>10 | 1.9 | 3.4 | 5.5 | 3.8 | 6.6 | 3.6 | 1.8 | 20.3 |
| 合计 | 8.2 | 18.6 | 29.7 | 21.9 | 25.6 | 17.2 | 9.1 | 100.0 |

从试验区分区分层物性统计结果对比（表2-34），Ⅲ区物性较差，各个小层渗透率普遍较低，按照已建立的聚合物分子量、浓度与渗透率匹配关系分析，该区域注聚合物分子量、浓度选择受限。

表2-34　试验区分区分层物性数据统计表

| 层位 | 孔隙度（%） | | | | 渗透率（mD） | | | |
|---|---|---|---|---|---|---|---|---|
| | Ⅰ区 | Ⅱ区 | Ⅲ区 | 全区 | Ⅰ区 | Ⅱ区 | Ⅲ区 | 全区 |
| $S_6^1$ | 19.7 | 17.6 | 16.8 | 18.1 | 1016.4 | 621.5 | 119.7 | 835.5 |
| $S_6^2$ | 19.4 | 17.9 | 17.5 | 17.5 | 883.2 | 597.2 | 108.7 | 686.3 |
| $S_6^3$ | 19.6 | 17.3 | 17.0 | 17.8 | 983.1 | 519.8 | 113.9 | 729.2 |
| $S_7^1$ | 18.8 | 17.1 | 16.8 | 15.9 | 516.1 | 118.2 | 25.9 | 364.9 |
| $S_7^{2-1}$ | 19.0 | 17.6 | 16.5 | 16.7 | 673.6 | 285.9 | 28.6 | 483.1 |
| $S_7^{2-2}$ | 19.0 | 17.3 | 16.9 | 17.7 | 775.3 | 396.7 | 53.4 | 567.7 |
| $S_7^{2-3}$ | 19.1 | 18.0 | 16.9 | 18.7 | 1069.6 | 569.2 | 79.2 | 783.5 |
| $S_7^{3-1}$ | 19.1 | 17.5 | 16.9 | 18.2 | 990.5 | 561.2 | 82.5 | 741.0 |
| $S_7^{3-2}$ | 19.0 | 17.5 | 16.6 | 17.1 | 864.4 | 569.3 | 40.5 | 660.7 |
| $S_7^{3-3}$ | 18.1 | 17.2 | 16.0 | 17.6 | 559.4 | 310.9 | 55.8 | 414.8 |
| $S_7^{4-1}$ | 17.5 | 15.7 | 16.4 | 15.5 | 333.9 | 179.1 | 33.7 | 246.9 |
| $S_7^{4-2}$ | 18.0 | 16.3 | 15.9 | 15.0 | 103.9 | 101.7 | 10.0 | 89.8 |
| $S_7^{2-1}\sim S_7^{4-1}$ | 18.7 | 17.3 | 16.6 | 17.4 | 805.4 | 457.1 | 59.4 | 597.7 |
| $T_2k_1$ | 18.9 | 17.0 | 16.6 | 17.2 | 790.6 | 460.3 | 70.2 | 590.7 |

另外，从注水动态及压力系统来看，Ⅲ区19口油井，初期单井日产液13t，目前单井日产液2～9t，4口油井低能不出；该区水井流压高，油井流压低（Ⅲ区压力系统曲线如图2-66所示），反映出该区物性差，注采连通性差。

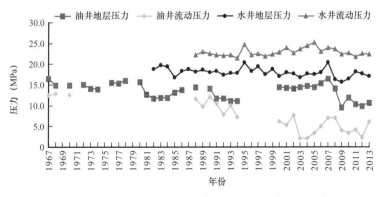

图2-66　七东₁区克下组油藏压力系统曲线（Ⅲ区）

鉴于Ⅲ区物性特征，进行了低分子量、低浓度聚合物注入可行性研究。

首先利用理论计算的方法，根据Ⅲ区物性参数，对注聚合物可行性进行分析。

根据科泽尼—卡门公式，$R=\left[K\left(1-\phi\right)^2/\left(C\phi\right)\right]^{1/2}$，可以计算出平均喉道半径。结合聚合物分子量、浓度与渗透率匹配关系研究中所测定的不同聚合物溶液的水动力学特征尺寸，可以建立与聚合物匹配岩心的喉道半径与其水动力学特征尺寸间的定量匹配关系[11, 12]。另外，对于低浓度或者低分子量的聚合物样品，由于无法利用微孔滤膜法测定其水动力学特征尺寸，此种情况下可以利用聚合物的回旋半径与喉道半径建立匹配关系。

七东₁工业化试验区平均渗透率461mD，有效渗透率235.46mD，孔隙度16%，计算平均喉道半径$R=2.28\mu m$，清水中1200mg/L，2500万分子量聚合物水动力学特征尺寸$R_s=0.35\mu m$，由此$R=6.5R_s$。Ⅲ区平均渗透率59.4mD，有效渗透率17mD，孔隙度16.6%，平均喉道半径$R=0.597\mu m$，对于低分子量聚合物，$R_s\approx R_h$，按照$R=6.5R_s$，与其匹配的聚合物回旋半径$R_h=0.092\mu m$。依次可以判断，Ⅲ区可以注入分子量低于400万的聚合物（$R_h=0.094\mu m$），按照Ⅲ区不同渗透率级别孔隙体积所占目的层比例统计结果，该区域注入400万分子量聚合物可进入的孔隙体积为目的层总孔隙体积的55.8%。

但从控制程度角度分析，该区聚合物驱控制程度达不到注聚合物要求。

其次，开展了低分子量、低浓度聚合物在低渗透天然岩心中的流动性实验（结果见表2-35），对注聚合物可行性进行分析。

表2-35 低分子量聚合物在天然岩心中的流动速度（压力梯度0.13MPa/m）

| 浓度（mg/L） | KA300-500（343万） | |
| --- | --- | --- |
| | $K_g=11mD$，$K_w=2.3mD$ | $K_g=77mD$，$K_w=17.8mD$ |
| 500 | 0.017 | 0.382 |
| 1000 | 0.010 | 0.255 |
| 1500 | 0 | 0.053 |

根据流动性实验结果，按照0.2m/d流动速度作为判断标准，气测渗透率10~80mD岩心可注入的聚合物分子量上限为350万，并且浓度低于1000mg/L。

另外，目前Ⅲ区注入压力8.4MPa，预计前缘水驱注入压力上限9.0MPa，该区平均井口注入压力上限13.6MPa，注聚压力上升空间小于4.6MPa，根据数值模拟预测结果（表2-36），（300~500）万分子量聚合物允许注入浓度低于1000mg/L。若按井口破裂压力15.1MPa，压力上升空间小于6.1MPa计算，则浓度上限为1400mg/L。但考虑到Ⅲ区与Ⅱ区交汇边界局部物性相对较好，部分井可能需要注入更高浓度的聚合物，聚合物浓度上限设计为1200mg/L。

表 2-36 Ⅲ区注入（300～500）万分子量聚合物数值模拟预测结果（注入量0.7PV）

| 注入浓度（mg/L） | 提高采收率（%） | 累计增油（10⁴t） | 吨聚增油（t/t） | 压力上升值（MPa） |
|---|---|---|---|---|
| 800 | 3.35 | 2.11 | 32.96 | 3.80 |
| 1000 | 4.10 | 2.58 | 32.25 | 4.50 |
| 1200 | 4.96 | 3.12 | 32.50 | 5.40 |
| 1500 | 5.76 | 3.62 | 30.17 | 6.50 |
| 1800 | 5.85 | 3.68 | 25.55 | |
| 2000 | 5.87 | 3.69 | 23.06 | |

为了进一步论证Ⅲ区的注聚合物可行性，考察了低分子量聚合物对低渗透天然岩心中原油的驱替情况，结果见表2-37和图2-67。

表 2-37 天然岩心驱油实验结果

| | 岩心编号 | 1# | 2# | 3# |
|---|---|---|---|---|
| 岩心参数 | 气测渗透率（mD） | 87.8 | 12.7 | 53.0 |
| | 水测渗透率（mD） | 2.6 | 5.3 | 21.0 |
| | 孔隙度（%） | 16.7 | 19.4 | 16.5 |
| | 含油饱和度（%） | 57.4 | 64.7 | 54.0 |
| 驱油体系 | 聚合物浓度，分子量 | 0.03%，（300～500）万 | 0.05%，（300～500）万 | 0.08%，（300～500）万 |
| | 黏度（mPa·s） | 3.18 | 6.34 | 10.02 |
| | 注入量（PV） | 0.7 | 0.7 | 0.7 |
| 提高采收率 | 水驱采收率（%） | 46.08 | 47.50 | 38.02 |
| | 采收率提高值（%） | 4.46 | 3.98 | 7.91 |
| | 总采收率（%） | 50.54 | 51.48 | 45.93 |

由于所选用岩心渗透率偏低，尽管使用低分子量、低浓度聚合物溶液，但仍表现出不匹配，注入压力上升幅度大，也反映出低分子量、低浓度聚合物流度控制能力低，聚驱效果差的特征。

综合以上论证分析，尽管Ⅲ区达不到聚合物驱对控制程度的要求，但物理模拟、数值模拟结果均显示，注入一定量的低分子量、低浓度聚合物可以在水驱的基础上进一步提高采收率。因此，建议在技术经济评价可行的情况下，针对该区低渗透油藏特点，选择注入低分子量、低浓度聚合物进行驱油试验。

针对Ⅲ区注聚合物需求，对KA300-500聚合物进行了增黏性能评价，测定的黏度—浓度曲线如图2-68所示。

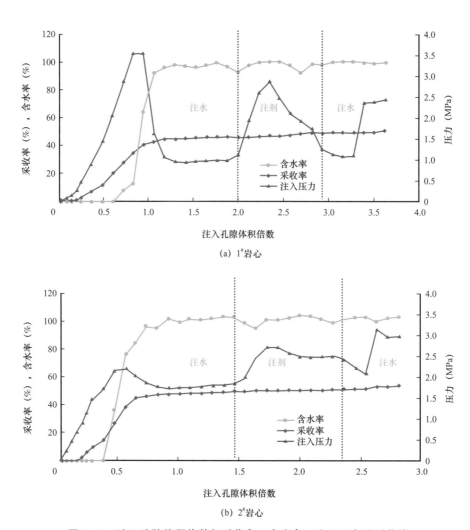

(a) 1#岩心

(b) 2#岩心

图 2-67 注入孔隙体积倍数与采收率、含水率、注入压力关系曲线

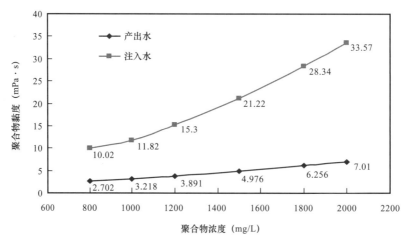

图 2-68 KA300-500聚合物黏浓曲线

根据 KA300-500 聚合物在注入水及产出水中的黏浓曲线，注入水中，浓度 800～2000mg/L 时的黏度为 10～34mPa·s（估算工作黏度 1.5～5.1mPa·s）；产出水中，浓度 800～2000mg/L 时的黏度为 2.7～7.0mPa·s。浓度 1500mg/L 时，注入水黏度 21mPa·s，估算地层工作黏度 3.2mPa·s。

综合以上研究结果，建议 Ⅲ 区注入（300～500）万分子量的聚合物 KA300-500，浓度 800～1200mg/L，黏度 10～15mPa·s。

## 二、聚合物优选

现场应用中聚合物产品的选择要求如下：生产工艺先进、成熟，性能稳定；已经在现场大规模应用并具有良好应用效果；生产能力大、货源充足，同时可生产系列化产品，满足不同需求选择。KB 系列聚合物为抗盐型，在七东₁区克下组油藏聚合物驱工业试验中应用，表现出优良的产品性能，符合七东₁区高矿化度地层水对聚合物性能的要求，试验区聚合物驱效果显著。因此，该聚合物作为聚合物驱目标产品之一。同时，选择了国内另外两个大的聚合物生产厂家的不同分子量系列产品（KA 和 KC）作为比选，进行综合评价。其中 KA 大于 2500 万分子量以上的产品为抗盐型，其他为普通水解聚丙烯酰胺产品。

### 1. 聚合物性能指标测定

根据中国石油天然气集团公司行业标准 Q/SY 17119—2019《驱油用部分水解聚丙烯酰胺技术规范》，并结合试验区流体性质，对待评价聚合物进行了理化性能指标的测定，结果见表 2-38。

表 2-38　聚合物理化性能指标测定结果

| 样品编号 | 固含量（%） | 分子量（万） | 特性黏数（dL/g） | 水解度（%） | 过滤因子 | 筛网系数 |
|---|---|---|---|---|---|---|
| KB2500 | 92.14 | 2631 | 2944.1 | 23.5 | 0.46 | 64.51 |
| KB2000 | 92.47 | 1976 | 2437.8 | 26.3 | 0.21 | 33.40 |
| KB1500 | 91.21 | 1697 | 2204.2 | 22.8 | 1.04 | 31.74 |
| KB1000 | 89.67 | 931 | 1483.0 | 27.6 | 1.12 | 15.81 |
| KB3500 | 91.15 | 3167 | 3331.6 | 33.0 | 1.11 | 61.86 |
| KA1500 | 92.50 | 1428 | 1967.0 | 30.3 | 1.03 | 34.17 |
| KA1000 | 91.37 | 1126 | 1684.0 | 26.2 | 1.33 | 15.72 |
| KA2000 | 91.21 | 1900 | 2377.8 | 33.5 | 1.17 | 15.49 |
| KA2500+ | 91.39 | 3042 | 3240.6 | 26.1 | 1.09 | 27.50 |

| 样品编号 | 固含量（%） | 分子量（万） | 特性黏数（dL/g） | 水解度（%） | 过滤因子 | 筛网系数 |
|---|---|---|---|---|---|---|
| KA3500+ | 91.18 | 3693 | 3682.7 | 33.8 | 1.20 | 45.58 |
| KC2500 | 91.69 | 2462 | 2821.4 | 21.4 | 1.05 | 59.42 |
| KC3000 | 90.56 | 3044 | 3245.7 | 22.3 | 0.94 | 47.25 |
| KC3000+ | 91.45 | 3249 | 3387.8 | 24.8 | 1.12 | 75.65 |
| KC3500+ | 90.40 | 4253 | 4042.3 | 26.4 | 1.01 | 128.21 |

从理化性能指标测定结果来看，三个厂家的不同分子量聚合物样品固含量、过滤因子、筛网系数等指标均符合标准要求，但当分子量大于3000万时，KA、KB聚合物样品的水解度较高，KC样品虽然水解度符合标准中的要求，但该样品在溶液配制中易产生气泡，可能会对现场配制、注入过程产生一定影响。由此可见，分子量大于3000万的聚合物产品性能存在不足，因此，目前现场应用相对较少。

**2. 聚合物理化性能评价**

根据试验区注入聚合物分子量的选择结果，主要针对分子量2500万左右的聚合物开展综合性能评价，进行比选。为了增强实验结果的可比性，实验中分别采用模拟注入水、模拟产出水配制溶液，进行各项性能指标的测试，模拟水组成见表2-39。

表2-39 七东$_1$区模拟注入水、模拟产出水组成

| 水样名称 | 分析项目 | HCO$_3^-$ | Cl$^-$ | SO$_4^{2-}$ | Ca$^{2+}$ | Mg$^{2+}$ | K$^+$+Na$^+$ | 矿化度 |
|---|---|---|---|---|---|---|---|---|
| 注入清水 | 含量（mg/L） | 146.71 | 37.18 | 108.50 | 57.60 | 8.43 | 49.94 | 408.36 |
| 模拟注入水 | | 146.70 | 103.00 | 33.76 | 58.00 | 8.44 | 55.30 | 405.20 |
| 产出水 | 含量（mg/L） | 3407.00 | 5104.00 | 143.00 | 94.00 | 17.00 | 4525.00 | 13290.00 |
| 模拟产出水 | | 3407.00 | 5168.00 | 68.00 | 94.00 | 17.00 | 4525.00 | 13279.00 |

1）增黏性能

根据聚合物驱油机理，聚合物驱主要通过对注入水的稠化，增加水的黏度和在孔隙介质中的滞留，减小孔隙介质对水的渗透，达到减小水油流度比、增加波及系数的目的，从而提高原油采收率。聚合物的增黏性能在驱油过程中发挥着主要作用，因此，是聚合物产品选择中一项重要的性能参数。

分别采用模拟注入水、模拟产出水配制不同浓度的聚合物溶液，考察聚合物的增黏性能，结果如图2-69和图2-70所示。

从图2-69和图2-70黏浓曲线可以看出，随着聚合物分子量增大，增黏性能变好，分子量相近的KA、KB、KC产品相比，KB产品具有较好的增黏性能。

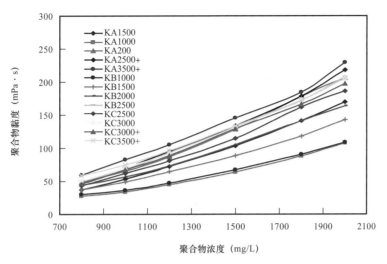

图 2-69 模拟注入水中聚合物黏浓曲线

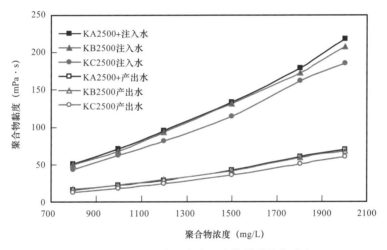

图 2-70 不同配液用水中聚合物增黏性能对比

## 2）弹性性能

驱油聚丙烯酰胺不但具有增黏性能，同时还具有弹性性能。根据文献报道，由于聚合物的黏弹性，可以通过"拉、拽"等作用将孔隙"盲端"中的原油驱出，具有一定降低残余油饱和度、提高驱油效率的作用。因此，在聚合物增黏性能对比的基础上，为了保证聚合物样品具有更好地提高采收率的能力，在相同振幅条件下，对同浓度、不同分子量聚合物溶液以及不同模拟水配制的同浓度、分子量相近的聚合物溶液进行频率扫描，考察样品的黏弹性，结果如图 2-71 和图 2-72 所示。

测试结果表明，聚合物的弹性性能随分子量、溶液浓度的增加而增强，随矿化度增大而减弱。同浓度条件下的弹性：KA＞KB＞KC（分子量 KA3042＞KB2631＞KC2462）。KB2500 和 KA2500+ 的弹性性能相当，明显好于 KC2500。

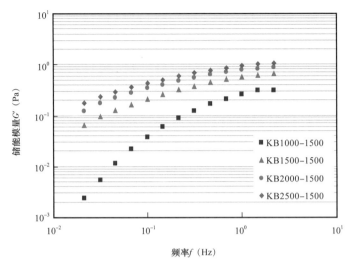

图 2-71　不同分子量聚合物的储能模量图

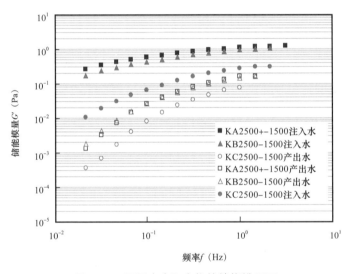

图 2-72　不同水中聚合物的储能模量图

## 3）剪切流变性

聚合物的流变性是指其在力的作用下发生流动和变形的能力。驱油用的聚丙烯酰胺是一种假塑性流体，具有随着剪切速率增大黏度降低的特点，即剪切变稀的流变行为，在其注入及在地层中运移时，随着流动速度的改变，其受到的剪切应力发生改变，导致黏度发生变化。对聚合物进行流变性测定，一方面可以为预测聚合物运移到注水井间不同位置时的黏度提供依据，同时还可以通过采用幂律模型对聚合物的增黏性能和流动性进行描述，为聚合物优选提供一种判断依据。

实验中分别采用模拟注入水、模拟产出水配制不同浓度的聚合物溶液，利用 HAAKE 进行流变曲线测定，结果如图 2-73 示。

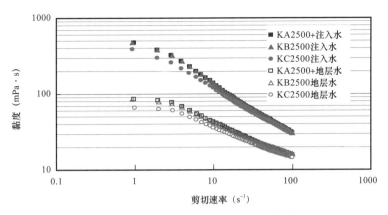

图2-73　三种聚合物在不同水中的流变曲线（浓度1500mg/L）

从图2-73中的流变曲线可以看出，无论是在清水还是地层水中，KA、KB两个聚合物样品在不同剪切速率条件下的黏度相当，均高于KC产品，表现出较好的增黏性能。

采用幂律模型对不同浓度聚合物溶液的流变测试数据进行处理，得到对应的稠度系数、流动性指数随浓度的变化曲线，如图2-74所示。

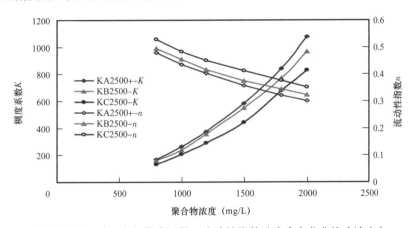

图2-74　三种聚合物稠度系数、流动性指数随浓度变化曲线（清水）

图2-74的结果表明，稠度系数$K$：KA＞KB＞KC，KB更趋近于KA。流动性指数$n$：KC＞KB＞KA，KB更趋近于KC。即同条件下，KB具有与KA相近的增黏性、与KC相近的流动性。

4）抗盐性能

七东₁区聚合物驱选用清水作为配液用水，该水矿化度较低，配制的聚合物溶液具有较好的增黏性能。但是，七东₁区地层水矿化度较高，原始地层水矿化度平均达到了28860mg/L。2009年至2013年所测油井产出水矿化度在5000～46000mg/L之间，平均为11381mg/L，其中，Ⅱ区东南部矿化度较高，在35000～48000mg/L之间，2013年2月分析的T71422井矿化度为45563mg/L。针对七东₁区地层水矿化度高的特点，为了保证注入的聚合物溶液在地层中仍然可以保持较高的黏度，需要优选出抗盐性能好的聚合物产品。

分别考察了三种聚合物在清水与地层水中的增黏性（稠度系数）、黏弹性变化，结果如图 2-75 和图 2-76 所示。

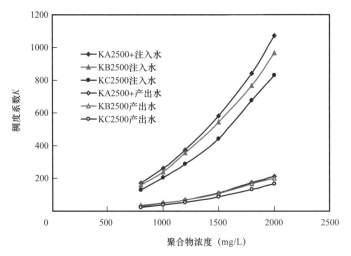

图 2-75　矿化度对聚合物稠度系数的影响

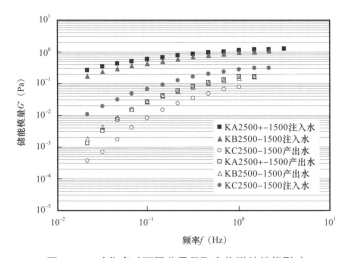

图 2-76　矿化度对不同分子量聚合物弹性性能影响

从三种聚合物在不同水中的稠度系数、储能模量测试结果分析，聚合物的增黏性、弹性随着矿化度的增大而变差，KA2500+、KB2500 在高矿化度产出水中表现出较好的增黏性、弹性性能。

5）抗剪切性能

利用吴茵搅拌器对不同水配制的、同浓度的 KA2500+、KB2500、KC2500 三个聚合物样品按照不同时间进行剪切，测定剪切前后溶液的黏度，考察三个聚合物产品的剪切稳定性，结果如图 2-77 和图 2-78 所示。

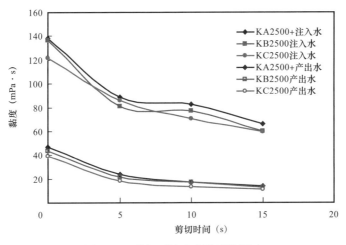

图 2-77 剪切对聚合物黏度的影响

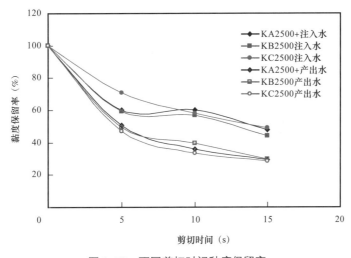

图 2-78 不同剪切时间黏度保留率

从溶液剪切前、剪切后的黏度看，KA2500+＞KB2500＞KC2500，但从黏度保留率分析，注入水中 KC2500＞KA2500+＞KB2500，产出水中 KB2500＞KA2500+＞KC2500。但综合分析，KB2500 表现出较好的抗盐性能，所以在高矿化度水中表现出较好的剪切稳定性。

6）长期稳定性

分别采用模拟注入水、模拟产出水配制同浓度的聚合物溶液，考察经历不同老化时间后溶液黏度变化及弹性性能变化，以此评价聚合物样品性能的长期稳定情况，结果如图 2-79 和 2-80 所示。

三种聚合物均有较好的稳定性，注入水中 KC2500 有较高的黏度保留率，地层水中 KB2500 有较高的黏度保留率，表现出在高矿化度条件下较好的长期稳定性。弹性的长期稳定性为 KA2500+＞KB2500＞KC2500。

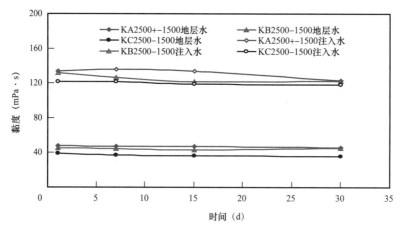

图2-79　注入水、地层水中聚合物黏度长期稳定性

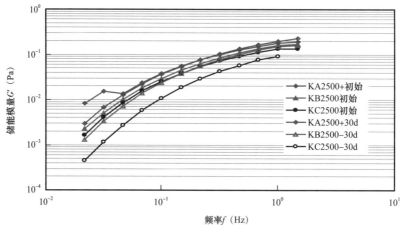

图2-80　地层水中聚合物弹性长期稳定性

## 3. 聚合物驱油性能评价

利用人造砾岩岩心，对几种聚合物的驱油性能进行评价，所用岩心参数及实验结果见表2-40。

表2-40　几种聚合物的驱油性能对比

| 名称 | KB2500 | KC2500 | KA2500+ | KA3500+ | KB2000 |
|---|---|---|---|---|---|
| 分子量（万） | 2631 | 2462 | 3042 | 3693 | 1976 |
| 浓度（mg/L） | 1200 | 1200 | 1200 | 1100 | 1000 |
| 黏度（mPa·s） | 94 | 81 | 95 | 95 | 57 |
| 气测渗透率（mD） | 993.1 | 875.1 | 922.9 | 835.5 | 949.9 |
| 孔隙度（%） | 14.5 | 14.2 | 14.2 | 14.2 | 14.7 |

| 名称 | KB2500 | KC2500 | KA2500+ | KA3500+ | KB2000 |
|---|---|---|---|---|---|
| 含油饱和度（%） | 80.75 | 79.83 | 81.12 | 81.94 | 79.96 |
| 水驱采收率（%） | 44.51 | 51.95 | 46.24 | 44.88 | 50.05 |
| 聚合物驱提高采收率（%） | 14.48 | 12.50 | 14.32 | 14.44 | 10.98 |
| 最终提高采收率（%） | 58.99 | 64.45 | 60.56 | 59.32 | 61.03 |

实验结果显示，相同浓度条件下，分子量相近的三种聚合物相比，利用KB2500聚合物驱油时，提高采收率幅度较大。

### 4. 聚合物性能综合评判与优选

通过以上研究，KA2500+、KB2500、KC2500三种聚合物的各项理化指标及性能评价结果对比见表2-41。

表2-41　三种聚合物性能综合评判结果

| 名称 | 分子量（万） | 增黏性能 | 黏弹性能 | 流变性能 | 滤过性能 | 抗剪切 | 抗盐性能 | 稳定性 | 驱油性能 | 综合排名 |
|---|---|---|---|---|---|---|---|---|---|---|
| KA2500+ | 3042 | 1 | 1 | 3 | 3 | 2 | 1 | 1 | 2 | 2 |
| KB2500 | 2631 | 2 | 1 | 1 | 1 | 1 | 2 | 2 | 1 | 1 |
| KC2500 | 2462 | 3 | 2 | 2 | 2 | 3 | 3 | 3 | 3 | 3 |

综合评价结果显示，KB2500表现出较好的综合性能，并且在七东₁区克下组油藏聚合物驱工业试验中应用，取得了显著的应用效果。推荐KB2500产品作为$30 \times 10^4$t聚合物驱工业化试验的首选聚合物。

## 三、注入参数优选

### 1. 注入浓度优选

根据试验区聚合物分子量、浓度选择结果，利用物理模拟实验及数值模拟技术做进一步优化。

用模拟注入水分别配制浓度为800mg/L、1000mg/L、1200mg/L、1500mg/L的KB2500聚合物溶液，选用渗透率基本一致的人造岩心进行驱油实验，考察聚合物浓度对提高采收率的影响，结果见表2-42。

在聚合物注入体积一定的情况下，随着注入聚合物浓度的增大，聚合物驱提高采收率幅度增大，但浓度增大到一定程度后，提高采收率值增加的幅度变小。最佳聚合物注入浓度范围需要物理模拟实验结果、数值模拟结果相结合进行确定。

表 2-42　不同浓度聚合物溶液驱油实验结果（0.15mL/min，0.7PV）

| $K_w$ （mD） | $K_g$ （mD） | $\Phi$ （%） | 聚合物浓度 （mg/L） | 黏度 （mPa·s） | 水驱采收率 （%） | 最终采收率 （%） | 采收率提高值 （%） |
|---|---|---|---|---|---|---|---|
| 412.1 | 446.8 | 18.7 | 800 | 50.14 | 59.20 | 72.73 | 13.53 |
| 416.3 | 447.4 | 18.5 | 1000 | 67.85 | 62.19 | 75.80 | 13.61 |
| 459.7 | 511.8 | 19.3 | 1200 | 93.42 | 64.24 | 78.55 | 14.31 |
| 451.8 | 534.1 | 19.3 | 1500 | 131.50 | 60.19 | 74.58 | 14.39 |

按照注入量 0.7PV、注入速度 0.12PV/a，利用数值模拟预测不同注聚合物浓度时各区提高采收率及吨聚增油量，结果如图 2-81 和图 2-82 所示。

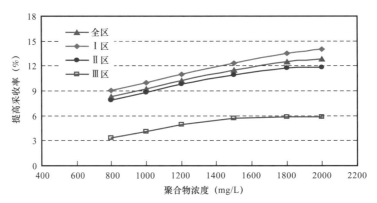

图 2-81　聚合物浓度对提高采收率的影响（注入量 0.7PV）

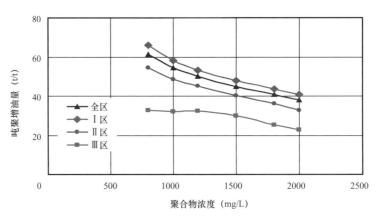

图 2-82　聚合物浓度对吨聚增油量的影响（注入量 0.7PV）

数值模拟结果显示，在注入孔隙体积倍数一定的情况下，随着聚合物的浓度增加，聚合物水溶液的黏度增加，驱油效率提高值很快增加，随后继续增加聚合物浓度，驱油效率增加趋势变缓。聚合物浓度低，驱油效率的提高幅度小，对聚合物驱是不利的。从图 2-82 可知，吨聚增油量随聚合物浓度的增大而下降，即聚合物浓度过高，造成聚合物的浪费，经济效益差。综合考虑技术和经济效益要求吨聚增油 40t/t 以上，对应的聚合物平均浓度上限为：全区 1800mg/L，其中 Ⅰ 区分子量 2500 万，平均浓度上限 2000mg/L，Ⅱ 区分子量 2500 万，平均浓度上限 1500mg/L，Ⅲ 区分子量（300～500）万，注聚合物浓度低于 1350mg/L。根据最佳流度控制，对各个区域聚合物分子量、浓度设计与数值模拟计算结果一致，并且均符合技术和经济效益要求。

### 2. 聚合物用量优选

为考察聚合物用量对提高采收率的影响，利用人造砾岩岩心，对两种黏度的聚合物溶液体系进行了物理模拟实验研究，结果见表 2-43。

表 2-43　聚合物用量对提高采收率的影响

| 序号 | 注入量（PV） | 0.1 | 0.2 | 0.3 | 0.4 | 0.5 | 0.6 | 0.7 | 0.8 |
|---|---|---|---|---|---|---|---|---|---|
| Ⅰ组（60.9mPa·s） | 聚合物驱提高采收率（%） | 5.29 | 7.10 | 7.88 | 8.50 | 9.40 | 9.96 | — | 10.68 |
| Ⅱ组（93mPa·s） | 聚合物驱提高采收率（%） | — | 9.46 | 10.84 | 12.22 | 13.01 | 13.21 | 13.53 | — |

从物理模拟实验结果可见，相同注入浓度条件下，随着注入量增加，聚合物驱提高采收率的幅度增大，当注入量达到 0.7PV 以后，增加趋势变缓。注入 0.7PV、黏度 61～93mPa·s 聚合物溶液，提高采收率幅度为 10%～13.5%。

在物理模拟实验的基础上、利用数值模拟方法对聚合物用量对提高采收率的影响进行了研究，并与物理模拟结果进行对比，如图 2-83 所示。

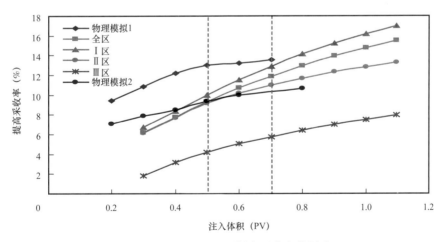

图 2-83　聚合物用量对提高采收率的影响

数值模拟结果表明，随着注入量的增加，各区聚合物驱提高采收率幅度增大，并且在注入量 0.5～0.7PV 之间，数值模拟方法计算结果与物理模拟实验结果吻合较好。注入 0.7PV 聚合物时，数值模拟预测试验区聚合物驱提高采收率 11.91%，Ⅰ 区 12.50%、Ⅱ 区 10.71%、Ⅲ 区 4.1%。

### 3. 注入速度确定

利用数值模拟方法分别研究了不同注入速度时试验区全区、Ⅰ区、Ⅱ区、Ⅲ区进行聚合物驱时提高采收率幅度及吨聚增油量，结果如图 2-84 至图 2-87 所示。

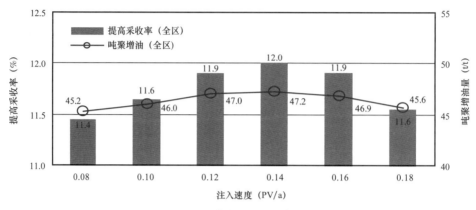

图 2-84　试验区注入速度优选

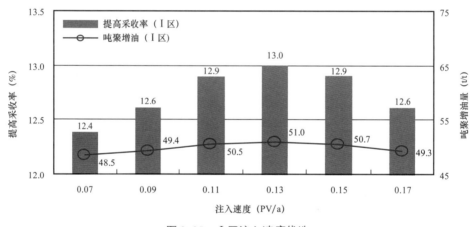

图 2-85　Ⅰ区注入速度优选

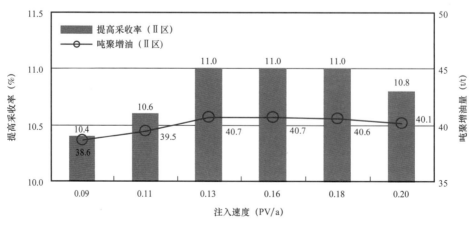

图 2-86　Ⅱ区注入速度优选

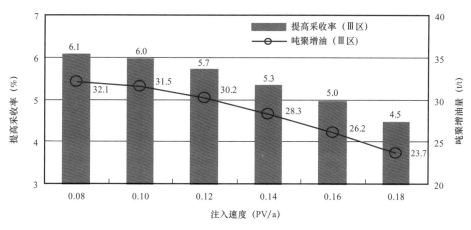

图 2-87 Ⅲ区注入速度优选

数值模拟结果显示，随着注入速度增大，Ⅰ区、Ⅱ区聚合物驱提高采收率值先升后降，注入速度在 0.12PV/a 效果较好；Ⅲ区注入速度大于 0.1PV/a 聚合物驱效果变差；Ⅰ区、Ⅱ区注入速度选择 0.12PV/a，Ⅲ区注入速度选择 0.1PV/a。

## 四、注入方式优化

### 1. 单管岩心实验

1）单一分子量聚合物与不同分子量聚合物复配体系驱油性能对比

采用渗透率相近的人造砾岩岩心，对分子量相当、黏度相近的单一聚合物与复配聚合物进行驱油实验，配方组成及驱油实验结果见表 2-44。

表 2-44　配方体系组成及实验结果（0.7PV）

| 配方组成及参数 | | | | 采收率（%） | | | | 岩心 |
|---|---|---|---|---|---|---|---|---|
| 组成 | 分子量（万） | 浓度（mg/L） | 黏度（mPa·s） | 水驱 | 注剂 | 后续水驱 | 提高值 | $K_w$（mD） |
| 单 2500 万 | 2631 | 1200 | 94.24 | 44.51 | 12.33 | 58.63 | 14.48 | 0.9269 |
| 复 1000 万：2500 万：3500 万=3：4：3 | 2435 | 1200 | 92.00 | 56.18 | 7.20 | 66.18 | 10.00 | 0.9791 |
| 单 2500 万剪切黏损 50% | 759 | 1200 | 44.71 | 39.39 | 2.98 | 42.86 | 3.47 | 0.9758 |
| 复 1000 万：2500 万：3500 万=3：4：3 剪切黏损 50% | 700 | 1200 | 46.90 | 49.66 | 3.93 | 54.92 | 5.26 | 0.8762 |
| 单 2000 万 | 1976 | 800 | 41.35 | 50.6 | 7.40 | 61.02 | 10.42 | 0.9508 |
| 复（500～800）万：2000 万：2500 万 =3：4：3 | 1817 | 1000 | 50.20 | 53.52 | 8.04 | 63.42 | 9.90 | 0.9518 |
| 单 1500 万 | 1697 | 1000 | 51.14 | 7.58 | 58.89 | 8.85 | 8.85 | 0.8958 |
| 单（500～800）万 | 769 | 2500 | 48.95 | 56.44 | 5.14 | 63.68 | 7.24 | 0.9383 |

在可注入的情况下，平均分子量、黏度相当条件下，不同分子量聚合物复配体系在单管岩心中提高采收率幅度低于单一分子量聚合物；不同分子量的聚合物同黏度注入时，分子量越高提高采收率值越高。

2）以不同段塞组合方式等黏度注入时对驱油效果的影响

（1）配方组成。

①（500～800）万：2500mg/L，黏度 49.12mPa·s，0.21PV。

② 2000 万：900mg/L，黏度 52.49mPa·s，0.28PV。

③ 2500 万：800mg/L，黏度 49.93mPa·s，0.21PV。

（2）等黏度条件下，不同分子量聚合物的注入顺序设计：

① 分子量按"低—中—高"；

② 分子量按"低—高—中"；

③ 分子量按"高—中—低"；

④ 分子量按"高—低—中"。

（3）等黏度条件下，交替轮次设计。

根据交替顺序结果，以驱油效率较高的交替方式进行对比。

2 个轮次交替：0.1PV 低、0.15PV 中、0.1PV 高。

（4）实验结果。

单管岩心实验结果表明，与单一段塞注入方式相比，聚合物采用按分子量高、中、低次序进行注入时提高采收率幅度略有增加。在总注入量、注入黏度相同的情况下，随着低、中、高三种分子量聚合物注入交替轮次的增加，提高采收率下降。实验结果见表 2-45。

表 2-45　不同注入方式实验结果

| 序号 | $K_w$（mD） | 采收率值（%） | | | | 注剂次序 |
|---|---|---|---|---|---|---|
| | | 水驱 | 注剂驱 | 二次水驱 | 提高值 | |
| 1 | 1.2183 | 51.97 | 8.36 | 61.82 | 9.85 | 低—中—高 |
| 2 | 1.2541 | 54.79 | 7.61 | 63.53 | 8.74 | 低—高—中 |
| 3 | 1.2034 | 55.74 | 7.54 | 66.43 | 10.70 | 高—中—低 |
| 4 | 1.1901 | 56.23 | 7.75 | 65.71 | 9.48 | 高—低—中 |
| 5 | 1.2239 | 52.78 | 6.28 | 60.63 | 7.86 | 高—中—低 2 个轮次 |
| 6 | 0.9518 | 53.52 | 8.04 | 63.42 | 9.90 | 复配 2000 万 |
| 7 | 0.9508 | 50.60 | 7.40 | 61.02 | 10.42 | 单一 2000 万 |

### 2. 三管并联岩心实验

在单管岩心实验基础上，根据试验区Ⅰ区、Ⅱ区渗透率纵向分级统计结果（表2-46），选择高渗透层1500mD、中渗透层500～800mD、低渗透层200mD，平均孔隙度为20%的人造砾岩岩心，按照"高、中、低"渗透率岩心所占孔隙体积比为"1∶3∶1"设计岩心，进行三管并联实验。

表2-46　试验区Ⅰ区、Ⅱ区不同渗透率级别孔隙体积统计结果

| 分区 | 渗透率级别（mD） | 孔隙体积比例（%） | | | | | | | 合计比例（%） |
| --- | --- | --- | --- | --- | --- | --- | --- | --- | --- |
| | | $S_7^{2-1}$ | $S_7^{2-2}$ | $S_7^{2-3}$ | $S_7^{3-1}$ | $S_7^{3-2}$ | $S_7^{3-3}$ | $S_7^{4-1}$ | |
| Ⅰ区 | 5000＞K＞2000 | 38.20 | 56.90 | 69.00 | 67.90 | 72.90 | 30.20 | 9.60 | 34.00 |
| | 2000＞K＞1000 | 25.00 | 36.20 | 46.50 | 35.20 | 40.40 | 30.70 | 12.40 | 22.30 |
| | 1000＞K＞500 | 18.60 | 28.60 | 36.80 | 26.30 | 27.60 | 35.70 | 19.40 | 19.10 |
| | 500＞K＞300 | 8.80 | 13.90 | 19.10 | 14.40 | 14.60 | 21.40 | 14.60 | 10.50 |
| | 300＞K＞250 | 2.10 | 3.30 | 4.20 | 3.40 | 4.10 | 6.80 | 5.10 | 2.90 |
| | 250＞K＞200 | 2.30 | 3.70 | 3.60 | 3.50 | 4.30 | 6.70 | 5.00 | 2.90 |
| | 200＞K＞150 | 2.40 | 3.70 | 3.10 | 3.40 | 4.00 | 6.60 | 4.90 | 2.80 |
| | 150＞K＞50 | 3.60 | 5.20 | 4.90 | 5.00 | 6.60 | 12.90 | 8.70 | 4.60 |
| | 50＞K＞10 | 0.70 | 1.20 | 1.30 | 1.00 | 1.30 | 2.60 | 1.70 | 1.00 |
| Ⅱ区 | 5000＞K＞2000 | 5.70 | 7.40 | 18.80 | 13.80 | 14.90 | 4.60 | 0.60 | 19.10 |
| | 2000＞K＞1000 | 5.80 | 8.30 | 21.10 | 15.30 | 11.90 | 10.9 | 3.10 | 22.10 |
| | 1000＞K＞500 | 7.40 | 11.40 | 23.60 | 16.40 | 9.60 | 14.30 | 4.40 | 25.20 |
| | 500＞K＞300 | 2.90 | 12.30 | 14.40 | 10.30 | 4.70 | 8.40 | 3.00 | 16.20 |
| | 300＞K＞250 | 1.10 | 3.80 | 3.30 | 2.90 | 1.80 | 2.60 | 1.10 | 4.80 |
| | 250＞K＞200 | 1.10 | 2.40 | 3.10 | 2.50 | 1.30 | 2.20 | 1.80 | 4.20 |
| | 200＞K＞150 | 0.70 | 1.80 | 2.80 | 2.10 | 1.40 | 1.80 | 1.90 | 3.60 |
| | 150＞K＞50 | 0.60 | 1.50 | 3.20 | 1.40 | 1.70 | 3.90 | 2.40 | 4.20 |
| | 50＞K＞10 | 0.07 | 0.12 | 0.13 | 0.10 | 0.13 | 0.25 | 0.15 | 0.96 |

表2-47实验结果显示，几种注入方式提高采收率幅度排序为：高—中—低段塞组合＞单一＞复配＞低—中—高段塞组合；不同分子量段塞组合方式与单一分子量注入相比，优势不明显；对高渗透层，增大注聚合物分子量改善聚合物驱效果有限，需要采用调剖、分注等措施。

表 2-47 三管并联岩心注入方式实验结果

| 岩心参数 | 编号 | | 1 | 2 | 3 | 4 |
|---|---|---|---|---|---|---|
| | $K_g$（mD） | | 1574/662/189 | 1561/599/205 | 1600/577/180 | 1631/687/183 |
| | $K_w$（mD） | | 983/367/102 | 947/390/107 | 876/310/91 | 1006/340/110 |
| 段塞性质和注入量 | 组成 | | 2500万 1500mg/L | 1500万 1500mg/L<br>2500万 1500mg/L<br>3500万 2000mg/L | 1500万 1500mg/L<br>2500万 1500mg/L<br>3500万 2000mg/L | 1500万 1500mg/L<br>2500万 1500mg/L<br>3500万 2000mg/L |
| | 黏度（mPa·s） | | 85.3 | 78.9 | 44.8/85.3/147 | 147/85.3/44.8 |
| | 注入量（PV） | | 0.7（单一） | 0.7（复配） | 0.14低+0.42中+0.14高 | 0.14高+0.42中+0.14低 |
| 提高采收率（%） | 水驱各层采收率 | 高 | 54.1 | 56.6 | 57.9 | 57.2 |
| | | 中 | 45.1 | 50.5 | 48.5 | 46.4 |
| | | 低 | 28.1 | 27.2 | 28.2 | 27.5 |
| | 水驱采收率 | | 44.3 | 47.0 | 46.0 | 45.5 |
| | 聚合物驱各层采收率 | 高 | 18.6 | 10.5 | 9.6 | 9.1 |
| | | 中 | 9.1 | 5.7 | 5.7 | 9.0 |
| | | 低 | 15.9 | 26.0 | 6.4 | 32.1 |
| | 聚合物驱采收率 | | 12.9 | 10.7 | 6.6 | 13.2 |
| | 总采收率 | | 57.2 | 57.7 | 52.6 | 58.7 |

## 3. 数值模拟方法对注入方式优化及确定

物理模拟实验结果显示，在聚合物主体段塞注入前，注入较高分子量、高黏度的前置段塞，提高采收率幅度比单一段塞有所增加。根据这一研究结果，针对注入方式设计了 8 套方案（表 2-48）进行数值模拟研究比选。

表 2-48 段塞组合比选方案（总注入量 0.7PV）

| 段塞名称 | 前置 | | | | 主体 | | | |
|---|---|---|---|---|---|---|---|---|
| 序号 | 尺寸（PV） | 分子量（万） | 浓度（mg/L） | 黏度（mPa·s） | 尺寸（PV） | 分子量（万） | 浓度（mg/L） | 黏度（mPa·s） |
| 1 | 0.05 | 2500 | 1800 | 172.0 | 0.65 | 2500 | 1500 | 131.5 |
| 2 | 0.05 | 3500 | 1800 | 184.5 | 0.65 | 2500 | 1500 | 131.5 |

| 段塞名称 | 前置 | | | | 主体 | | | |
|---|---|---|---|---|---|---|---|---|
| 序号 | 尺寸（PV） | 分子量（万） | 浓度（mg/L） | 黏度（mPa·s） | 尺寸（PV） | 分子量（万） | 浓度（mg/L） | 黏度（mPa·s） |
| 3 | 0.05 | 3500 | 1670 | 172.0 | 0.65 | 2500 | 1500 | 131.5 |
| 4 | 0.03 | 2500 | 1800 | 172.0 | 0.67 | 2500 | 1500 | 131.5 |
| 5 | 0.10 | 2500 | 1800 | 172.0 | 0.60 | 2500 | 1500 | 131.5 |
| 6 | 0.03 | 3500 | 1670 | 172.0 | 0.67 | 2500 | 1500 | 131.5 |
| 7 | 0.10 | 3500 | 1670 | 172.0 | 0.60 | 2500 | 1500 | 131.5 |
| 8 | — | | | | 0.70 | 2500 | 1500 | 131.5 |

数值模拟优化结果表明（表2-49），增加前置段塞好于无前置段塞；随前置段塞尺寸增大，效果变好，但采收率提高幅度变化不大；同黏度、同注入量，高浓度2500万作前置好于3500万，对吨聚增油影响不大；同浓度、同注入量时，二者提高采收率幅度相当；相对于2500万，3500万分子量聚合物作为前置段塞无成本优势。

表2-49　段塞组合数值模拟优化方案比选结果（总注入量0.7PV）

| 方案 | 前置段塞尺寸（PV） | 分子量（万） | 注入浓度（mg/L） | 黏度（mPa·s） | 阶段累计增油（10⁴t） | 提高采收率（%） | 吨聚增油（t/t） | 排序 |
|---|---|---|---|---|---|---|---|---|
| 1 | 0.05 | 2500 | 1800 | 172.0 | 71.70 | 13.08 | 50.49 | 3 |
| 2 | 0.05 | 3500 | 1800 | 184.5 | 71.67 | 13.07 | 50.47 | 4 |
| 3 | 0.05 | 3500 | 1670 | 172.0 | 71.32 | 13.01 | 50.58 | 6 |
| 4 | 0.03 | 2500 | 1800 | 172.0 | 71.35 | 13.02 | 50.60 | 5 |
| 5 | 0.10 | 2500 | 1800 | 172.0 | 72.60 | 13.24 | 50.42 | 1 |
| 6 | 0.03 | 3500 | 1670 | 172.0 | 71.10 | 12.97 | 50.43 | 7 |
| 7 | 0.10 | 3500 | 1670 | 172.0 | 71.86 | 13.11 | 50.61 | 2 |
| 8 | 0 | 2500 | 1500 | 131.5 | 70.67 | 12.89 | 50.48 | 8 |

综合以上物理模拟、数值模拟对注入方式的优化研究结果，复配、段塞组合方式与单一分子量、单一段塞方式注入相比，优势不明显。建议聚合物驱采用单一分子量、单一段塞方式注入，对部分物性好、注入能力强、压力上升幅度小的井，采取调剖、在方案设计浓度范围内调整注聚合物浓度等措施。

## 五、驱油配方设计

### 1. 驱油配方设计结果

综合以上研究结果，$30 \times 10^4$t 聚合物驱试验区分区域驱油配方设计如下：

（1）采用单一段塞方式注入，注入量 0.7PV，注入速度 0.1～0.12PV/a；

（2）Ⅰ区，2500 万分子量聚合物，平均浓度 1600mg/L，提高采收率 12.50%；

（3）Ⅱ区，2500 万分子量聚合物，平均浓度 1400mg/L，提高采收率 10.71%；

（4）Ⅲ区，（300～500）万分子量聚合物，平均浓度 1000mg/L，提高采收率 4.10%。

具体指标见表 2-50。

表 2-50　聚合物驱驱油体系参数设计及效果预测

| 分区 | 驱油体系参数设计 | | | | 聚合物驱指标预测 | | | |
|---|---|---|---|---|---|---|---|---|
| | 主选聚合物 | 分子量（万） | 浓度（mg/L） | 黏度（mPa·s） | 注入量（PV） | 阶段累计增油（$10^4$t） | 提高采收率（%） | 吨聚增油（t/t） |
| Ⅰ | KB2500 | 2500 | 800～1800 | 50～170 | 0.7 | 68.03 | 12.50 | 45.57 |
| Ⅱ | KB2500 | 2500 | 800～1800 | 50～170 | 0.7 | 17.73 | 10.71 | 42.23 |
| Ⅲ | KA300-500 | 300～500 | 800～1200 | 50～170 | 0.7 | 2.58 | 4.10 | 37.90 |

### 2. 天然岩心驱油验证实验

在驱油配方设计基础上，利用试验区三口取心井的天然岩心进行了驱油验证实验。11 块天然岩心聚合物驱提高采收率幅度在 3.98%～19.05%，平均 11.2%。其中 T71721 井（Ⅰ区）5 块，平均提高采收率 12.85%，T71839 井（Ⅱ区）4 块，平均提高采收率 12.58%，T71740 井（Ⅲ区）2 块，平均提高采收率 4.2%。实验数据及统计结果分别见表 2-51 和图 2-88。

表 2-51　天然岩心聚合物驱油实验结果

| 井号 | 岩性 | 气测渗透率 $K_g$（mD） | 孔隙度 $\phi$（%） | 油相饱和度 $S_o$（%） | 火驱采收率 $E_水$（%） | 总采收率 $D$（%） | 聚合物驱采收率 $\Delta E_聚$（%） |
|---|---|---|---|---|---|---|---|
| T71721 | 含砾粗砂 | 145.05 | 13.81 | 70.56 | 56.81 | 69.75 | 12.94 |
| T71721 | 含砾粗砂 | 48.19 | 15.96 | 66.84 | 65.08 | 72.58 | 7.50 |
| T71721 | 不等粒小砾岩 | 905.70 | 22.91 | 50.57 | 46.14 | 63.52 | 17.38 |
| T71721 | 细粒小砂岩 | 123.70 | 19.36 | 74.68 | 41.95 | 52.12 | 10.17 |
| T71721 | 含砾中粗砂岩 | 1425 | 21.16 | 70.84 | 50.00 | 66.28 | 16.28 |

续表

| 井号 | 岩性 | 气测渗透率 $K_g$（mD） | 孔隙度 $\phi$（%） | 油相饱和度 $S_o$（%） | 火驱采收率 $E_水$（%） | 总采收率 $D$（%） | 聚合物驱采收率 $\Delta E_聚$（%） |
|---|---|---|---|---|---|---|---|
| T71721 井平均 | | | | | | | 12.85 |
| T71839 | 细粒小砾岩 | 53.00 | 16.50 | 54.00 | 38.02 | 45.93 | 7.91 |
| T71839 | 含砾粗砂 | 282.27 | 17.28 | 54.52 | 46.66 | 65.71 | 19.05 |
| T71839 | 不等粒小砾 | 1742.76 | 16.63 | 59.13 | 33.35 | 46.00 | 12.65 |
| T71839 | 含砾粗砂 | 1507.39 | 15.55 | 63.45 | 56.85 | 67.59 | 10.74 |
| T71839 井平均 | | | | | | | 12.58 |
| T71740 | 泥质细粒小砾岩 | 87.80 | 16.90 | 57.36 | 46.08 | 50.54 | 4.46 |
| T71740 | 含砾粗砂岩 | 12.70 | 19.40 | 64.67 | 47.50 | 51.48 | 3.98 |
| T71740 井平均 | | | | | | | 4.22 |
| 全井 平均 | | | | | | | 11.20 |

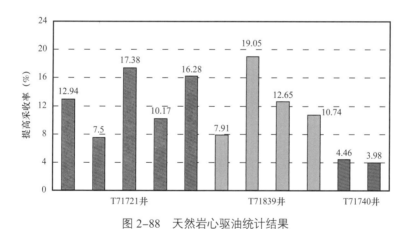

图 2-88　天然岩心驱油统计结果

## 六、小结

根据七东₁区克下组油藏物性、流体性质建立聚合物分子量、浓度与渗透率匹配关系图版，确定了与油藏物性相适应的聚合物分子量，确定了聚合物使用浓度的下限、上限及最佳范围。按照试验区分区进行了聚合物分子量选择和浓度设计，Ⅰ区、Ⅱ区选择 2500 万分子量的聚合物，注入浓度范围 800～1800mg/L，其中Ⅰ区平均注入浓度

1600mg/L，Ⅱ区平均注入浓度1400mg/L，注入液黏度50～170mPa·s；Ⅲ区选择注入分子量（300～500）万的聚合物，注入浓度范围800～1200mg/L，平均注入浓度1000mg/L，注入液黏度10～15mPa·s。

通过物理模拟实验、数值模拟方法对注入参数和注入方式进行了优化，确定聚合物驱采用单一段塞方式注入，注入量0.7PV，注入速度0.1～0.12PV/a。二元驱采用"前置段塞+二元主、副段塞+后保护段塞"方式注入，注入量0.71PV，注入速度0.12PV/a。进行了天然岩心驱油验证，聚合物驱平均提高采收率11.2%，其中Ⅰ区平均提高采收率12.85%，Ⅱ区平均提高采收率12.58%，Ⅲ区平均提高采收率4.2%；二元驱平均提高采收率18.4%。

# 第四节　现场实施效果

2006年9月试验区开始注聚合物，截至2012年6月底已累计注入聚合物溶液0.67PV，完成设计注入量的95.7%，中心井区阶段提高采收率10.3%，预计提高采收率12.1%，达到方案设计目标，16口油井全部见效。

## 一、注入压力上升

注聚合物后注入井压力有不同程度的上升，与注水阶段相比平均上升4.6MPa，达到了方案设计注入压力上升3MPa以上的要求。研究认为各注聚合物井注入压力上升幅度与储层物性特征紧密相关，北部储层物性好，注入井经过调剖和提高注入浓度的措施，注入压力逐步上升，平均上升4.1MPa；而南部井降低浓度后，注聚合物压力上升了5.5MPa，目前井口压力较高；储层物性介于二者之间的中部井在注聚合物浓度不变的情况下，压力上升5.1MPa（表2-52）。

表2-52　试验区聚合物驱过程中注入压力变化表

| 井号 | 注水压力（MPa） | 首次调剖压力（MPa） | 调剖压力上升值（MPa） | 目前注聚合物压力（MPa） | 压力上升值（MPa） |
|---|---|---|---|---|---|
| ES7003A | 5.3 | 5.8 | 0.5 | 10.4 | 5.1 |
| ES7004 | 7.1 | 7.3 | 0.2 | 10.3 | 3.2 |
| ES7005A | 6.1 | 6.2 | 0.1 | 10.1 | 4.0 |
| 北部平均 | 6.2 | 6.4 | 0.2 | 10.3 | 4.1 |
| ES7009 | 7.2 | 8.8 | 1.6 | 11.3 | 4.1 |
| ES7010 | 8.0 | 8.8 | 0.8 | 13.5 | 5.5 |
| ES7011 | 7.3 | 8.5 | 1.2 | 13.0 | 5.7 |
| 中部平均 | 7.5 | 8.7 | 1.2 | 12.6 | 5.1 |

| 井号 | 注水压力<br>（MPa） | 首次调剖压力<br>（MPa） | 调剖压力上升值<br>（MPa） | 目前注聚合物压力<br>（MPa） | 压力上升值<br>（MPa） |
|---|---|---|---|---|---|
| ES7014 | 7.1 | 7.1 | 0 | 11.5 | 4.4 |
| ES7015 | 9.2 | 10.9 | 1.7 | 13.3 | 4.1 |
| ES7016 | 7.2 | 8.9 | 1.7 | 12.7 | 5.5 |
| 南部平均 | 7.8 | 9.0 | 1.2 | 12.5 | 4.7 |
| 试验区 | 7.2 | 8.0 | 0.8 | 11.8 | 4.6 |

## 二、吸水指数下降

聚合物驱方案要求油层吸水指数下降30%以上。全区平均吸水指数由聚合物驱前的32.7m³/（d·MPa）下降至目前的10.7m³/（d·MPa），下降程度达67.3%。其中北部吸水指数下降程度最大，达71.4%，其次为中部，为67.8%，而南部下降程度最小，为61.0%（表2-53）。

表2-53 试验区聚合物驱过程吸水指数变化

| 区域 | 井号 | 聚合物驱前吸水指数<br>［m³/（d·MPa）］ | 目前吸水指数<br>［m³/（d·MPa）］ | 下降程度<br>（%） |
|---|---|---|---|---|
| 北部 | ES7003 | 55.4 | 13.2 | 76.0 |
| | ES7004 | 45.9 | 15.9 | 65.0 |
| | 平均 | 50.7 | 14.5 | 71.4 |
| 中部 | ES7009 | 46.1 | 12.8 | 72.0 |
| | ES7010 | 29.3 | 11.7 | 60.0 |
| | ES7011 | 39.1 | 12.3 | 68.0 |
| | 平均 | 38.2 | 12.3 | 67.8 |
| 南部 | ES7014 | 21.9 | 5.8 | 74.0 |
| | ES7015 | 14.9 | 7.6 | 49.0 |
| | ES7016 | 17.7 | 7.8 | 56.0 |
| | 平均 | 18.2 | 7.1 | 61.0 |
| 全区平均 | | 32.7 | 10.7 | 67.3 |

## 三、油藏动用非均质性得到改善

聚合物注入地层后首先进入压力低的高渗透层，随着吸附捕集作用的增加，高渗透层渗流阻力增加，主要吸液层开始从高渗透层转向中低渗透层，动用程度改善。

通过 9 口注入井霍尔曲线分析，注聚合物后视阻力系数均大于 1，表明流动阻力增大（图 2-89）。

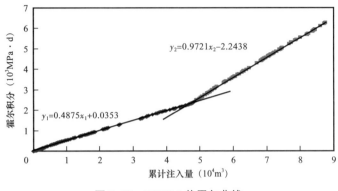

图 2-89　ES7010 井霍尔曲线

对比前缘水驱阶段示踪剂推进速度和注聚合物后聚合物推进速度，聚合物驱推进速度明显降低，见聚最早的 ES7006 井水驱时 8d 见示踪剂，推进速度为 25m/d，通过调剖、注聚合物后，316d 见到聚合物，说明高渗透层被有效封堵（表 2-54）。

表 2-54　注聚前后推进速度对比表

| 井号 | 井距（m） | 注入示踪剂 | | 注入聚合物 | | 倍数 |
|---|---|---|---|---|---|---|
| | | 见剂天数（d） | 推进速度（m/d） | 见剂天数（d） | 推进速度（m/d） | |
| ES7006 | 200 | 8 | 25.0 | 316 | 0.63 | 39.7 |
| ES7007 | 200 | 6 | 33.3 | 372 | 0.54 | 61.7 |
| 7149 | 200 | 7 | 28.6 | 428 | 0.47 | 60.9 |
| ES7001 | 200 | 11 | 18.2 | 451 | 0.44 | 41.0 |

从历次注水井的吸水剖面看，注聚合物见效前主要吸水层位集中在物性较好的 $S_7^{2-3}$ 层、$S_7^{3-1}$ 层，注聚合物见效后整个剖面动用程度提高，随着注聚合物效果的增加，动用程度逐步提高，层数动用由见效前的 60% 提高到 69%，厚度动用由 49% 提高到 68%，主力层 $S_7^{2-3}$ 层、$S_7^{3-1}$ 层达到 90% 以上，剖面动用程度提高（表 2-55）。

表 2-55　注水井历次吸水剖面对比表　　　　　　　　　　　　单位：%

| 层位 | 2007 年 3 月 | | 2007 年 6 月 | | 2007 年 9 月 | |
|---|---|---|---|---|---|---|
| | 层数动用 | 厚度动用 | 层数动用 | 厚度动用 | 层数动用 | 厚度动用 |
| $S_7^{2-1}$ | 25 | 13 | 43 | 46 | 67 | 67 |
| $S_7^{2-2}$ | 63 | 42 | 64 | 77 | 67 | 76 |

| 层位 | 2007 年 3 月 | | 2007 年 6 月 | | 2007 年 9 月 | |
|---|---|---|---|---|---|---|
| | 层数动用 | 厚度动用 | 层数动用 | 厚度动用 | 层数动用 | 厚度动用 |
| $S_7^{2-3}$ | 67 | 61 | 78 | 80 | 100 | 100 |
| $S_7^{3-1}$ | 83 | 81 | 88 | 96 | 86 | 94 |
| $S_7^{3-2}$ | 56 | 34 | 62 | 75 | 55 | 48 |
| $S_7^{3-3}$ | 50 | 31 | 17 | 13 | 60 | 61 |
| $S_7^{4}$ | 50 | 42 | 50 | 60 | 58 | 53 |
| 合计 | 60 | 49 | 59 | 67 | 69 | 68 |

注聚合物后有 11 口油井采出液中氯离子浓度逐步上升,占总井数的 68.8%;有 5 口井氯离子浓度有波动,说明有新层动用,波及体积增大。

## 四、注聚见效率高

试验区在前缘水驱时,75.1% 的油井在注水 4 个月内见到效果,而在聚合物驱阶段,见效最早的井 5 个月,见效最晚的是 31 个月,中心井见效时间为 7~13 个月。油井全部见效,南部油井见效时间比北部井早,平均见效时间为 8 个月;北部由于物性好,高渗透通道发育,2007 年 6 月对 ES7003 井和 ES7004 井进行二次调剖后,周围油井逐步见效,有 1 口边井,2 口角井见效较慢(表 2-56)。全区 16 口油井见效率 100%,其中先见效后见聚的井 11 口,先见聚后见效的井 3 口,2 口井见聚的同时开始见效(表 2-57)。

**表 2-56 试验区聚合物驱见效及见聚时间统计表**

| 南部 | | | 北部 | | |
|---|---|---|---|---|---|
| 井号 | 见效时间(月) | 见聚时间(月) | 井号 | 见效时间(月) | 见聚时间(月) |
| 5021 | 8 | 17 | 5106 | 15 | 21 |
| 5034 | 7 | 16 | 7149 | 24 | 14 |
| 5058 | 5 | 23 | 7179 | 23 | 23 |
| ES7012 | 13 | 16 | ES7001 | 31 | 15 |
| ES7013 | 7 | 16 | ES7002 | 19 | 22 |
| ES7017 | 7 | 18 | ES7006 | 14 | 11 |
| ES7018 | 11 | 29 | ES7007 | 13 | 13 |
| ES7019 | 6 | 39 | ES7008 | 13 | 20 |
| 平均 | 8 | 22 | 平均 | 19 | 17 |

表 2-57　试验区油井见效率分析表

| 见效时间（月） | 井数（口） | 比例（%） |
|---|---|---|
| 8 | 6 | 37.5 |
| 9～16 | 6 | 37.5 |
| 17～24 | 3 | 18.8 |
| 25～32 | 1 | 6.2 |
| 合计 | 16 | 100.0 |

试验区见效井普遍存在见效后产液量下降，产油量上升，含水率下降明显的特征，日产油量是见效前的 2～10 倍。

## 五、注聚存聚率高

从试验区注聚合物过程中存聚率变化趋势可以看出（图 2-90），随着聚合物溶液注入 PV 数的逐渐增加，目的层聚合物存聚率逐渐下降，注聚合物后期采聚浓度高，聚合物利用程度低，存聚率下降速度快，含水率上升和产量递减加大。但从存聚率整体变化趋势看，试验区存聚率要高于大庆一类油层聚合物驱存聚率[13]，具体表现在见效井采聚浓度低，而且先见效后见聚合物井数比例高，说明试验区聚合物驱剖面调整均匀，纵向上聚合物波及体积大，没有发生明显的聚合物"指进"现象，这也为试验区最终取得很好的聚合物驱开发效果奠定了基础。

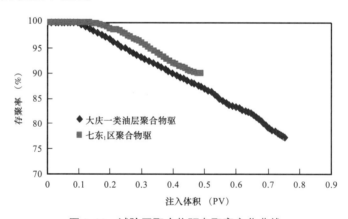

图 2-90　试验区聚合物驱存聚率变化曲线

## 六、试验区采油能力大幅提高

截至 2012 年 6 月，试验区月产液 $1.2127 \times 10^4$t，月产油 1304t，综合含水率 89.2%，累计产油 $102.9603 \times 10^4$t，采油速度 0.8%，采出程度达到 53.09%；聚合物驱阶段累计产油 $12.4689 \times 10^4$t，采出程度 6.4%。中心井区月产液 2471t，月产油 226t，综合含水率 90.9%（图 2-91 至图 2-93）；聚合物驱阶段累计产油 $4.7593 \times 10^4$t，采出程度 10.3%。

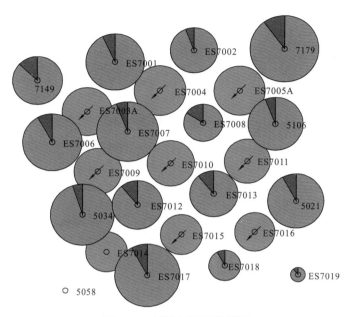

图 2-91 试验区开采现状图

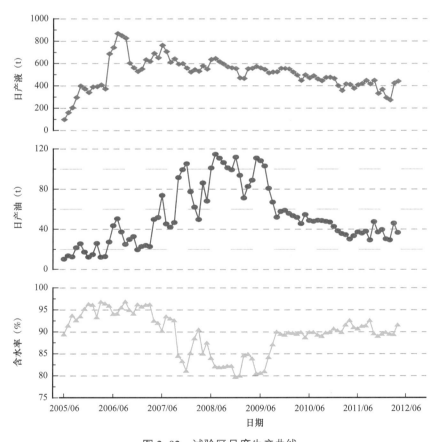

图 2-92 试验区月度生产曲线

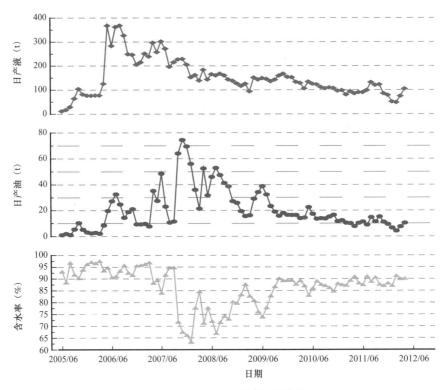

图 2-93　中心井区月度生产曲线

试验区从 2006 年 9 月注聚合物以来，月产油量从注聚合物前的 1159t 上升到最高的 3555t，是注聚合物前的 3.1 倍；采油速度由 0.7% 提高到 2.2%，采油能力大幅提高。综合含水率由 95.6% 最低下降到 80.1%；含水率最大下降了 15.5 个百分点（图 2-94）。

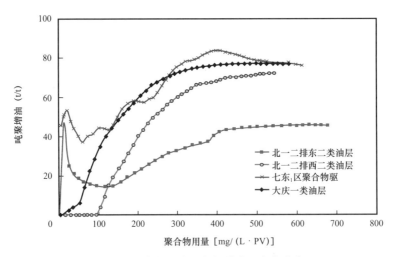

图 2-94　试验区吨聚合物增油量变化曲线

中心井区月产油从见效前 231t 上升到最高 2228t，是注聚合物见效前的 9.6 倍。综合含水率由 93.3% 下降到 63.2%；含水率最大下降了 30.1 个百分点（图 2-93）。特别是

ES7008 井和 ES7012 井两口井，含水率下降幅度大，增油明显。

## 七、试验区增油降水效果明显

试验区吨聚合物增油量高，从图 2-94 试验区吨聚合物增油量变化曲线可以看出，试验区吨聚合物增油量明显，在目前聚合物用量高达 613mg/（L·PV）时，吨聚合物增油量仍然可以达到 76t/t，显示出较高的技术经济开发效果。

从图 2-95 和图 2-96 试验区含水率变化曲线和含水率下降曲线可以看出，试验区中心井含水率从注聚合物前的 93.3% 下降到高峰期的 63.2%，下降 30.1 个百分点；全区见效高峰期含水率下降 15.5 个百分点，中心井含水率下降幅度要好于全区含水率下降幅度。与大庆一类油层和二类油层聚合物驱含水率变化趋势和含水率下降幅度相对比，试验区

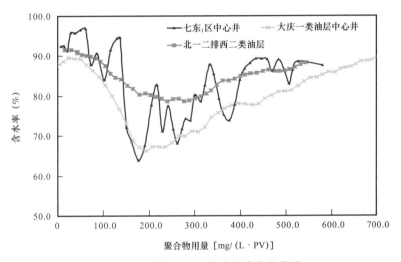

图 2-95 试验区采出井含水率变化曲线

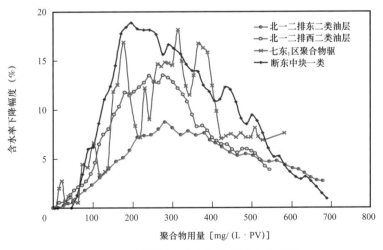

图 2-96 试验区含水率下降幅度变化曲线

开发效果介于大庆一类油层和二类油层聚合物驱之间，表现出砾岩油藏很好的聚合物驱开发特征。另外，从图 2-97 试验区聚合物驱增油倍数变化曲线可以看出，试验区增油效果也十分明显，注聚合物后，增油倍数逐渐增加，高峰期时增油倍数达到最高，平均增油倍数到达 3.5，基本和大庆二类油层的聚合物驱效果相当。

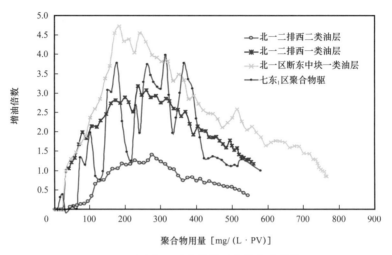

图 2-97  试验区采出井增油倍数变化曲线

## 八、试验效果显著，达到方案设计目标

驱油方案设计试验区提高采收率 9.0%，中心井区提高采收率 12.1% 以上。试验区从 2006 年 9 月注聚合物以来已累计生产原油 $12.47 \times 10^4$t，阶段提高采出程度 6.4%（OOIP），完成方案预测结果的 71%。中心井区累计产油 $4.76 \times 10^4$t，阶段提高采出程度 10.3%（OOIP），完成方案预测结果的 85.1%。

根据甲型水驱特征曲线预测，最终采收率为 55.7%（图 2-98），较试验前高出 9 个百分点。

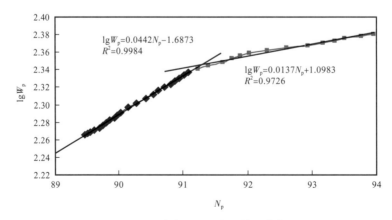

图 2-98  试验区甲型水驱特征曲线

2006年9月开始注聚合物，预计2014年年底试验结束。试验区已完成注入量的95.7%，阶段提高采收率10.3%，预计提高采收率12.1%，从数值模拟预测与实际生产曲线对比看，试验达到了方案设计目标（图2-99），具备推广条件。

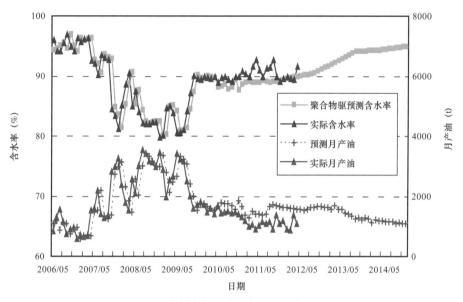

图2-99 模值模拟预测与实际生产曲线对比图

## 九、小结

砾岩油藏聚合物驱取得突破性进展，现场实施增油降水效果显著。试验区于2006年9月1日开始注聚合物，截至2010年11月，完成方案设计注入量0.5PV，试验区含水率90%，阶段提高采收率5.3%；中心井区含水率84.7%，阶段提高采收率9.1%。

## 参 考 文 献

［1］印森林，陈恭洋，陈玉琨，等.砂砾岩储层孔隙结构复杂模态差异机制［J］.西南石油大学学报（自然科学版），2019，41（1）：1-17.

［2］佟占祥.砾岩油藏聚合物驱提高采收率机理研究［D］.廊坊：中国科学院研究生院（渗流流体力学研究所），2008.

［3］印森林，陈恭洋，陈玉琨，等.砂砾岩储层孔隙结构模态控制下的剩余油分布——以克拉玛依油田七东1区克下组为例［J］.岩性油气藏，2018，30（5）：91-102.

［4］昝灵，王顺华，张枝焕，等.砂砾岩储层研究现状［J］.长江大学学报（自然科学版），2011，8（3）：10，63-66.

［5］王玲.疏松砂岩人造岩心制作方法研究［J］.内蒙古石油化工，2019（8）：18-20.

［6］付海江.压裂用树脂涂覆类可固化支撑剂人工岩心模具的研制及使用方法［J］.石油工业技术监督，2018，34（11）：5-7，13.

［7］孙焕泉，张以根，曹绪龙. 聚合物驱油技术. 东营：石油大学出版社，2002.

［8］谢峰，黄海权. 不可入孔隙体积与聚合物分子量选择研究［J］. 河南石油，1999，13（2）：22.

［9］陈铁龙. 化学驱油论文集（上册）——聚丙烯酰胺溶液地下流变特性研究［M］. 北京：石油工业出版社，1998.

［10］戚连庆. 聚合物驱油工程数值模拟研究［M］. 北京：石油工业出版社，1998.

［11］卢国祥. 聚合物驱油之后剩余油分布规律研究［J］. 石油学报，1996，17（4）.

［12］王克亮，王凤兰. 改善聚合物驱油技术研究［M］. 北京：石油工业出版社，1997.

［13］郭万奎. 大庆油田首次聚合物驱油工业矿场试验设计与实施［M］. 北京：石油工业出版社，2001.

# 第三章　七中区二元复合驱现场试验

## 第一节　地质特征

克拉玛依油田七中区克下组油藏位于克拉玛依市白碱滩区,在克拉玛依市区以东约25km处,区内地势平坦,平均地面海拔267m,地面相对高差小于10m。七中区克下组油藏处于准噶尔盆地西北缘克—乌逆掩断裂带白碱滩段的下盘。试验区位于七中区克下组油藏东部。复合驱工业化试验目的层为$S_7^{4-1}$、$S_7^{3-3}$、$S_7^{3-2}$、$S_7^{3-1}$、$S_7^{2-3}$、$S_7^{2-2}$六个单层,平均埋深1146m,沉积厚度31.3m。七中区克下组属洪积相扇顶亚相沉积,以主槽微相为主,储层主要由不等粒砂砾岩及细粒不等粒砂岩组成,孔隙度为18.0%,渗透率为94mD。

初始状态下,地面原油相对密度为0.858,原油凝固点为−20~4℃,含蜡量为2.67%~6.0%,40℃原油黏度为17.85mPa·s,酸值为0.2%~0.9%,原始气油比为120m³/t,地层油体积系数为1.205。地层水属NaHCO₃型,矿化度为13700~14800mg/L。克下组油藏属于高饱和油藏。断块内为统一的水动力系统,原始地层压力为16.1MPa,压力系数为1.4,饱和压力为14.1MPa,油藏温度40.0℃。目前试验区地层压力14.4MPa。七中区克下组油藏试验区评价面积为1.21km²,目的层段平均有效厚度为11.6m,原始地质储量为120.8×10⁴t,储量丰度为99.9×10⁴t/km²。七中区克下组砾岩油藏东部二元驱试验井区于1959年3月投产,1960年11月以不规则四点法井网投入注水开发,其后该井区共进行过三次开发调整:1980—1988年扩边6口井;1995—1998年更新3口井、加密1口井;2007年进行整体加密调整,新钻44口井,包括1口水平井。调整后该区为150m井距反五点法二元驱试验井网,共有生产井55口,其中注水井29口(包括平衡区11口注水井),采油井26口(包括1口水平井)。二元驱前缘水驱通过系列调整措施,采液、采油速度大幅度提升,采液速度提高为15.4%、采油速度提高为1.47%,阶段含水上升率仅为4.4%。阶段末综合含水率95.0%,采出程度为42.9%,水驱开发已无经济效益。

### 一、构造特征

七中区克下组油藏处于准噶尔盆地西北缘克—乌逆掩断裂带白碱滩段的下盘。七中区西北部、东部、西部和南部分别被克—乌断裂白碱滩段、5054井断裂、5075井断裂以及南白碱滩断裂所切割。工区内构造形态简单,为东南倾向的单斜,西北部地层较东南部地层倾斜度小,西北部地层倾角均为5°左右,东南部地层倾角为8°,内部无断层发育(表3-1)。

表 3-1　七中区构造断裂及其要素表

| 断层名称 | 断层基本特征 | | | | | | 断开层位 | 钻遇井 |
|---|---|---|---|---|---|---|---|---|
| | 走向 | 倾向 | 倾角（°） | 垂直断距（m） | 延伸长度（km） | 断层性质 | | |
| 克一乌断裂白碱滩段 | NEE-SWW | NNW | 20～70 | 300～600 | 贯穿全区 | 逆断层 | C～$J_3q$ | 7215、7283、7122A、7175、 |
| 南白碱滩断裂 | NEE-SWW | NNW | 40～80 | 100～600 | 贯穿全区 | 逆断层 | $P_3w～J_2x$ | J69、J53、8691 |
| 5054 井断裂 | E-W | NS | ±45 | ±30m | 2.1 | 逆断层 | $P_1j～T_3b$ | 5059A |
| 5075 井断裂 | NNW | NE | ±60 | ±60m | 1.9 | 逆断层 | $P_1j～J_1b$ | 7306S |

### 1. 克一乌断裂白碱滩段

该断裂为一大型逆掩断裂，位于油藏北部，贯穿全区，在油藏西部与 5075 井断裂相交，并从 72104 井以北穿出，在研究区东部与南白碱滩断裂相交。走向北东东—南西西，断层面倾向北北西，呈上陡下缓躺椅状（由 70°变为 20°）。克拉玛依组底部垂直断距 300～600m，断裂属沉积同生断裂，最高断开层位为侏罗系上统。

### 2. 南白碱滩断裂

该断裂贯穿全区，位于油藏南部，在油藏东部出现分支断裂，走向北东东—南西西，断层面倾向北北西，断层倾角自西向东由 40°增加到 80°。克拉玛依组底部垂直断距 100～600m，最高断开层位为侏罗系中统。

### 3. 5054 井断裂

该断裂为七中与七东₁的分界断裂，走向近东西，断层面北倾，倾角 40°左右。克拉玛依组底部垂直断距约 30m，断裂延伸长度 2.1km，最高断开层位为三叠系中统。

### 4. 5075 井断裂

该断裂为七西与七中的分界断裂，走向北北西，倾向北东，倾角 60°左右。克拉玛依组底部垂直断距约 60m，延伸长度 1.9km，最高断开层位为侏罗系中统。

## 二、地层特征

克下组为一套以砂砾岩为主向上变细的沉积旋回，划分为 2 个砂组、6 个砂层、13 个小层（表 3-2），这些地层单元构成了多个次级沉积旋回。从本质上讲，这些多级次的沉积旋回是在基准面旋回过程中，由可容空间与沉积物供给速率的变化所造成的。

表 3-2 七中区、东区克下组地层划分表

| 砂层组 | 砂层 | 小层 | 层位代码 | 单砂层数 |
|---|---|---|---|---|
| $S_6$ | $S_6$ | 1 | $S_6^1$ | 1 |
| | | 2 | $S_6^2$ | 1 |
| | | 3 | $S_6^3$ | 1 |
| $S_7$ | $R_6$ | 4 | | 1 |
| | $S_7^1$ | 5 | $S_7^1$ | 1 |
| | $S_7^2$ | 6 | $S_7^{2-1}$ | 3 |
| | | 7 | $S_7^{2-2}$ | |
| | | 8 | $S_7^{2-3}$ | |
| | $S_7^3$ | 9 | $S_7^{3-1}$ | 3 |
| | | 10 | $S_7^{3-2}$ | |
| | | 11 | $S_7^{3-3}$ | |
| | $S_7^4$ | 12 | $S_7^{4-1}$ | 2 |
| | | 13 | $S_7^{4-2}$ | |

## 1. 宏观对比原则

依据洪积扇沉积特征，首次针对性地提出了等时对比、旋回分析、厚度控制的细分层对比原则。

等时对比：选择较为稳定发育的泥岩作为等时界面。包括 $S_7$ 上部的 $S_6$ 底部的大段泥岩及 $S_7^{4-1}$、$S_7^{3-1}$ 及 $S_7^{2-1}$ 顶部的泥岩。

旋回分析：$S_7$ 整体本身为一大套正旋回，在等时对比的大原则下，依据旋回特征进一步细分层。分层界面选定在泥岩、粉岩质泥岩顶部，砾岩底部（图 3-1）。

厚度控制：在对比曲线出现变化、小层内旋回期变多或变少时，再考虑邻井，应用厚度过渡的控制方法进行划分。

## 2. 小层对比原则

$S_7^4$ 底部界线：（1）自然电位及自然伽马出现异常，自然电位表现为陡然变大，自然伽马陡然变小；（2）深侧向电阻率曲线表现为从上向下陡然变大，电阻率达 $400\Omega \cdot m$ 以上；（3）如果 $S_7^4$ 底部出现另一个高阻曲线及自然电位、自然伽马异常曲线特征，可通过高阻曲线形态及与邻井高度过渡的对比原则判断，高阻曲线底部为一断截面样，表现为不整合面特征。

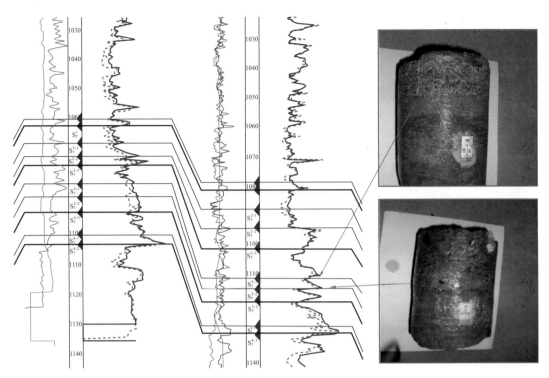

图 3-1　T72247、T7216 关键井砾岩、泥岩界限

$S_7^4$ 顶部界线：$S_7^4$ 层组整体为一个正旋回，顶界为一由下向上过渡为泥质较纯的地方。电阻曲线表现为过渡至电阻率小于 $20\Omega \cdot m$。部分曲线在 $S_7^4$ 内部出现电阻曲线二次旋回，这时判断 $S_7^4$ 顶部界线的原则为电阻曲线要下降至较小的地方，也就是泥质较纯的地方。

$S_7^4$ 内部 $S_7^{4-2}$ 与 $S_7^{4-1}$ 界线：通过密度和声波曲线判断，密度曲线一般大于 2.5 以上为 $S_7^{4-2}$。

$S_7^3$ 顶部界线：（1）深侧向电阻率曲线表现为一套 4m 的泥岩或泥质粉砂岩，电阻率小于 $20\Omega \cdot m$，一般为 $7\Omega \cdot m$ 左右，与 $S_7^3$ 内部泥质相比，顶部泥质较纯、较厚；（2）个别井出现泥岩变少、旋回变多时，可参考邻井泥岩变化规律、层内厚度相当、优选泥质较纯作为对比原则。

$S_7^3$ 内部对比原则：由于 $S_7^3$ 内部的三次沉积旋回清楚，电阻率曲线特征明显，大多数井可较好地对比。内部两个旋回或多个旋回时，可在旋回对比的大原则下，采用等厚的对比原则。

$S_7^2$ 顶部界线：（1）从关键井来看，深侧向电阻率曲线表现为一套 8m 的泥岩或泥质粉砂岩，均小于 $6\Omega \cdot m$，与 $S_7^3$ 顶部泥质相比，泥质更纯（图 3-2）；（2）个别井出现泥岩厚度变小，可参考邻井泥岩变化规律、层间厚度相当、优选泥质较纯作为对比原则。

$S_7^2$ 内部对比原则：$S_7^2$ 内部的沉积旋回变化较大，有一个至三个旋回的，对对时还是以旋回对比为主要原则。同时，参考邻井厚度、层间厚度相当的对比原则。其中，$S_7^{2-1}$ 多为一套泥岩，北部部分地区相变后有一套薄的细砂岩。

$S_7^1$ 砂体界线：深侧向电阻率曲线表现为一套小于 1m 的砂砾岩或细砂岩，部分地区相变为粉砂岩特征。

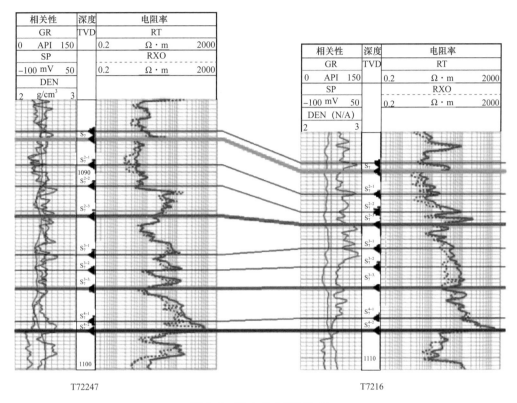

图 3-2  取心井小层对比图

## 3. 对比方法

小层划分和对比是从沉积成因出发，落脚于储层的开发地质特征，选择有取心资料、对比基础较好的井区，利用标志层控制旋回，结合拉平剖面—填平补齐、空间闭合的对比方法，建立多条地质骨干剖面，重点解决关键过渡井的对比界限，采用逐步扩大的方法。

（1）根据地层划分方案，T72247 井、T7216 井为基准井，建立双十字骨架对比剖面。

（2）通过骨架剖面的井扩展成对比骨架网。

（3）反复对比，达到全区各小层界线统一、闭合。

依照该区目的层段沉积相带类型及特征，按山麓洪积相主要相带类型进行了划相，分别归纳出山麓洪积扇扇顶、扇中和扇缘沉积相组合与沉积模式。洪积扇与物源区之间流程短，因而向源方向常与残积、坡积相邻接。向沉积区与洪积平原相邻或与滨浅湖相沉积呈舌状交错接触。克拉玛依二叠系、三叠系洪积扇多属上述沉积相组合类型。

七中区复合驱试验区克下组 $S_7$ 砂层组平均沉积厚度为 46.8m，其中试验目的层段 $S_7^{2-2}$、

$S_7^{2-3}$、$S_7^{3-1}$、$S_7^{3-2}$、$S_7^{3-3}$、$S_7^{4-1}$沉积厚度范围在21～44m之间，平均沉积厚度为31.3m。

七中区克下组属洪积相扇顶亚相沉积，以主槽微相为主。$S_7^4$、$S_7^3$、$S_7^2$层主槽微相砂砾岩体沉积规模和范围都很大，总的趋势是向上砾岩岩比减小，主槽微相的沉积面积减小。试验区各层沉积厚度从北部向南部逐渐减小，这是因为北部靠近沉积物源。

$S_7$砂层组属洪积扇沉积，剖面上自下而上沉积相由扇顶亚相向扇中亚相过渡，其中$S_7^4$层、$S_7^3$层属扇顶亚相，以主槽微相为主；$S_7^2$层属扇中亚相，以辫流带微相为主。

$S_7^4$砂层沉积在古生界风化壳不整合面上，沉积厚度一般在4～21m，岩性主要以灰绿色砾岩夹少量棕红色、杂色不纯泥岩组成为主，具有洪积扇上氧化特征标志，砾岩颗粒粗、分选差，分选系数大于3，棱角状发育，泥岩的颜色反映了洪积扇上干热气候的强氧化环境。

## 三、储层特征

### 1. 岩性特征

储层岩性可分为泥质粉细砂岩、不等粒砂岩、含砾砂岩、不等粒砂砾岩、砾岩五大类，其中主要组成成分砾岩占22.4%，不等粒砂砾岩占28.3%，不等粒砂岩占27.9%（图3-3）。砾石含量为33%～65%，砾石成分以花岗岩为主。砾径变化范围较大，分选差—中等，颗粒磨圆度差，为次棱角状和棱角状。胶结类型以泥质胶结、碳酸盐胶结为主。

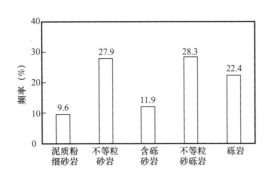

图3-3 七中区克下组岩性分布直方图

试验区储层的填隙物主要为黏土矿物、方解石和菱铁矿，填隙物含量平均为7.3%。黏土矿物主要以高岭石为主，平均含量达到69.3%（表3-3）。

表3-3 试验区各小层填隙物及黏土矿物统计表

| 层位 | 填隙物（%） | 伊蒙混层（%） | 伊利石（%） | 高岭石（%） | 绿泥石（%） | 混层比（%） |
|---|---|---|---|---|---|---|
| $S_7^{2-2}$ | 4 | 33 | 14 | 45 | 8 | 20 |
| $S_7^{2-3}$ | 9 | 3 | 5 | 77 | 15 | 20 |
| $S_7^{3-1}$ | 8 | 11 | 10 | 70 | 9 | 25 |
| $S_7^{3-2}$ | 8 | 5 | 9 | 72 | 14 | 20 |
| $S_7^{3-3}$ | 8 | 2 | 9 | 78 | 11 | 15 |
| $S_7^{4-1}$ | 7 | 7 | 10 | 74 | 9 | 15 |

## 2. 物性特征

储层物性变化比较大，以中孔低渗透为主。表 3–4 为 7207 井、T7216 井、T72110 井、T72247 井岩石物性分析统计表。统计显示，有效孔隙度变化范围为 0.4%～27.0%，平均为 14.7%，渗透率变化范围为 0.01～3207.0mD，平均为 54.1mD。孔隙分布呈正态分布，而渗透率则呈偏态分布，小于 1.0mD 的占 50%（图 3–4）。

表 3–4 七中区克下组 $S_7$ 段岩心分析物性统计表

| 井号 | 样品数 | 孔隙度（%） | | | 样品数 | 渗透率（mD） | | | 评价结果 |
|---|---|---|---|---|---|---|---|---|---|
| | | 最大 | 最小 | 平均 | | 最大 | 最小 | 平均 | |
| 7207 | 46 | 25.27 | 5.42 | 16.00 | 35 | 3207.020 | 0.040 | 117.570 | 中孔中渗 |
| T7216 | 66 | 21.03 | 1.72 | 14.60 | 63 | 121.090 | 0.020 | 7.020 | 中孔低渗 |
| T72110 | 50 | 27.00 | 3.10 | 12.70 | 50 | 1310.000 | 0.078 | 57.180 | 中孔中渗 |
| T72447 | 103 | 23.80 | 0.40 | 13.40 | 103 | 559.000 | 0.010 | 9.700 | 中孔低渗 |
| 平均 | | | | 14.70 | | | | 54.10 | 中孔中渗 |

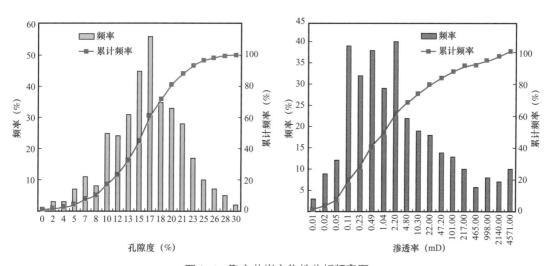

图 3–4 取心井岩心物性分析频率图

根据试验区 43 口新井测井解释各小层的物性数据统计，孔隙度主要分布在 14%～18% 之间（表 3–5 和图 3–5）。

## 3. 孔隙结构特征

砾岩储层的孔隙类型具有原生孔隙与次生孔隙并存的特点。一般受成岩后生变化影响较弱的储层，以原生的粒间孔为主；当受后生变化影响较强时，以次生的溶蚀孔为主。

表3-5 试验区岩心分析物性数据统计表

| 层位 | 孔隙度（%） | | | 渗透率（mD） | | |
|---|---|---|---|---|---|---|
| | 最大 | 最小 | 平均 | 最大 | 最小 | 平均 |
| $S_7^{2-2}$ | 21.3 | 11.6 | 17.0 | 386.0 | 4.9 | 98.9 |
| $S_7^{2-3}$ | 20.9 | 6.0 | 16.3 | 398.4 | 3.7 | 84.1 |
| $S_7^{3-1}$ | 22.1 | 12.5 | 16.5 | 684.7 | 4.2 | 91.6 |
| $S_7^{3-2}$ | 20.7 | 11.0 | 15.8 | 295.1 | 1.3 | 67.3 |
| $S_7^{3-3}$ | 19.3 | 11.7 | 14.6 | 136.4 | 0.5 | 30.6 |
| $S_7^{4-1}$ | 17.9 | 11.0 | 14.2 | 447.5 | 1.1 | 44.0 |
| $S_7^{2+3+4}$ | 20.4 | 10.6 | 15.7 | 391.4 | 2.6 | 69.4 |

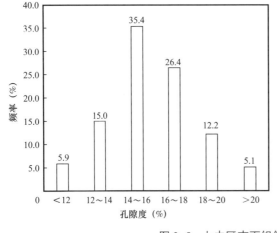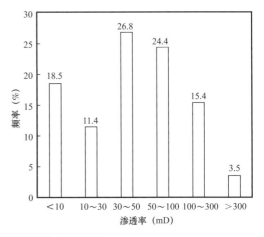

图3-5 七中区克下组储层物性分布直方图

根据铸体薄片鉴定资料，砾岩储层的孔隙类型有以下5种：粒间孔、溶蚀孔、杂基或胶结物中微孔、砾缘缝、微裂缝（图3-6）。

最大孔喉半径指排驱压力所对应的孔喉半径。统计研究区100个样品的最大孔喉半径值，最大孔喉半径的算术平均值为15.14μm，几何平均值为3.15μm，最大孔喉半径数值主要位于小于20μm的区间范围内，占80%。饱和度中值半径$R_{50}$指与饱和度中值压力相对应的孔喉半径。统计72个样品的中值半径值，中值半径的算术平均值为1.16μm，几何平均值为0.23μm，中值半径数值主要分布在小于0.4μm的区间范围内，占82%（图3-7）。

根据恒速压汞测试资料，试验区孔隙特征从形态上看主要有两种类型：第一类，孔隙大小分布基本趋于正态分布，有效孔隙半径分布范围和峰值集中，孔隙半径主要集中在80~200μm区间内；第二类，孔隙半径分布曲线形态呈双峰态，但峰值接近，孔隙半

(a) 1070.7m，灰褐色小砾岩，剩余粒间孔

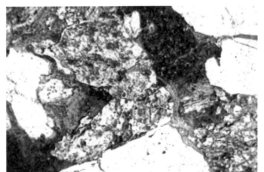

(b) 1074.9m，灰色含砾粗砂岩，原生粒间孔

(c) 1080.6m，灰色含砾泥质中砂岩，粒间孔

(d) 1084.1m，绿灰色含砾粗砂岩，微裂缝、粒内溶孔

图 3-6　七中区克下组储层微观孔隙结构特征图

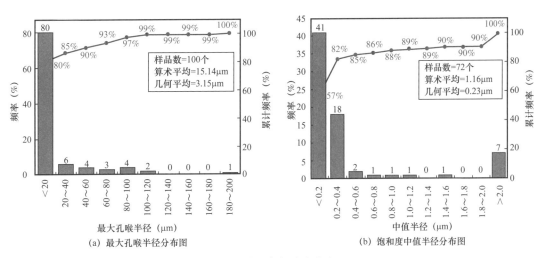

(a) 最大孔喉半径分布图

(b) 饱和度中值半径分布图

图 3-7　孔喉半径分布直方图

径主要集中在 100～200μm 区间内。从孔隙半径分布集中程度上看，两种分布没有明显的区别，主要孔道分布范围接近，孔隙半径分布随渗透率的变化不明显。不同渗透率下喉道半径分布曲线形态不同，渗透率高的样品，平均喉道半径较大，喉道半径分布范围广，渗透率低的样品，平均喉道半径小，喉道半径分布范围变窄，且峰值集中于小喉道

处（图 3-8）。说明控制七中区克下组砾岩储层岩样内流体渗流特征的主要因素是喉道特征，而不是孔隙特征。

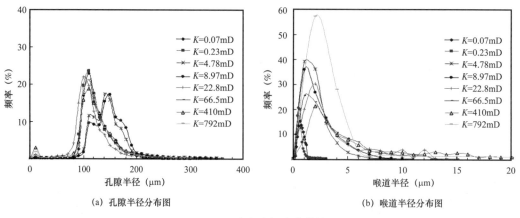

(a) 孔隙半径分布图　　　　　　　　　　(b) 喉道半径分布图

图 3-8　孔喉半径分布曲线

## 4. 储层敏感性特征

试验区目的层段的储层敏感性总体为中等偏弱。水敏指数在 0.06～0.4 之间，渗透率下降幅度介于 6%～40% 之间；速敏指数在 0.04～0.18 之间，若高于临界速度，渗透率下降幅度介于 31.5%～47.9% 之间；盐敏的临界盐度为 6183.7mg/L，低于临界盐度，渗透率下降幅度介于 51.2%～78.4% 之间；随着注入孔隙体积倍数的增加，渗透率下降幅度变化不大（表 3-6）。

表 3-6　试验区各小层储层敏感性分析数据表

| 层位 | 水敏 | | 速敏 | | 盐敏 | | 体敏 |
| --- | --- | --- | --- | --- | --- | --- | --- |
| | 水敏指数 | 渗透率下降（%） | 速敏指数 | 渗透率下降（%） | 临界盐度（mg/L） | 渗透率下降（%） | 渗透率下降（%） |
| $S_7^{2-3}$ | 0.06～0.40 | 6.0～40.0 | 0.18 | 33.0 | 6183.70～8245.00 | 51.2 | 10.3 |
| $S_7^{3-1}$ | 0.15 | 14.9 | | | 6183.75 | 57.8 | 14.6 |
| $S_7^{3-2}$ | 0.07 | 7.2 | 0.04 | 31.5 | 6183.75 | 78.4 | |
| $S_7^{3-3}$ | | | | | | | |
| $S_7^{4-1}$ | | | 0.06 | 47.9 | | | |
| 综合 | 弱—中等偏弱 | | 弱—中等偏弱 | | 中等—中等偏强 | | 弱 |

## 5. 储层润湿性特征

储层原始状况下，岩石表面润湿性特征显示为中性。试验区不同时期的密闭取心井润湿性分析资料表明，储层润湿性有向强亲水转化的趋势。水洗程度越高即驱油效率越高，剩（残）余油饱和度越小时，润湿性参数 $V_w$—$V_o$ 值就越高，储层亲水性越强。当含水饱和度小于 0.5 时，储层以弱亲水主；含水饱和度为 0.5～0.7 时，储层以中亲水为主；含水饱和度大于 0.7 时，储层强亲水。目前试验区润湿性特征总体表现为中—弱亲水。

### 6. 储层相渗特征

原油性质对试验区油水相对渗透率曲线起一定作用。可动油饱和度约小于40%，驱油效率小于 55%，残余油饱和度达 32%，残余油时水的相对渗透率低于 0.1，属于中低渗透储层（图 3-9）。

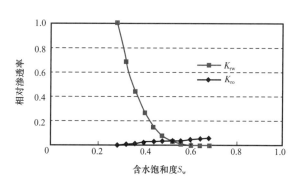

图 3-9　七中区克下组相对渗透率曲线

### 7. 储层电性特征

$S_7$ 段虽然井段不长，但储层岩性变化比较大，对应电性特征变化亦较大，主要表现在以下方面。

电阻率曲线数值相对较高，且三电阻率曲线呈正差异，一般在 20～200Ω·m 之间，更高者达 200～800Ω·m；低自然伽马，自然电位有一定幅度差，井径曲线为缩径；三孔隙度呈中等值；录井显示多为油斑级以上。

（1）致密层特征：电阻率曲线数值为中低值，八侧向（$R_{XO}$）电阻率与深感应（$R_T$）曲线呈负异常，增阻侵入特征明显；随着负异常增大其水淹程度增大。

（2）大砾岩致密层：电阻率值特别高，声波时差值呈低值，密度测井值较高，中子测井值较低；含油级别低。

（3）粉砂质泥岩致密层：电阻率值较低，自然伽马中高值，含油级别较低或不含油，一般电阻率值小于 20Ω·m。

七中区克下组 $S_7$ 段储层岩性复杂，有砾岩、小砾岩、砂砾岩及细砂岩、极细砂岩、细粉砂岩等多种岩性。利用测井曲线识别岩性，主要采用测井曲线数值交会图方法，从电阻率（$R_T$）与补偿声波（AC）交会岩性识别图版、补偿中子（CNL）与补偿密度（DEN）交会岩性识别图版中可以看出，岩性分布区域相对比较明显，部分岩性由于定名的不同或是差别不是很大，分布区域几乎重合，各种岩性测井响应数据见表 3-7。

表 3-7　七中区克下组 $S_7$ 段岩性测井响应数据表

| 岩性 | 测井曲线数值范围 | | | |
| --- | --- | --- | --- | --- |
| | AC（μs/m） | CNL（%） | DEN（g/cm³） | $R_T$（Ω·m） |
| 泥岩 | 285～370 | 27.0～44.0 | 2.20～2.50 | ≤10 |
| 粉砂岩 | 280～320 | 23.0～35.0 | 2.48～2.50 | 10～20 |
| 细砂岩 | 230～340 | 13.0～26.0 | 2.30～2.50 | 20～300 |

| 岩性 | 测井曲线数值范围 | | | |
|---|---|---|---|---|
| | AC（μs/m） | CNL（%） | DEN（g/cm³） | $R_T$（Ω·m） |
| 砂砾岩 | 240～310 | 16.0～28.0 | 2.45～2.54 | 40～500 |
| 小砾岩 | 250～355 | 10.0～28.0 | 2.30～2.54 | 40～500 |
| 砾岩 | 185～240 | 2.7～16.0 | 2.49～2.70 | 300～1500 |

### 8. 储层参数计算模型

#### 1）孔隙度计算模型

孔隙度是反映储层物性的重要参数，也是储量、产能计算及测井解释不可缺少的参数之一。声波测井、中子测井和密度测井的读数是地层的岩性孔隙度的综合反映，测井参数和孔隙度之间存在着基本的关系式，常用岩心分析孔隙度与对应段的声波、中子、密度建立交会图版，从而获得测井解释孔隙度。考虑到该区实际测井系列及相应资料情况，采用声波时差（$\Delta t$）进行计算和研究。

利用取心井岩石物性分析资料回归后，作孔隙度与声波时差关系图，利用建立的关系图求得孔隙度计算模型。图 3-10 为岩心分析孔隙度与声波时差关系图。

计算公式：

$$\phi=0.1284AC-21.358 \tag{3-1}$$

式中　$\phi$——计算孔隙度，%；

　　　AC——测井曲线声波时差值，μs/m。

#### 2）渗透率计算模型

根据物性分析资料研究，孔隙度与渗透率具有良好的相关关系，采用7207井、T72247 井和 T72110 井三口井岩石物性分析资料，利用孔隙度与渗透率进行回归，建立孔隙度与渗透率关系（图 3-11），拟合出渗透率计算模型：

$$K=e^{0.5247\phi} \tag{3-2}$$

式中　$\phi$——孔隙度，%；

　　　$K$——渗透率，mD。

#### 3）含油饱和度计算模型

根据七中区油田砂砾岩油藏储层特点，选用阿尔奇公式计算储油层的含水饱和度：

$$S_w = \sqrt[n]{\frac{a \times b \times R_w}{\phi^m \times R_T}} \tag{3-3a}$$

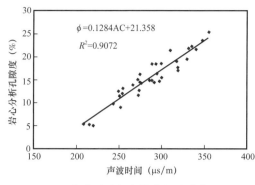

图 3-10 声波时差与岩性分析孔隙度关系图

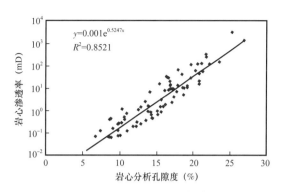

图 3-11 七中区克下组渗透率计算图版

$$S_o = 1 - S_w \qquad (3-3b)$$

式中　$S_o$——含油饱和度；

　　　$S_w$——含水饱和度；

　　　$R_w$——地层水电阻率；

　　　$R_T$——地层电阻率；

　　　$\phi$——孔隙度；

　　　$m$——孔隙结构指数，岩电实验值取 1.8334；

　　　$n$——饱和度指数，岩电实验值取 1.9113；

　　　$a$，$b$——岩性系数，岩电实验值分别取 0.8212、1.0306。

$m$ 是根据七中区相对电阻率图版求取，$n$ 是根据电阻增大率图版求取。

4）泥质含量计算模型

在评价砂泥岩剖面地层时，储层的泥质含量是一项重要的地质参数，它不仅反映地层的岩性，而且储层的有效孔隙度、渗透率、含水饱和度和束缚水饱和度等储层参数，均与泥质含量有密切关系，因此，准确地计算地层的泥质含量是测井评价中不可缺少的重要参数。

根据该区块所采用测井系列的实际情况，经考察，补偿中子、电阻率都能较好地反映储层的泥质含量，取其最小值作为该层的泥质含量。

泥质含量计算公式为：

$$V_{sh} = (2^{GCUR \times \Delta x} - 1) / (2^{GCUR} - 1) \qquad (3-4a)$$

$$\Delta x = (X - X_{min}) / (X_{max} - X_{min}) \qquad (3-4b)$$

式中　$V_{sh}$——泥质含量；

　　　GCUR——地层经验系数，取 2；

　　　$X$——储层的补偿中子、电阻率测井值；

　　　$X_{min}$——纯砂岩的补偿中子、电阻率测井值；

　　　$X_{max}$——纯泥岩的补偿中子、电阻率测井值。

利用上述模型对该储层段泥质含量评价后，油层泥质含量一般在5%～10%之间，平均为8.0%。用该计算结果与储层粒度分析资料进行对比，泥质含量计算绝对误差为4.1%，计算结果数值相近，说明该解释模型计算泥质含量较可靠。

### 9. 储层非均质性特征

储层宏观非均质性分为三类：层内非均质性、层间非均质性、平面非均质性。将岩心资料和测井资料结合起来，以渗透率为主线，通过物性参数、砂砾岩体参数等来表现储层宏观非均质性在垂向和平面上的变化规律。

#### 1）层内非均质性

层内非均质性是指单砂砾层垂向上储层性质的变化，是控制和影响砂层组内一个单砂砾层垂向上注入剂波及体积的关键因素。常采用渗透率变异系数、突进系数和级差等参数来表征层内非均质性特征。

各单层层内非均质性比较强，单层平均渗透率变异系数为1.0～2.0，突进系数为3.3～7.3，级差为40～259，属中等—强非均质性储层（表3-8）。

表3-8　储层非均质性特征参数分层数据统计表

| 层位 | 孔隙度（%） | | 渗透率（mD） | | 变异系数 | 突进系数 | 级差 |
|---|---|---|---|---|---|---|---|
| | 范围 | 平均 | 范围 | 平均 | | | |
| $S_7^{2-1}$ | 13.2～23.0 | 17.4 | 14.3～1076.0 | 192.5 | 1.5 | 5.6 | 75 |
| $S_7^{2-2}$ | 12.6～21.0 | 16.2 | 9.9～476.0 | 121.6 | 1.1 | 3.9 | 48 |
| $S_7^{2-3}$ | 10.1～20.8 | 15.6 | 2.7～297.0 | 89.5 | 1.0 | 3.3 | 110 |
| $S_7^{3-1}$ | 11.2～22.5 | 16.5 | 5.3～1034.0 | 166.2 | 1.6 | 6.2 | 195 |
| $S_7^{3-2}$ | 10.8～23.9 | 14.7 | 3.3～855.0 | 116.7 | 2.0 | 7.3 | 259 |
| $S_7^{3-3}$ | 5.8～16.6 | 13.2 | 2.5～203.0 | 43.2 | 1.4 | 4.7 | 81 |
| $S_7^{4-1}$ | 9.1～15.8 | 12.0 | 2.0～169.0 | 35.0 | 1.3 | 4.8 | 85 |
| $S_7^{4-2}$ | 3.0～11.4 | 8.3 | 2.0～79.4 | 21.2 | 1.2 | 3.7 | 40 |

#### 2）层间非均质性

砾岩储层非均质性的又一特点是层间渗透率的差异很大（表3-9）。试验区层间渗透率级差在2～7之间，各层渗透率从上到下减小，$S_7^2$层平均渗透率最大，为134.5mD，$S_7^3$层平均渗透率次之，为108.7mD，$S_7^4$层平均渗透率最小，为28.1mD。

#### 3）平面非均质性

渗透率在平面上的差异主要受沉积环境的影响，北部靠近物源，沉积厚度大，储层物性好，平均孔隙度为16.4%，平均渗透率为100.2mD，相反南部沉积厚度小，储层物性差，平均孔隙度为14.9%，平均渗透率为30.4mD（图3-12）。

表 3-9  试验区砂层层间非均质性参数表

| 层位 | 渗透率（mD） | | | 级差 | 变异系数 | 突进系数 |
|---|---|---|---|---|---|---|
| | 最大 | 最小 | 平均 | | | |
| $S_7^2$ | 1076.0 | 2.7 | 134.5 | 399 | 1.2 | 4.3 |
| $S_7^3$ | 1034.0 | 2.5 | 108.7 | 414 | 1.6 | 6.1 |
| $S_7^4$ | 169.0 | 2.0 | 28.1 | 85 | 1.3 | 4.2 |

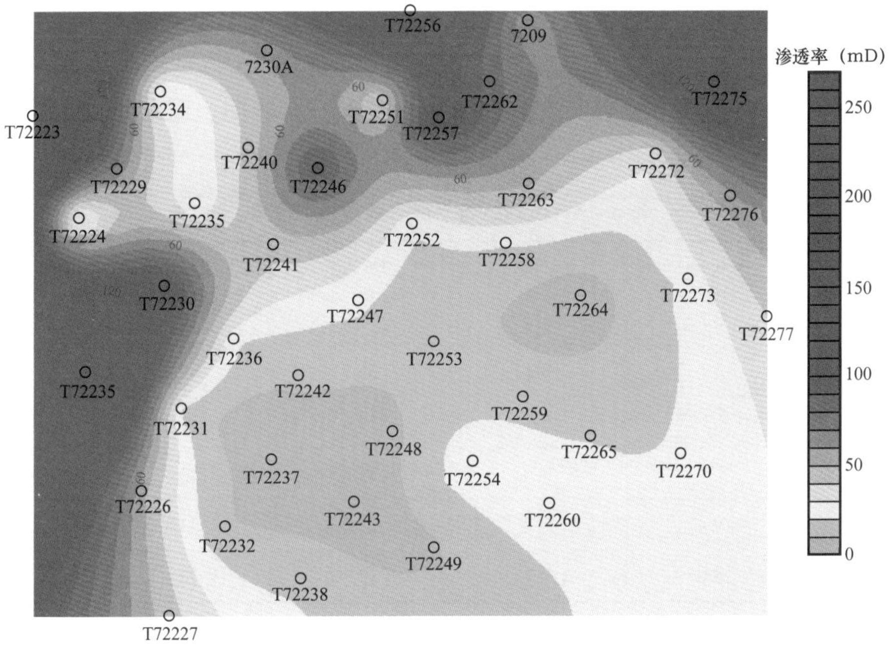

图 3-12  二元驱试验区 $S_7$ 层渗透率分布图

根据 43 口井的测井解释，平面上储层的非均质性比较强，平面渗透率变异系数为 0.95～1.65，突进系数为 3.9～10.2，级差为 78.8～406.8，属强非均质性储层（表 3-10）。

表 3-10  试验区平面非均质性参数表

| 层位 | 孔隙度（%） | | | 渗透率（mD） | | | 变异系数 | 突进系数 | 级差 |
|---|---|---|---|---|---|---|---|---|---|
| | 最大 | 最小 | 平均 | 最大 | 最小 | 平均 | | | |
| $S_7^{2-2}$ | 21.3 | 11.6 | 17.0 | 386.0 | 4.9 | 98.9 | 1.02 | 3.9 | 78.8 |
| $S_7^{2-3}$ | 20.9 | 6.0 | 16.3 | 398.4 | 3.7 | 84.1 | 1.20 | 4.7 | 107.7 |
| $S_7^{3-1}$ | 22.1 | 12.5 | 16.5 | 684.7 | 4.2 | 91.6 | 1.37 | 7.5 | 163.0 |
| $S_7^{3-2}$ | 20.7 | 11.0 | 15.8 | 295.1 | 1.3 | 67.3 | 0.99 | 4.4 | 227.0 |
| $S_7^{3-3}$ | 19.3 | 11.7 | 14.6 | 136.4 | 0.5 | 30.6 | 0.95 | 4.5 | 272.8 |

续表

| 层位 | 孔隙度（%） | | | 渗透率（mD） | | | 变异系数 | 突进系数 | 级差 |
|---|---|---|---|---|---|---|---|---|---|
| | 最大 | 最小 | 平均 | 最大 | 最小 | 平均 | | | |
| $S_7^{4-1}$ | 17.9 | 11.0 | 14.2 | 447.5 | 1.1 | 44.0 | 1.65 | 10.2 | 406.8 |
| $S_7^{2+3+4}$ | 20.4 | 10.6 | 15.7 | 391.4 | 2.6 | 69.4 | 1.20 | 5.6 | 150.5 |

## 四、油层特征

试验井区目的层油层厚度介于 5.0～20.0m 之间，平均油层厚度为 11.6m，平面上油层厚度的变化较大，总体上试验区北部的油层厚度较中南部大。试验区单井各小层油层厚度分布频率（表 3-11）和延伸长度统计结果（表 3-12）表明，该区层间油层发育差异较大。

表 3-11　试验区各小层有效厚度频率表 单位：%

| 层位 | <0.5m | 0.5～1m | 1～2m | 2～3m | >3m |
|---|---|---|---|---|---|
| $S_7^{2-2}$ | 33.3 | 13.9 | 25.0 | 16.7 | 11.1 |
| $S_7^{2-3}$ | 11.1 | 8.3 | 38.9 | 30.6 | 11.1 |
| $S_7^{3-1}$ | 8.3 | 5.6 | 19.4 | 33.3 | 33.3 |
| $S_7^{3-2}$ | 5.6 | 11.1 | 27.8 | 33.3 | 22.2 |
| $S_7^{3-3}$ | 19.4 | 11.1 | 25.0 | 33.3 | 11.1 |
| $S_7^{4-1}$ | 25.0 | 8.3 | 33.3 | 13.9 | 19.4 |

表 3-12　试验区各小层油砂体延伸长度

| 层位 | 古水流方向 | 油砂体延伸长度频率（%） | | | |
|---|---|---|---|---|---|
| | | <200m | 200～500m | 500～1000m | >1000m |
| $S_7^{2-2}$ | 垂直水流 | 50 | 50 | — | — |
| | 平行水流 | 25 | 50 | 25 | — |
| $S_7^{2-3}$ | 垂直水流 | 10 | 25 | 50 | 15 |
| | 平行水流 | — | 25 | 25 | 50 |
| $S_7^{3-1}$ | 垂直水流 | — | 5 | — | 95 |
| | 平行水流 | — | — | — | 100 |
| $S_7^{3-2}$ | 垂直水流 | — | — | 10 | 90 |
| | 平行水流 | — | — | 5 | 95 |

| 层位 | 古水流方向 | 油砂体延伸长度频率（%） | | | |
|---|---|---|---|---|---|
| | | <200m | 200～500m | 500～1000m | >1000m |
| $S_7^{3-3}$ | 垂直水流 | — | 10 | 10 | 80 |
| | 平行水流 | — | — | 10 | 90 |
| $S_7^{4-1}$ | 垂直水流 | 25 | 25 | 50 | — |
| | 平行水流 | 15 | 35 | 50 | — |

$S_7^{2-2}$ 油层呈条带状分布，中间油层不发育，油层厚度较薄，延伸距离较短。平均油层厚度为 1.1m，其中小于 0.5m 的油层厚度占 33.3%，0.5～1m 的油层厚度占 13.9%，1～2m 的油层厚度占 25.0%，2～3m 的油层厚度占 16.7%，3m 以上油层厚度占 11.1%。垂直古水流方向，油砂体的延伸长度小于 200m 约占 50%，200～500m 约占 50%；平行古水流方向，油砂体的延伸长度小于 200m 约占 25%，200～500m 约占 50%，500～1000m 约占 25%。

$S_7^{2-3}$ 油层连片分布，部分井点油层不发育，油层厚度较厚，延伸距离较长。平均油层厚度为 1.7m，其中小于 0.5m 的油层厚度占 11.1%，0.5～1m 的油层厚度占 8.3%，1～2m 的油层厚度占 38.9%，2～3m 的油层厚度占 30.6%，3m 以上油层厚度占 11.1%。垂直古水流方向，油砂体的延伸长度小于 200m 约占 10%，200～500m 约占 25%，500～1000m 约占 50%，大于 1000m 约占 15%，平行古水流方向油砂体的延伸长度 200～500m 约占 25%，500～1000m 约占 25%，大于 1000m 约占 50%。

$S_7^{3-1}$ 油层连片分布，油层厚度大，延伸距离长。平均油层厚度为 2.8m，其中小于 0.5m 的油层厚度占 8.3%，0.5～1m 的油层厚度占 5.6%，1～2m 的油层厚度占 19.4%，2～3m 的油层厚度占 33.3%，3m 以上油层厚度占 33.3%。垂直古水流方向油砂体的延伸长度在 200～500m 约占 5%，大于 1000m 约占 95%；平行古水流方向，油砂体的延伸长度都大于 1000m。

$S_7^{3-2}$ 油层连片分布，部分井点油层不发育，油层厚度大，延伸距离长。平均油层厚度为 2.6m，其中小于 0.5m 的油层厚度占 5.6%，0.5～1m 的油层厚度占 11.1%，1～2m 的油层厚度占 27.8%，2～3m 的油层厚度占 33.3%，3m 以上油层厚度占 22.2%。垂直古水流方向，油砂体的延伸长度在 500～1000m 约占 10%，大于 1000m 约占 90%；平行古水流方向油砂体的延伸长度在 500～1000m 约占 5%，大于 1000m 约占 95%。

$S_7^{3-3}$ 油层连片分布，部分井点油层不发育，油层厚度较大，延伸距离长。平均油层厚度为 1.9m，其中小于 0.5m 的油层厚度占 19.4%，0.5～1m 的油层厚度占 11.1%，1～2m 的油层厚度占 25.0%，2～3m 的油层厚度占 33.3%，3m 以上油层厚度占 11.1%。垂直古水流方向，油砂体的延伸长度在 200～500m 约占 10%，500～1000m 约占 10%，大于 1000m 约占 80%；平行古水流方向，油砂体的延伸长度在 500～1000m 约占 10%，大于

1000m 约占 90%。

$S_7^{4-1}$ 油层连片分布，部分井点油层不发育，油层厚度较薄，延伸距离较短。平均油层厚度为 1.5m，其中小于 0.5m 的油层厚度占 25.0%，0.5～1m 的油层厚度占 8.3%，1～2m 的油层厚度占 33.3%，2～3m 的油层厚度占 13.9%，3m 以上油层厚度占 19.4%。垂直古水流方向，油砂体的延伸长度小于 200m 约占 25%，200～500m 约占 25%，500～1000m 约占 50%；平行古水流方向，油砂体的延伸长度小于 200m 约占 15%，200～500m 约占 35%，500～1000m 约占 50%。

## 五、隔夹层特征

试验区发育一定的隔层，厚度分布在 0～4.0m，平均厚度为 1.1m，部分井区连片分布，对流体的流动起到很好的分隔作用（表 3-13）。夹层厚度一般较小，为 0.2～1.0m，延伸不远，井间无法对比，仅在单井中可以划分出，夹层对流体基本起不到遮挡作用。

表 3-13　隔层频率表　　　　　　　　　　　　　　　　　　单位：%

| 层位 | <0.5m | 0.5～1m | 1～2m | 2～4m | >4m |
|---|---|---|---|---|---|
| $S_7^1 \sim S_7^2$ | 23.3 | 3.3 | 6.7 | 13.3 | 53.3 |
| $S_7^2 \sim S_7^3$ | 56.0 | 2.0 | 20.0 | 16.0 | 6.0 |
| $S_7^3 \sim S_7^4$ | 62.0 | 4.0 | 14.0 | 16.0 | 4.0 |

$S_7^4$ 层底部与上乌尔禾组（$P_3w$）地层顶部为 15.0m 左右类似泥岩电性的风化壳，是区分它们的电性标志分界线。由于风化壳的存在，若 $S_7^4$ 层底部射孔则很可能造成水窜。$S_7^{4-2}$ 层平均沉积厚度为 5.8m，平均渗透率为 8.3mD，可作为物性隔层，防止注入流体沿风化壳窜流。

## 六、三维地质模型

建立三维模型一般利用地震、测井、岩心等综合资料，由于本区属于开发区，面积小、钻井密度大。为此，本次研究重点应利用测井资料。工区测井资料共计 86 口井，应用资料包括：井口大地坐标、井斜、井资料、小层测井分层等数据。七中区克下组（$T_2k_1$）主力油层为 $S_7^2$、$S_7^3$、$S_7^4$，依据可行性开发方案设计，目前开发 6 个单层：$S_7^{2-2}$、$S_7^{2-3}$、$S_7^{3-1}$、$S_7^{3-2}$、$S_7^{3-3}$、$S_7^{4-1}$。

建立一个好的地质模型，数据检查和质量控制是非常必要的。

（1）借助多种不同类型的统计图和表，发现与坐标、海拔、井斜测量、分层、测井曲线有关的数据质量问题，对所选的井和数据点进行数据检查。

（2）通过选择多边形或限制数据范围值的方法来删除数据。通过校验，修改有问题的个别井段、个别井数据，保障了建模的有效性。

求取空间变异函数，进行空间分析：不同方向上的空间连续性通常用变差函数来表示，变差函数有助于充分利用数据资料，从而获得与原始数据拟合最好的三维模型（图 3-13）。

（1）垂直变差函数：沿井筒方向计算的垂直变差函数表示储层的平均厚度。

（2）井间变差函数：表示油藏平面上的连续程度，横向上储层各个方向的连通性可能不一致。此外，如果相距很近的两口井其方差相对较大，往往反映这两口井或其中一口井的测井数据、坐标或层位有问题。

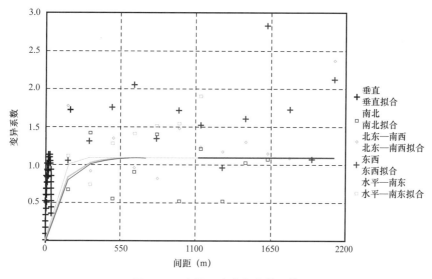

图 3-13　空间四个方向变差函数

（3）通过变异函数拟合求取建模所需参数，如长宽比、宽厚比、最大变程走向等（图 3-14）。

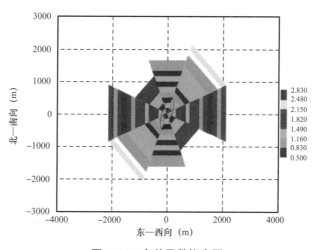

图 3-14　变差函数拟合图

确定网格单元大小为 50m×50m×0.125m，网格总数为 56×47×385=1013320 个；建立了克下组（$T_2k_1$）$S_7^{2-2}$、$S_7^{2-3}$、$S_7^{3-1}$、$S_7^{3-2}$、$S_7^{3-3}$、$S_7^{4-1}$ 共 6 个单层砂组孔隙度、渗透率的三维立体模型。

## 七、二元驱控制程度

二元驱控制程度主要取决于油层地质条件和聚合物的性能，与水驱控制程度不同，而与聚合物驱控制程度一致。二元驱控制程度不仅要考虑油层平面上的连通状况和连通方向（程度），而且由于聚合物分子尺寸远大于水分子尺寸，油层中一部分较小的孔隙只允许水分子通过而不允许聚合物分子通过，从而减少了聚合物溶液实际控制程度，因此，还应考虑聚合物分子能够进入的孔隙体积大小。二元驱控制程度可以用聚合物驱控制程度计算公式计算。

以井组为单元的聚合物驱控制程度公式为：

$$\eta_{聚} = \left( V_{聚} / V_{总} \right) \times 100\% \tag{3-5}$$

式中　$\eta_{聚}$——聚合物驱控制程度，%；

　　　$V_{聚}$——聚合物分子可波及的油层孔隙体积，$m^3$；

　　　$V_{总}$——总孔隙体积，$m^3$。

而聚合物分子可波及的油层孔隙体积可采用式（3-6）计算：

$$V_{聚} = \sum_{j=1}^{m}\left[ \sum_{i=1}^{n}(S_{聚i} \cdot H_{聚i} \cdot \phi) \right] \tag{3-6}$$

式中　$S_{聚i}$——第 $j$ 油层中第 $i$ 井组聚合物驱井网可波及面积，$m^2$；

　　　$H_{聚i}$——第 $j$ 油层中第 $i$ 井组聚合物分子可波及的注采连通厚度，m；

　　　$\phi$——孔隙度，%；

　　　$n$——样本数；

　　　$m$——整体数量。

通过建立油藏地质模型可以计算出不同渗透率条件下的孔隙体积所占的比例。不同渗透率条件下储层孔隙体积可以理解为选择合适聚合物能够波及的范围，即聚合物驱控制程度。七中区二元驱试验区如果保持聚合物驱控制程度大于 70%，则选择的聚合物需要进入渗透率大于 10mD 以上的储层。砾岩储层非均质性严重，各小层之间的差异较大，当主力层 $S_7^{2-3}$、$S_7^{3-1}$、$S_7^{3-2}$ 聚合物驱控制程度大于 70% 时，选择的聚合物需要进入渗透率大于 30mD 以上的储层；当非主力层 $S_7^{2-2}$、$S_7^{3-3}$ 聚合物驱控制程度大于 70% 时，选择的聚合物需要进入渗透率大于 10mD 以上的储层，而当 $S_7^{4-1}$ 层聚合物驱控制程度大于 70% 时，选择的聚合物需要进入渗透率小于 10mD 以下的储层。

## 八、油藏压力、温度及流体性质

### 1. 油藏压力、温度系统

七中区克下组砾岩油藏原始地层压力为 16.1MPa，饱和压力为 14.12MPa，压力系数为 1.4，地层温度为 40℃（表 3-14）。

表 3-14　七中区克下组砾岩油藏压力温度系统表

| 中部海拔（m） | 油层中部深度（m） | 原始地层压力（MPa） | 油藏高度（m） | 压力系数 | 饱和压力（MPa） | 地层饱和压差（MPa） | 饱和程度（%） | 地层温度（℃） |
|---|---|---|---|---|---|---|---|---|
| -875 | 1146 | 16.1 | 240 | 1.40 | 14.12 | 1.98 | 87.9 | 40 |

## 2. 油藏流体性质

七中区克下组砾岩油藏地面原油密度为 0.858g/cm³，40℃时，地面原油黏度为 17.85mPa·s，酸值 0.2～0.90mg（KOH）/g（油），含蜡量为 2.67%～6.0%（表 3-15）。

表 3-15　七中区克下组砾岩油藏地面原油性质表

| 地面原油密度（g/cm³） | 黏度（mPa·s） | | | | 酸值 mg（KOH）/g（油） | 含蜡量（%） | 凝固点（℃） |
|---|---|---|---|---|---|---|---|
| | 20℃ | 30℃ | 40℃ | 50℃ | | | |
| 0.858 | 80.30 | 24.57 | 17.85 | 15.98 | 0.2～0.9 | 2.67～6.00 | -20～4 |

七中区克下组砾岩油藏天然气、原始地层水性质见表 3-16。

表 3-16　七中区克下组砾岩油藏流体性质表

| 地层水型 | NaHCO₃ |
|---|---|
| 地层水矿化度（mg/L） | 13700～14800 |
| 天然气密度（g/cm³） | 0.767 |
| 甲烷含量（%） | 76 |

据目前七中区克下组二元驱试验区地层水水质分析，水型为 NaHCO₃ 型，矿化度为 8245.0mg/L，Cl⁻ 含量为 3511.0mg/L，Ca²⁺、Mg²⁺ 含量较高，分别为 113.1mg/L、38.1mg/L（表 3-17）。

表 3-17　试验区地层水性质表

| 分析项目 | $HCO_3^-$ | $Cl^-$ | $SO_4^{2-}$ | $Ca^{2+}$ | $Mg^{2+}$ | $K^++Na^+$ | 矿化度 | 类型 |
|---|---|---|---|---|---|---|---|---|
| 含量（mg/L） | 2912.4 | 3511.0 | 84.6 | 113.1 | 38.1 | 3023.3 | 8245.0 | NaHCO₃ |

# 九、储量计算及评价

## 1. 石油地质储量

石油地质储量采用容积法计算，其公式为：

$$N = \frac{100Ah\phi S_{oi}\rho_{oi}}{B_{oi}} \qquad (3-7)$$

式中　$N$——石油地质储量，$10^4$t；

$\quad\quad$ $A$——含油面积；$km^2$；

$\quad\quad$ $h$——有效厚度，m；

$\quad\quad$ $\phi$——有效孔隙度，%；

$\quad\quad$ $S_{oi}$——含油饱和度，%；

$\quad\quad$ $\rho_{oi}$——地面原油密度，$g/cm^3$；

$\quad\quad$ $B_{oi}$——地层原油体积系数。

试验区面积为 1.21km²，有效厚度为 11.6m，原始地质储量为 120.8×10⁴t。中心井区面积为 0.40km²，有效厚度为 13.3m，原始地质储量为 44.1×10⁴t。水平井区面积为 0.13km²，有效厚度为 7.2m，原始地质储量为 8.5×10⁴t（表 3-18）。

表 3-18　七中区复合驱试验各区储量计算参数表

| 区域 | 面积（km²） | 有效厚度（m） | 孔隙度（%） | 含油饱和度（%） | 原油密度（g/cm³） | 体积系数 | 地质储量（10⁴t） |
|---|---|---|---|---|---|---|---|
| 试验区 | 1.21 | 11.6 | 17.5 | 69 | 0.858 | 1.205 | 120.83 |
| 中心井区 | 0.40 | 13.3 | 17.0 | 69 | 0.858 | 1.205 | 44.11 |
| 水平井区 | 0.13 | 7.2 | 18.4 | 69 | 0.858 | 1.205 | 8.45 |

### 2. 储量分布及评价

试验区目的层段 $S_7^{2-2}$、$S_7^{2-3}$、$S_7^{3-1}$、$S_7^{3-2}$、$S_7^{3-3}$、$S_7^{4-1}$ 六个单层为储量计算的基本单元，整个试验区目的层段的储量为各砂层储量之和。试验区地质储量为 120.83×10⁴t，储量丰度为 99.9×10⁴t/km²，单储系数为 8.6×10⁴t/（km²·m），储量分布以 $S_7^{3-1}$、$S_7^{3-2}$ 小层为主，占 51.5%（表 3-19）。

表 3-19　试验区各小层原始地质储量计算表

| 层位 | 面积（km²） | 有效厚度（m） | 孔隙度（%） | 饱和度（%） | 原油密度（g/cm³） | 体积系数 | 地质储量（10⁴t） | 储量丰度（10⁴t/km²） | 单储系数（10⁴t·km⁻²·m⁻¹） |
|---|---|---|---|---|---|---|---|---|---|
| $S_7^{2-2}$ | 0.75 | 1.4 | 18.1 | 68 | 0.858 | 1.205 | 9.20 | 12.3 | 8.8 |
| $S_7^{2-3}$ | 1.12 | 1.9 | 17.0 | 69 | 0.858 | 1.205 | 17.77 | 15.9 | 8.4 |
| $S_7^{3-1}$ | 1.19 | 3.0 | 18.6 | 69 | 0.858 | 1.205 | 32.62 | 27.4 | 9.1 |
| $S_7^{3-2}$ | 1.18 | 2.8 | 18.2 | 69 | 0.858 | 1.205 | 29.54 | 25.0 | 8.9 |
| $S_7^{3-3}$ | 1.11 | 2.1 | 16.9 | 68 | 0.858 | 1.205 | 19.07 | 17.2 | 8.2 |
| $S_7^{4-1}$ | 0.94 | 1.7 | 16.3 | 68 | 0.858 | 1.205 | 12.61 | 13.4 | 7.9 |
| 合计 | 1.21 | 11.6 | 17.5 | 69 | 0.858 | 1.205 | 120.83 | 99.9 | 8.6 |

中心井区地质储量为 $44.11 \times 10^4$t，储量丰度为 $110.3 \times 10^4$t/km²，单储系数为 $8.3 \times 10^4$t/（km²·m），储量分布以 $S_7^{3-1}$、$S_7^{3-2}$ 小层为主，占 51.0%（表 3-20）。水平井区设计目的层段为 $S_7^{3-1}$、$S_7^{3-2}$，地质储量为 $8.45 \times 10^4$t，小层储量计算结果见表 3-21。

表 3-20　中心井区各小层原始地质储量计算表

| 层位 | 面积（km²） | 有效厚度（m） | 孔隙度（%） | 饱和度（%） | 原油密度（g/cm³） | 体积系数 | 地质储量（10⁴t） | 储量丰度（10⁴t/km²） | 单储系数（10⁴t·km⁻²·m⁻¹） |
|---|---|---|---|---|---|---|---|---|---|
| $S_7^{2-2}$ | 0.25 | 1.4 | 18.1 | 68 | 0.858 | 1.205 | 3.07 | 12.3 | 8.8 |
| $S_7^{2-3}$ | 0.38 | 1.9 | 17.0 | 69 | 0.858 | 1.205 | 6.03 | 15.9 | 8.4 |
| $S_7^{3-1}$ | 0.40 | 3.1 | 18.6 | 69 | 0.858 | 1.205 | 11.33 | 28.3 | 9.1 |
| $S_7^{3-2}$ | 0.39 | 3.2 | 18.2 | 69 | 0.858 | 1.205 | 11.16 | 28.6 | 8.9 |
| $S_7^{3-3}$ | 0.36 | 2.0 | 16.9 | 68 | 0.858 | 1.205 | 5.89 | 16.4 | 8.2 |
| $S_7^{4-1}$ | 0.35 | 2.4 | 16.3 | 68 | 0.858 | 1.205 | 6.63 | 18.9 | 7.9 |
| 合计 | 0.40 | 13.3 | 17.0 | 69 | 0.858 | 1.205 | 44.11 | 110.3 | 8.3 |

表 3-21　水平井区各小层原始地质储量计算表

| 层位 | 面积（km²） | 有效厚度（m） | 孔隙度（%） | 饱和度（%） | 原油密度（g/cm³） | 体积系数 | 地质储量（10⁴t） |
|---|---|---|---|---|---|---|---|
| $S_7^{3-1}$ | 0.13 | 3.3 | 18.6 | 69 | 0.858 | 1.205 | 3.92 |
| $S_7^{3-2}$ | 0.13 | 3.9 | 18.2 | 69 | 0.858 | 1.205 | 4.53 |
| 合计 | 0.13 | 7.2 | 18.4 | 69 | 0.858 | 1.205 | 8.45 |

# 第二节　二元复合驱驱油体系设计

## 一、二元体系微观驱油机理研究

二元驱油体系方案设计需要微观机理的支撑。本节用刻蚀模型从微观探索砾岩油藏二元复合驱驱油机理，从水驱后残余油分布特征、驱油过程中油滴（油带）的运移规律和复合驱后残余油的分布三方面探索二元驱的微观驱油机理。

### 1. 亲水模型上的驱油机理

亲水微观刻蚀模型经过水驱后剩余油的分布如图 3-15 所示。水驱后的剩余油分布形态多样，主要分布在孔隙间的交汇处、部分较大的孔隙中、狭小的喉道和盲端内，水驱后在模型中可明显地看到存在着大量的剩余油斑块。

当二元体系进入孔隙中时，首先沿着孔隙的边缘进入充满水的较大的孔道中。复合驱溶液首先启动孔隙中的小油滴，然后随着压差增大，克服了部分毛细管力，将较细喉道中的剩余油驱出，增大了复合驱的波及面积，改善了绕流现象；在二元复合驱油压差不大于水驱油压差的条件下，由于剩余油和复合驱溶液之间的剪切应力大于油水之间的剪切应力，储存在大孔隙中的大油滴在复合驱溶液的作用下逐渐变形，在变形的过程中，化学剂通过对油的剪切拖拽作用从大油斑上剪切下来形成一个个小油滴，即复合驱溶液的剪切作用，复合驱溶液夹带着小油珠将其带走，通过喉道向前运移[1, 2]。

二元复合驱驱替亲水微观模型内剩余油的机理可以概述为以下三点。

1）小油滴启动

当二元体系的前缘进入模型中时，复合剂与地层水汇合互溶，使黏附在孔壁的小油滴重新运移，而大部分水驱剩余油仍滞留不动。二元体系驱动小油滴运移如图3-16所示，在图3-16中可以看到小油珠随着复合剂向前运移。由于微观模型内孔隙的非均匀性，喉道大小不同，注入的化学剂首先会进入大孔道中，而小孔道没有化学剂流过，即化学剂存在着绕流现象[3, 4]。图3-16中，1处和2处属于小喉道，内部的剩余油没有变化，小油滴流动沿着1处和2处之间的较大孔道流动，微观模型的非均匀性不利于模型内剩余油的启动。

图3-15　亲水微观刻蚀模型水驱后
剩余油分布

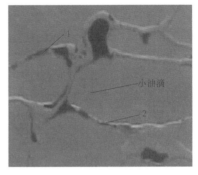

图3-16　亲水模型二元复合驱开始阶段
小油滴启动

2）剥蚀、乳化现象

当复合剂浓度进一步提高时，在模型中可以看到滞留的原油被剥蚀、乳化成小油珠，形成水包油型乳状液随着复合剂向前运移，此时驱油效果最好，也是复合剂驱油的主要阶段。在表面活性剂的作用下大油滴与溶液的界面张力降低，油块容易变形，在复合驱溶液的剪切作用力下被拉长、剥离，之后被乳化（图3-17）。

在图3-17（a）（b）中，在孔隙交汇处的原油变形被剥蚀、乳化，小油珠顺利通过喉道，化学剂携带着乳化的小油珠运移。在这种剥蚀、乳化作用下，在喉道处滞留的大油块部分地被剥离，反复地进行这样的过程，最终，大油块逐渐被驱替出来。在图3-17（c） （d）中，可以观察到黑色的小油滴在复合驱溶液的带动下通过孔隙通道，向出口端运移。剥蚀、乳化阶段是复合驱驱替剩余油的主要阶段，经过此阶段的驱替，复合剂所经过的孔道中剩余油减少许多。

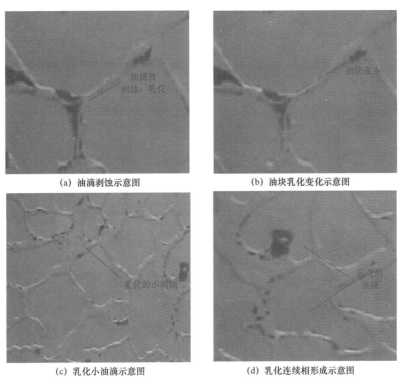

(a) 油滴剥蚀示意图    (b) 油块乳化变化示意图

(c) 乳化小油滴示意图    (d) 乳化连续相形成示意图

图 3-17　亲水模型内剩余油在二元体系作用下被剥蚀、乳化

### 3）波及面积增大

与水驱相比，复合驱中聚合物的加入可以使注入液的黏度增大，在一定程度上可以改善非均质性造成的严重的绕流现象。如图 3-18 所示，在一些较狭长的喉道内，复合驱化学剂由于具有较大的驱动压差，可以波及水驱无法驱替的区域，狭长喉道中的油相在复合驱溶液的作用下被驱走。因此，二元复合驱可以增大波及面积。

上述流动机理说明，复合驱能在提高洗油效率和增大波及面积两个方面提高原油采收率[5]。

### 2. 亲油模型上二元驱驱油机理

通过在亲水模型中注入 0.1% 的二甲基二氯硅烷苯溶液，放置 24h 后，得到了亲油微观模型。亲油微观模型水驱后剩余油分布如图 3-19 所示。

亲油模型与亲水模型相比，可以看到水驱后剩余油主要分布在较狭窄的喉道中，在孔隙的内壁上分布着较厚的油膜，大孔隙中含有剩余油。此外由于砾岩介质的严重非均匀性和孔隙结构的复杂性，在孔隙的盲端、流向垂直的喉道中和模型的边缘水驱剩余油较多。

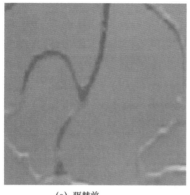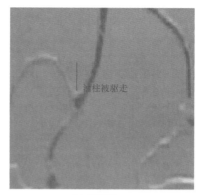

(a) 驱替前　　　　　　　　　　　(b) 驱替后

图 3-18　亲水微观模型狭窄喉道内油柱的变形运移

在二元化学剂驱替亲油模型的剩余油过程中可以看到，二元化学剂在亲油模型中的流动情况与水在亲油模型中的流动类似，化学剂溶液沿着喉道的中轴部位流动，油则沿着孔道内壁流动。在亲油模型中，虽然剩余油也存在着被剥蚀、乳化现象，但剩余油的流动主要是通过孔隙内壁上油膜的连通，通过这种方式，复合驱溶液将孔隙内的水驱剩余油驱出。

在亲油模型中，二元化学剂驱替剩余油的渗流机理主要有以下两种。

1）油膜桥接与沿壁流动

在化学剂溶液的驱动作用下，孔道内壁上的剩余油逐渐变厚，当厚度增加到一定程度时，在化学剂溶液的剪切拖拽作用下，油相会被拉长，上游的油相会产生桥接现象，这样上游颗粒的剩余油流到下游颗粒的表面上，剩余油按照相同的方式逐步运移到下游，进而被采出（图 3-20）。

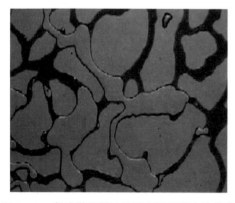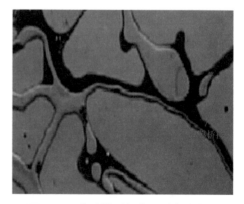

图 3-19　亲油微观刻蚀模型水驱后剩余油分布　　　图 3-20　亲油模型复合驱剩余油流动

在二元复合驱驱动亲油微观模型内的剩余油中可以观测到很多的"油膜桥接"现象，这种现象是由模型的亲油性决定的[6]。由于剩余油滞留在岩石颗粒表面，复合驱溶液中聚合物具有一定的黏弹性，剩余油能够顺利地沿着颗粒表面变形，在化学剂的动力作用下，剩余油会发生运移，颗粒两侧的油珠会很容易地"桥接"在一起[7]。这种现象容易发生在剩余油比较富集的较大孔道中，但是在一些孤立的小喉道中，化学剂无法进入这些小喉道中，内部的油相无法被驱替出，容易形成复合驱剩余油。

2）剥蚀、乳化现象

与亲水模型相似，在二元复合驱驱替亲油模型中的水驱剩余油时也普遍存在着剥蚀、乳化现象。在图3-21（a）中，可以看到很多小油滴，这就是剥蚀、乳化的结果。岩石颗粒表面的剩余油在化学剂的携带作用下向出口端运移，由于二元复合驱溶液中的表面活性剂能降低油相和水相之间的界面张力，使剩余油容易被乳化，剩余油同时受到聚合物的剪切作用，当剪切力达到一定程度时剩余油被剥离成小油珠，在化学剂的驱动下运移[8-10]。

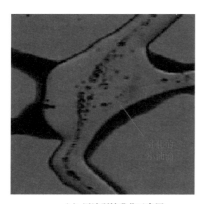 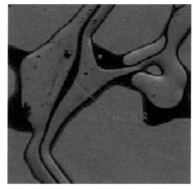

(a) 原油剥蚀乳化示意图　　　　　　　(b) 原油拉丝示意图

图3-21　亲油模型复合驱剩余油的拉丝和乳化现象

在亲油模型二元复合驱过程中，存在着"拉丝"现象，如图3-21（b）所示。由于复合驱溶液中聚合物的黏弹性，剩余油容易变形，岩石颗粒表面的剩余油在化学剂溶液的携带作用下沿着流体流动的方向拉出很长的油丝，这种油丝可以在化学剂溶液中摆动。当油丝搭连在相邻的岩石颗粒上时，会和颗粒上的油膜汇集在一起，形成油桥，油相就沿着油桥向下游运移[11]。当化学剂溶液的剪切应力达到一定程度时油丝会被拉断，油丝形成小油滴，油滴迅速被溶液夹带流走。

在亲油模型中观察到很多的桥接和拉丝现象[12]，这是由于复合体系使剩余油变形，加上亲油模型中剩余油滞留在颗粒表面，两种因素决定了亲油模型内复合驱驱动剩余油的流动模式。此外，在剩余油较多的区域，复合剂和剩余油形成了少数的油包水乳状液，但在复合剂流动的孔道中，主要为水包油乳状液，如图3-22所示。

与亲水模型的驱替结果相比，亲油模型的驱替效果明显不如亲水模型的效果好。由于模型的亲油性，油相主要滞留在颗粒的表面，而化学剂是沿着孔道的中轴部位运移，在颗粒表面积较大的区域水驱剩余油不易被驱替出来，产生的剩余油与亲水模型相比较多。

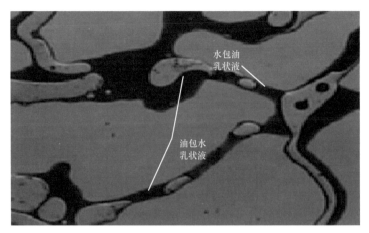

图 3-22　亲油模型复合驱油内的油包水及水包油乳状液

## 二、二元体系剥离油滴机理研究

### 1. 表面活性剂剥离亲油表面油膜性能研究

在以往的化学复合驱技术研究中，更多的是将焦点集中于降低油水界面张力性能研究之上，而在化学复合驱体系改变岩石表面润湿性、启动亲油表面附着的残余油膜的性能研究方面，所做的工作十分有限[13, 14]。本研究使用 OCA20 视频光学接触角测定仪，通过系统测定不同的化学复合驱体系对克拉玛依原油在典型矿片上的接触角，对驱油用表面活性剂复合体系启动疏水（亲油）表面油膜的性能进行了研究。

1）模拟地层水中原油在经 DCMPS 疏水处理剂处理的石英矿片上接触角

采用捕滴法（Captive Bubble）和常规躺滴法（Normal Sessile Drop），模拟地层水中原油在经 DCMPS 疏水处理剂处理的石英矿片上的平衡接触角，测定结果如图 3-23 所示。

由图 3-23 可见：在模拟地层水中，采用捕滴法和常规躺滴法测定的原油在经 DCMPS 疏水处理剂处理的石英矿片上的平衡接触角（$\theta$）分别为 23.9° 和 26.1°，两种方法测定的结果基本吻合，说明经 DCMPS 疏水处理剂处理的石英矿片具有疏水（亲油）特性。

2）磺酸盐表面活性剂浓度对原油在疏水石英矿片上接触角的影响

采用常规躺滴法，不同浓度的石油磺酸盐溶液中原油在 DCMPS 处理石英矿片上的接触角测定结果汇总于表 3-22。由表 3-22 可见：对于本研究所使用的原油，总浓度为 0.05%～0.2% SP-DR 表面活性剂一元溶液，其油水界面张力仅为 0.34～0.021mN/m，原油在疏水石英矿片上的接触角为 16.5°～29.6°，其接触角值与在模拟地层水中测定的结果差别不大，由此说明在本研究实验条件下，界面张力较高的磺酸盐表面活性剂稀溶液无法使疏水表面向亲水方向转化，其启动亲油表面残余油膜的能力较差。

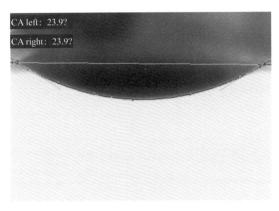

(a) 捕滴法测定

(b) 常规躺滴法

图 3-23　模拟地层水中原油在经 DCMPS 疏水处理剂处理的石英矿片上的接触角

表 3-22　磺酸盐表面活性剂溶液中原油在 DCMPS 处理石英矿片上的接触角

| 体系 | 接触角 $\theta$（°） | 油水界面张力（mN/m） |
| --- | --- | --- |
| 0.05%SP-DR | 16.5 | 0.340 |
| 0.10%SP-DR | 29.6 | 0.054 |
| 0.15%SP-DR | 25.4 | 0.032 |
| 0.20%SP-DR | 25.8 | 0.021 |

**3）不同表面活性剂二元体系和三元体系对原油在疏水石英矿片上接触角的影响**

采用常规躺滴测试方法，不同类型的表面活性剂二元和三元复合体系中，原油在疏水石英矿片上接触角测定结果汇总于表 3-23，由表 3-23 可见：在界面张力较高的 0.3%KPS+0.12%KYPAM 二元体系中，原油在疏水石英矿片上接触角在较长的时间内保持在 41.1°，表明其启动亲油表面残余油膜的能力较差。油水界面张力接近或达到超低，特别是含碱的复合体系，原油与矿片接触后，接触角即随接触时间增加而迅速增大，并从油相主体分离出小油滴上浮，即其更易于有效启动亲油表面油膜[15]。化学复合驱体系的组成和界面张力性质对原油在疏水石英矿片表面上的接触角影响较大；油水界面张力接近或达到超低，特别是含 KPS 石油磺酸盐的复合体系更易于有效启动亲油表面油膜，油滴剥离的时间显著减小。

表3-23 不同表面活性剂的复合体系中，原油在疏水石英矿片上接触角

| 表面活性剂样品 | 常规躺滴法 | | 界面张力（mN/m） |
| --- | --- | --- | --- |
| | 接触角 θ（°） | 小油滴脱离时间（s） | |
| 0.3%KPS+0.12%KYPAM | 41.1 | — | $5.4 \times 10^{-2}$ |
| 0.3%OP6+0.12%KYPAM | 原油与矿片接触后，接触角即随接触时间增加而迅速增大，并从油相主体分离出小油滴上浮 | 1475 | $3.8 \times 10^{-2}$ |
| 0.3%LS+0.12%KYPAM | | 415 | $1.6 \times 10^{-3}$ |
| 0.3%SP+927+0.12%KYPAM | | 390 | $3.2 \times 10^{-3}$ |
| 0.3%KPS+1.0%Na₂CO₃+0.15%KYPAM | 油滴附着于矿片表面后即呈拉丝状上浮 | 3 | $2.0 \times 10^{-3}$ |

## 2. 剥离油滴的扩散特性

在研究过程中发现将油滴滴在表面活性剂溶液上，在不同的表面活性剂溶液上油滴扩散行为差异性极大[16]，对比 SP-927 和 KPS 两种表面活性剂，前者几乎没有观察到油滴扩散现象，即使在试验室放置 24h 也是如此。

图 3-24 为油滴在二元配方 0.3%KPS+0.12%KY-2 溶液上的扩散，测量其在不同时间油滴扩散成膜的油膜直径，其径向扩散速度满足方程（3-8），油膜半径增大的速度与时间成线性关系，这个结果与油滴在矿片上剥离速度的结果相一致。

$$v = \frac{\partial r}{\partial t} = 131.23t + 396.62 \qquad (3-8)$$

式中 $v$——扩散速度，mm/h；

$r$——油膜半径，mm；

$t$——时间，h。

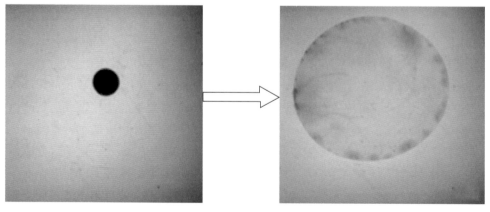

图 3-24 七中区原油在 KPS 二元体系上的扩散

## 三、二元驱多孔介质渗流与乳化规律研究

乳状液体系组成和性质复杂，二元驱过程中乳状液的形成是化学剂、油相、水相、多孔介质相互作用的结果。为了能够准确研究乳化产生的位置、时机、强度以及乳状液形成的机理，依据现场乳化真实情况和室内乳化评价，进行多取样点长岩心模拟驱油实验来反映地层中乳化现象的发生及其乳状液在地层中的渗流运移情况。

研究了二元复合体系在多孔介质中的运移和渗流情况，聚合物与表面活性剂的色谱分离情况。通过在长岩心装置各点取样研究了乳化产生的位置、时机，乳化作用与化学剂运移的关系。

### 1. 实验部分

#### 1）实验试剂及仪器

实验试剂：新疆七中区原油、航空煤油、模拟油（由七中区原油和航空煤油配制，40℃时黏度9.7mPa·s）；KPS表面活性剂（有效含量30.2%，平均相对分子质量380）；氯化钠、氯化钙、氯化镁、硫酸钙、碳酸氢钠；聚合物（部分水解聚丙烯酰胺，分子量1000万）；石英砂（80目、240目）；模拟地层水及注入水参数见表3-24。

表3-24　新疆七中区模拟地层水离子含量

| 类别 | $HCO_3^-$ | $Cl^-$ | $SO_4^{2-}$ | $Ca^{2+}$ | $Mg^{2+}$ | $Na^++K^+$ | 矿化度（mg/L） |
|---|---|---|---|---|---|---|---|
| 浓度（mg/L） | 762.75 | 1063.59 | 114.10 | 28.60 | 19.30 | 1023.27 | 3011.61 |

实验仪器：FY-31型恒温箱、ISCO计量泵、电子天平（YP30001）、1000mL中间容器、精密压力表、2XZ-8高速真空泵、Agilent高效液相色谱仪、BROOKFIELD锥板黏度计（DVⅡ-T）、烘箱、生物荧光显微镜。驱替实验装置如图3-25所示，选用6根100cm×2.5cm填砂管模型（3根直管，3根半圆管），每根模型管中间设置取样点，取样点距离主入口分别为0.5m、1.5m、2.5m、3.5m、4.5m、5.5m、6m，除出口外，主入口和其他6个取样点分别连接有压力感应器。

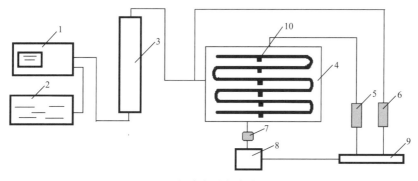

图3-25　长岩心乳化实验装置图

1—ISCO泵；2—模拟水；3—中间容器；4—物理模型；5，6，7—压力传感器；8—计算机；9—数据采集系统；10—取样点

2）实验步骤及分析方法

制备长岩心：（1）将 80 目和 200 目的石英砂烘干 24h，按照质量比 1：2 混合均匀；（2）称取 5700g 石英砂，分为三等分，每份 1900g，将模型管连接成 3 根"L"形管，加入石英砂，振动模型管保证石英砂分布均匀；（3）将模型管连接，测试气密性和气测渗透率；（4）长岩心抽真空 72h，饱和模拟地层水 48h，计算孔隙体积及孔隙度，利用模拟地层水测定渗透率（表 3-25）。

表 3-25 填砂模型岩心参数

| 参数 | 长度（cm） | 直径（cm） | 孔隙体积（mL） | 孔隙度（%） | 饱和油体积（mL） | 渗透率（mD） | 含油饱和度（%） | 取样点个数 |
|---|---|---|---|---|---|---|---|---|
| 数值 | 600 | 2.5 | 888.926 | 30.19 | 643.3 | 184.01 | 72.37 | 7 |

实验步骤：（1）将模型在 40℃恒温箱中老化一周，进行饱和模拟油至出口端量筒水体积 3h 内不再增加，记录饱和油体积，计算原始含油饱和度、束缚水饱和度，在 40℃下老化一周后进行驱替实验；（2）根据新疆油田现场注入速度，结合孔隙体积，以 0.12346mL/min 注入速度进行水驱，采出液含水率大于 98% 时停止水驱，计算采收率；（3）进行二元驱，二元体系为 0.3%KPS+HPAM 1000mg/L，每注入 0.1PV 的二元复合体系后，在采样点采集 3mL 的液体，按设计量共驱入二元体系 2.0PV，排除取样损失共注入二元体系 2.5PV；（4）进行后续水驱阶段，每注入 0.1PV 的模拟水后，在各采样点采集 3mL 的液体，直到出口端含水率达 98% 时结束，计算总采收率，检测分析各取样点样品化学剂浓度、黏度、乳状液粒径等参数。考虑取样对驱替的影响，各点实际注入量见表 3-26。

表 3-26 各取样点实际注入体积对照表

| 注入体积（PV） | 各点实际注入体积（PV） | | | | | | |
|---|---|---|---|---|---|---|---|
| | 50cm | 150cm | 250cm | 350cm | 450cm | 550cm | 600cm |
| 二元驱 0.1 | 0.1 | 0.10 | 0.09 | 0.09 | 0.08 | 0.08 | 0.07 |
| 0.2 | 0.2 | 0.19 | 0.18 | 0.17 | 0.16 | 0.15 | 0.15 |
| 0.3 | 0.3 | 0.29 | 0.27 | 0.26 | 0.25 | 0.24 | 0.22 |
| 0.4 | 0.4 | 0.38 | 0.37 | 0.35 | 0.33 | 0.31 | 0.30 |
| 0.5 | 0.5 | 0.48 | 0.46 | 0.44 | 0.41 | 0.39 | 0.37 |
| 0.6 | 0.6 | 0.57 | 0.55 | 0.52 | 0.50 | 0.47 | 0.45 |
| 0.7 | 0.7 | 0.67 | 0.64 | 0.61 | 0.58 | 0.54 | 0.52 |
| 0.8 | 0.8 | 0.76 | 0.73 | 0.69 | 0.65 | 0.62 | 0.58 |
| 0.9 | 0.9 | 0.86 | 0.82 | 0.78 | 0.73 | 0.69 | 0.66 |

续表

| 注入体积<br>（PV） | | 各点实际注入体积（PV） | | | | | | |
| | | 50cm | 150cm | 250cm | 350cm | 450cm | 550cm | 600cm |
|---|---|---|---|---|---|---|---|---|
| 二元驱 | 1.0 | 1.0 | 0.95 | 0.91 | 0.86 | 0.82 | 0.77 | 0.73 |
| | 1.1 | 1.1 | 1.05 | 1.00 | 0.95 | 0.90 | 0.85 | 0.80 |
| | 1.2 | 1.2 | 1.14 | 1.09 | 1.04 | 0.98 | 0.92 | 0.88 |
| | 1.3 | 1.3 | 1.24 | 1.18 | 1.12 | 1.06 | 1.00 | 0.95 |
| | 1.4 | 1.4 | 1.34 | 1.27 | 1.21 | 1.14 | 1.08 | 1.02 |
| | 1.5 | 1.5 | 1.43 | 1.36 | 1.29 | 1.22 | 1.15 | 1.09 |
| | 1.6 | 1.6 | 1.53 | 1.45 | 1.38 | 1.31 | 1.23 | 1.17 |
| | 1.7 | 1.7 | 1.62 | 1.54 | 1.47 | 1.39 | 1.31 | 1.24 |
| | 1.8 | 1.8 | 1.72 | 1.63 | 1.55 | 1.47 | 1.39 | 1.31 |
| | 1.9 | 1.9 | 1.81 | 1.72 | 1.64 | 1.55 | 1.47 | 1.38 |
| | 2.0 | 2.0 | 1.91 | 1.82 | 1.73 | 1.63 | 1.54 | 1.45 |
| | 2.1 | 2.1 | 2.00 | 1.91 | 1.81 | 1.72 | 1.62 | 1.52 |
| | 2.2 | 2.2 | 2.10 | 2.00 | 1.90 | 1.80 | 1.70 | 1.60 |
| | 2.3 | 2.3 | 2.19 | 2.09 | 1.99 | 1.88 | 1.78 | 1.67 |
| | 2.4 | 2.4 | 2.29 | 2.18 | 2.07 | 1.96 | 1.85 | 1.74 |
| | 2.5 | 2.5 | 2.38 | 2.27 | 2.16 | 2.04 | 1.93 | 1.81 |
| 后续水驱 | 2.6（水0.1） | 2.6 | 2.48 | 2.36 | 2.25 | 2.13 | 2.00 | 1.89 |
| | 2.7（水0.2） | 2.7 | 2.57 | 2.45 | 2.34 | 2.21 | 2.08 | 1.96 |
| | 2.8（水0.3） | 2.8 | 2.67 | 2.54 | 2.42 | 2.29 | 2.16 | 2.03 |
| | 2.9（水0.4） | 2.9 | 2.77 | 2.63 | 2.50 | 2.37 | 2.23 | 2.10 |
| | 3.0（水0.5） | 3.0 | 2.86 | 2.72 | 2.59 | 2.45 | 2.31 | 2.17 |
| | 3.1（水0.6） | 3.1 | 2.96 | 2.81 | 2.67 | 2.53 | 2.39 | 2.24 |
| | 3.2（水0.7） | 3.2 | 3.05 | 2.90 | 2.76 | 2.61 | 2.46 | 2.31 |
| | 3.3（水0.8） | 3.3 | 3.15 | 2.99 | 2.84 | 2.69 | 2.53 | 2.38 |
| | 3.4（水0.9） | 3.4 | 3.24 | 3.08 | 2.93 | 2.77 | 2.61 | 2.45 |
| | 3.5（水1.0） | 3.5 | 3.33 | 3.17 | 3.01 | 2.85 | 2.68 | 2.52 |
| | 3.6（水1.1） | 3.6 | 3.43 | 3.26 | 3.10 | 2.93 | 2.76 | 2.59 |
| | 3.7（水1.2） | 3.7 | 3.52 | 3.34 | 3.18 | 3.00 | 2.83 | 2.66 |

分析方法：样品中化学剂浓度采用高效液相色谱仪分析（色谱柱由中国科学院兰州化学物理所提供）；采出液黏度分析采用 BROOKFIELD DV Ⅱ -T 锥板黏度计；乳状液分析采用生物荧光显微镜。

## 2. 二元复合驱注采情况分析

### 1）采收率及含水率变化

通过长岩心模型模拟了油藏水驱和二元驱的状态，在水驱过程中发现，在水驱初期，采收率随着注入水量增加迅速上升；当注入水突破后，含水率急剧增加到 80% 以上，并且持续增加，采收率增加缓慢。含水率高于 98% 后转入二元驱，水驱阶段采收率为 48.93%，水驱结束注入压力达到 0.5MPa（图 3-26）。

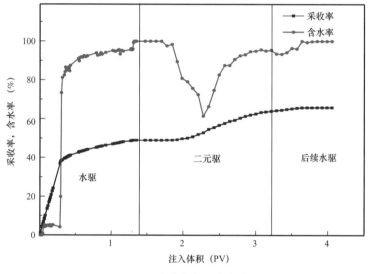

图 3-26　含水率与采收率变化

注入二元复合体系后，出口端含水率并未立即降低，在注入二元体系 0.40（0.30）PV 后出口端含水率开始降低，随着二元体系注入，含水率持续降低，在注入二元体系 1.2（0.88）PV 时含水率降低达到最大值，随后含水率开始升高，二元驱结束出口端含水率达到 93%。

二元驱结束后进行后续水驱，出口端共计提高采收率 17.88%，加上各取样点累计采油，总共提高采收率可达 34.67%（图 3-27）。二元驱过程中聚合物与表面活性剂协同发挥作用，聚合物降低了驱替相的相对渗透率，克服注水指进，增加了吸水厚度，提高波及系数；表面活性剂降低界面张力和黏附功，使残余油乳化、剥离、拉丝，易于启动；在岩心剪切作用下，化学剂与原油产生乳化，乳状液能够改变流度比，通过对不同孔隙进行堵塞、改变流向，通过挤压、剥蚀、改变孔隙亲油阻力提高流体的波及系数和流动能力。

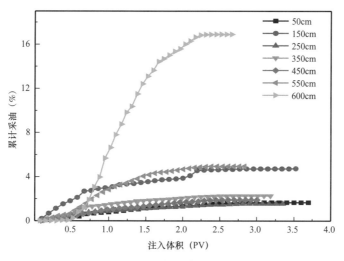

图 3-27 各点累计采油变化

50cm、250cm、350cm、450cm 处采出油体积分别低于 150cm、550cm 处，主要是因为驱替过程中在这两点有类似油墙现象出现，在这两点出现含水率迅速下降的情况，注入二元体系后，岩心出口整体含水率最高下降了 21 个百分点，含水率下降在距入口50cm 和 550cm 处变化最为明显。如图 3-28 所示，150cm 取样点处含水率降低最高可达到 100%，550cm 处含水率最高下降 77%；通过含水率变化认为在驱替过程中形成了油墙，在二元体系突破之前二元体系主要通过流度调整进行驱替增油。

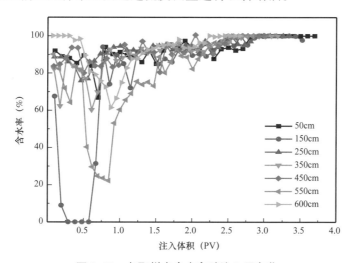

图 3-28 各取样点含水率随注入量变化

2）注入压力变化

注入二元驱后，注入压力以及各取样点压力如图 3-29 所示，越靠近入口端，压力越大；各点的压力随着注入量增加逐步上升，达到最大值后压力开始逐渐减小，后续水驱结束后的最终压力高于水驱结束时的压力。岩心中注入二元体系后，聚合物开始发挥调整油水流度比的作用，渗流阻力增加，同时聚合物分子会吸附在孔隙表面，对高渗透通道进行堵塞，降低了有效渗透率；在岩心剪切作用下，化学剂、油和水相产生乳化，乳状液滴会产生贾敏效应，对孔道产生一定的堵塞，增加渗流阻力。当二元体系渗流到出口端以后，由于乳化作用对残余油进行有效乳化，使残余油形成较小油滴，减小了渗流阻力，同时随着驱替进行，岩心中残余油逐渐减少，渗流阻力逐渐减小，各点压力逐渐下降；后续水驱后水突破较快，渗流阻力进一步减小，各点压力逐渐降低。

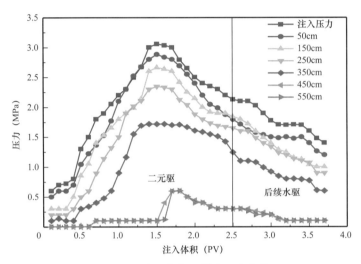

图 3-29　注入点与取样点压力变化

### 3. 二元复合体系在多孔介质中渗流规律

针对二元复合体系在储层中损失严重的问题，以填砂管长岩心为基础，研究二元复合体系在多孔介质中的渗流规律，通过在不同取样点取样，并测量样品中化学剂浓度，以此确定不同化学剂在多孔介质中不同位置的运移规律。

1）表面活性剂变化规律

表面活性剂为小分子，在多孔介质中运移受到储层、原油等相互作用，在不同位置的变化规律不同[17]，图 3-30 为表面活性剂相对浓度变化曲线。

从图 3-30 中可以看出，注入 0.1PV 后在 50cm 处开始出现表面活性剂，其浓度随着注入体积开始逐渐上升，达到最高点后持续减小，最大相对浓度为 0.7，水驱后浓度持续降低。随着运移距离的增加，保留的表面活性剂浓度逐渐降低，相对浓度最高点也依次降低，600cm 处在注入 1.38（1.9）PV 开始出现表面活性剂，相对浓度最大值仅为 0.24，说明表面活性剂在多孔介质中损失严重。同时水驱后表面活性剂浓度变化也可以看出距注入端越近，表面活性剂浓度受注入体系的影响也越明显。

2）聚合物运移规律

聚合物在二元驱过程中主要起到调节流度比、扩大波及体积、调整水窜大通道的作用[18]。通过不同位置聚合物浓度的变化可以看出聚合物在多孔介质中的变化规律,确定聚合物有效作用的时间。聚合物相对浓度变化如图 3-31 所示。

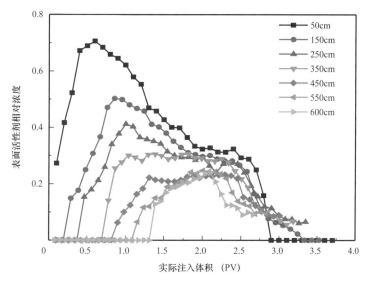

图 3-30 表面活性剂相对浓度变化曲线

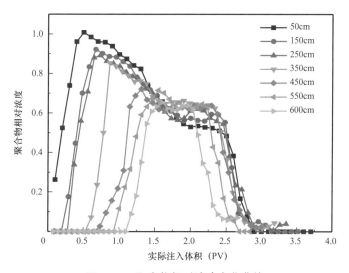

图 3-31 聚合物相对浓度变化曲线

注剂 0.1PV 后在 50cm 处可以检测出聚合物,随后在各点依次检测出聚合物,从图 3-31 可以看出除了前三点在注入相应体积后能够检测到聚合物外,后续各取样点之间都有明显的间隔,说明除了在取样点损失外,聚合物的吸附损失随着运移距离越远越明显。由于聚合物属于高分子化合物,会优先进入大孔道,随后吸附在孔隙表面,对大孔道进行调剖,其溶液具有黏弹性,随着大孔隙堵塞,压力上升,聚合物在小孔道会出现屈服流动,从而进行解堵。

在 50cm 处，聚合物相对浓度最高可以高于 1.0，而后各点的最高相对浓度依次下降。出口端在注入 1.09（1.5）PV 后开始出现聚合物，其最大相对浓度为 0.75，说明二元复合体系中聚合物在流度控制方面效果很明显。

### 3）二元复合驱色谱分离情况分析

化学剂注入多孔介质以后，化学剂与储层之间会发生复杂的物理化学变化，导致化学剂在储层的吸附损失、滞留，从而导致化学剂之间产生差速运移。化学剂在流经储层时将会发生不同程度的色谱分离现象，复合体系色谱分离要受到竞争吸附、离子交换、液液分配、多孔径运移等过程共同作用的影响[19]。

由图 3-32 可知在驱替过程中，聚合物和表面活性剂的相对浓度差异比较大，聚合物相对浓度损失远小于表面活性剂。各取样点聚合物从出现到最大值所需的时间低于表面活性剂达到最大值所需的时间，说明在多孔介质中，聚合物运移受到的吸附损失小于表面活性剂；水驱阶段聚合物浓度下降迅速，相对而言表面活性剂浓度下降缓慢，说明在二元驱过程中表面活性剂在孔隙中的滞留损失比聚合物大，水驱过程中一部分滞留的表面活性剂会重新获得流动能力。在多孔介质中，随着运移距离增加，聚合物与表面活性剂相对浓度之间的差异越来越大。通过无量纲突破时间和无量纲等浓距表示化学剂色谱分离的程度。

由表 3-27、图 3-33 可知，聚合物的无量纲突破时间由 0.1 增大到 1.092，而表面活性剂的无量纲突破时间由 0.1 增加到 1.308，随着运移距离的增加，表面活性剂的无量纲突破时间逐渐大于聚合物的无量纲突破时间，说明在二元驱的过程中存在色谱分离现象，而且运移距离越远色谱分离越严重，同时，表面活性剂在多孔介质中的损失明显高于聚合物的损失。聚合物与表面活性剂无量纲等距浓度从 50cm 处的 0 增长到 600cm 处 0.65，随着运移距离逐渐增加。通过无量纲突破时间和无量纲等距浓度可以看出，在二元复合驱过程中聚合物和表面活性剂在多孔介质、油相的相互作用下发生了一定程度的色谱分离，色谱分离程度随着运移距离增加，同时表面活性剂的损失远高于聚合物。

表 3-27　化学剂无量纲突破时间及无量纲等浓距

| 取样距离（cm） | 无量纲突破时间 | | 无量纲等浓距 |
|---|---|---|---|
| | 聚合物 | 表面活性剂 | |
| 50 | 0.100 | 0.100 | 0 |
| 150 | 0.190 | 0.190 | 0.09 |
| 250 | 0.274 | 0.368 | 0.18 |
| 350 | 0.436 | 0.609 | 0.19 |
| 450 | 0.652 | 0.816 | 0.40 |
| 550 | 0.922 | 1.078 | 0.62 |
| 600 | 1.092 | 1.308 | 0.65 |

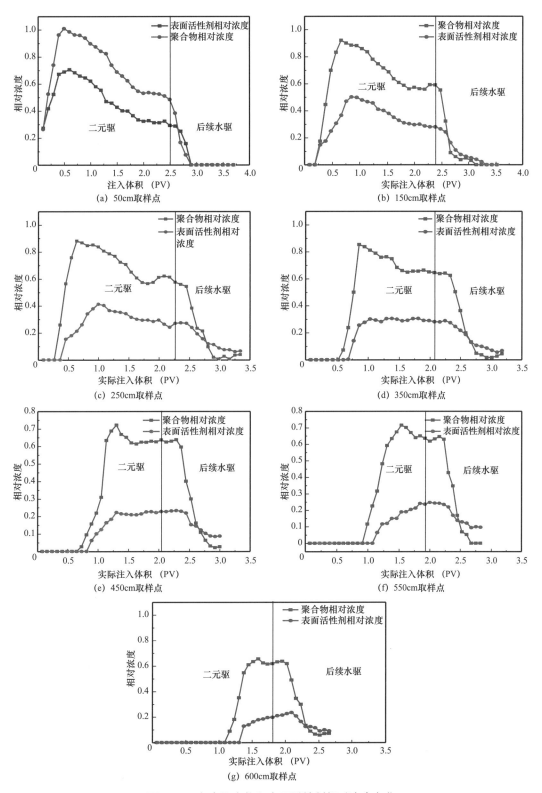

图 3-32 各点聚合物和表面活性剂相对浓度变化

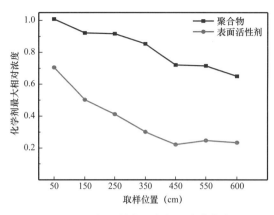

图 3-33　各取样点最高相对浓度变化

聚合物和表面活性剂在通过储层时，会受到油层中高岭土、蒙脱石、绿泥石、伊利石等黏土矿物的吸附，各种化学剂分子之间会在矿物表面发生竞争吸附。在吸附的同时，化学剂分子存在不同的电离平衡，同时储层矿物也存在一定的电离平衡，在化学剂和储层之间存在离子交换，在离子交换过程中有部分离子会发生反应形成稳定的化学结构，造成化学剂的损失。在进行复合的过程中，化学剂、水相、油相、储层中发生着复杂的物理化学变化，在吸附、滞留发生的同时，各相之间还存在分配平衡，聚合物和表面活性剂在油相中存在不同的分配平衡，化学剂在油相中分配浓度越大则化学剂的作用距离就越短，同时在多孔介质中的停留时间也会增长。由于不同化学剂分子的性质不同，在多孔介质中化学剂的运移存在体积排斥效应，聚合物分子直径大，只能在相对大的孔道中流动，到达出口端的路程最短，流经的孔隙也相对较少；表面活性剂分子相对较少，能够进入大部分孔隙中，运移的距离也相对较长，因此两者之间存在差速位移。

综上所述，化学剂在多孔介质中存在吸附、再分配与捕集、机械滞留、化学沉淀等作用，同时不同化学剂由于分子大小不同，所走过的路径也不尽相同，这些效应共同作用下导致了化学剂的色谱分离现象。

### 4. 二元复合驱乳化规律研究

在表面活性剂、聚合物、储层、油和水的共同作用下，在二元驱过程中水相油相会形成乳状液，室内实验和现场试验结果表明在复合驱过程中，乳化作用在提高采收率方面扮演着重要的角色，乳化作用已成为二元驱提高采收率的重要机理之一。

#### 1）二元驱在多孔介质中乳化研究

随着二元体系注入，化学剂逐渐向各取样点传递，化学剂浓度逐渐升高，各点相继出现乳化现象。从 50cm 处开始，各点出现乳化时分别为 0.2PV、0.3PV、0.5PV、0.9PV、1.4PV、1.7PV、1.9PV，各点乳化产生时情况如图 3-34 和表 3-28 所示。

从乳化图像可知（图 3-35），乳化最先发生在 50cm 处，随后随着二元体系注入各点出现乳化，乳状液的颜色从才开始出现时的褐色逐渐变为黄褐色，最后变成黄色。从乳化产生时各点化学剂浓度可以知道，只有当化学剂达到一定浓度以后才会产生乳化，这说明在二元驱过程中，乳化剂是乳化产生的主要原因之一。各点形成的乳状液多数为水包油乳状液，150cm 处在低含水期能够形成油包水乳状液。

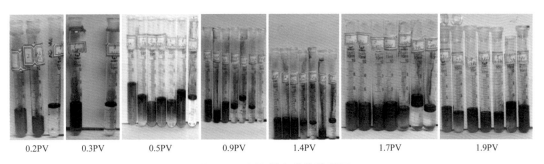

| 0.2PV | 0.3PV | 0.5PV | 0.9PV | 1.4PV | 1.7PV | 1.9PV |

图 3-34 各取样点乳化情况图

表 3-28 各点产生乳化时的化学剂浓度

| 化学剂浓度 | 50cm | 150cm | 250cm | 350cm | 450cm | 550cm | 600cm |
|---|---|---|---|---|---|---|---|
| 聚合物浓度（mg/L） | 524 | 174 | 559 | 500 | 632 | 591 | 586 |
| 表面活性剂浓度（mg/L） | 462 | 445 | 461 | 422 | 490 | 389 | 388 |

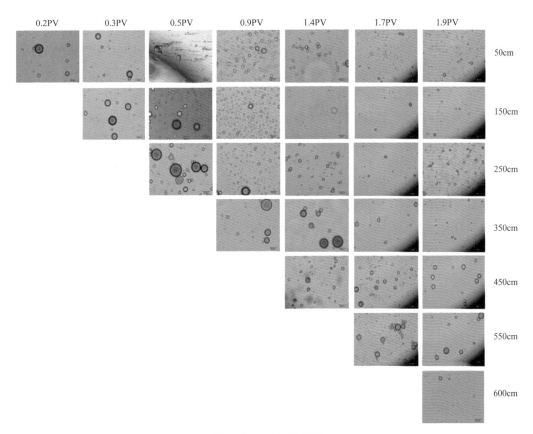

图 3-35 乳化微观图

二元驱后各点相继出现乳化，随后进行水驱，各点乳化相继消失，乳化消失情况见表 3-29。

表 3-29　乳化消失时各点化学剂浓度

| 化学剂浓度 | 50cm | 150cm | 250cm | 350cm | 450cm | 550cm | 600cm |
|---|---|---|---|---|---|---|---|
| 聚合物浓度（mg/L） | 166 | 323 | 382 | 132 | 160 | 53 | 65 |
| 表面活性剂浓度（mg/L） | 863 | 494 | 467 | 389 | 365 | 364 | 345 |

可以看出即使化学剂浓度高，水驱后乳化也会消失，说明乳化作用的产生只有在化学剂、油相、水相、多孔介质相互作用下才会产生，若含水率太高也不会有乳状液产生。从化学剂浓度中可以发现，乳化消失时表面活性剂浓度很稳定，除了前两点偏高外，后面取样点浓度都在一定值范围内，且低于乳化产生时的各点表面活性剂浓度。在后续水驱阶段，乳化逐渐消失，含水率逐渐升高，驱油效果迅速降低。

2）取样点 50cm 处乳化情况

填砂管模型 50cm 处在注入二元体系 0.2PV 时出现乳化，随着注入量增加采出液颜色开始由黄褐色变为深褐色，而后颜色逐渐变浅，水驱 0.1PV 后乳化消失，采出液最后变为无色。在乳化初期，取样点表面活性剂浓度达到 462mg/L，聚合物浓度达到 524mg/L 时开始产生乳化，此时产生的乳状液不稳定，粒径波动较大，这主要是由于该阶段的化学剂浓度未对储层中的油滴进行有效乳化，稳定乳化相与多孔介质中的油相相互作用，形成新的乳化相，此时二元体系与残余油主要通过乳化剥离和乳化携带作用向前驱替。随着表面活性剂浓度持续上升，乳化相以 0～3μm、3～6μm、6～9μm 粒径为主，在表面活性剂上升和下降区间范围内乳化相的分布都比较宽，说明表面活性剂浓度变化会对乳状液粒径产生影响[20]。在二元驱 1.6PV 以后化学剂浓度缓慢下降，乳状液粒径变化比较均匀，此时含水率较高，乳状液粒径主要以 0～3μm、3～6μm 为主，并逐渐以 0～3μm 为主，此时乳化相主要以小油滴为主。在 50cm 处，粒径的变化主要受化学剂浓度的影响，含水率影响较小，乳状液平均粒径的变化与化学剂浓度变化趋势相同。从平均粒径变化可以看出，在乳化开始阶段乳状液的粒径波动较大，在乳化产生一定时间后乳状液的平均粒径在一定范围内波动（图 3-36）。

二元体系的黏度是衡量二元体系提高驱油效率的重要因素，而未乳化的条件下，聚合物的黏度损失远高于聚合物的浓度损失。二元体系发生乳化后，对采出乳状液黏度进行测量，相对黏度变化如图 3-37 所示。

在乳化初期，50cm 处黏度变化并不明显，在聚合物浓度达到最值后黏度开始上升，从 0.8PV 至 2.2PV，乳状液的黏度都保持相对稳定，而此时聚合物浓度持续降低，说明乳状液在控制流度比、提高波及效率上发挥着重要作用，到二元驱末期，乳状液黏度开始下降，此时含水率较高，乳状液含油量较少，此时的乳化强度降低。

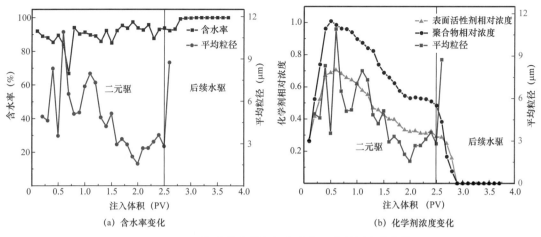

(a) 含水率变化　　　　　　　　　　(b) 化学剂浓度变化

图 3-36　50cm 处乳状液粒径与含水率、化学剂浓度变化图

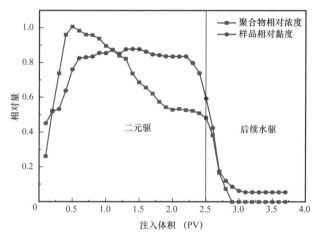

图 3-37　取样点 50cm 聚合物浓度与乳状液相对黏度

## 3）取样点 150cm 处乳化情况

取样点 150cm 处在注入二元体系 0.3PV 开始产生乳化，随着注入量增加采出液颜色开始由黄褐色变为深褐色，而后颜色逐渐变浅，水驱 0.19（0.2）PV 时乳化消失，采出液颜色持续变浅，最后变为无色。150cm 处开始乳化时，粒径分布较广，此时乳化刚刚开始，化学剂与乳化油滴分布不均匀，乳化初期 150cm 处进入低含水期，含水率与化学剂浓度共同主导乳化过程，此阶段乳状液粒径波动比较剧烈。随着化学剂浓度逐渐稳定变化，乳化逐渐稳定，乳状液粒径以 0～3μm、3～6μm、6～9μm 为主，而平均粒径波动大，说明乳化主体主要以中小粒径乳状液为主，由于含水率改变会改变原有的乳化平衡，在乳化油滴的碰撞拉扯之下残余油变为乳化相，此时油滴未达到稳定状态，所以平均粒径波动较大。在 1.6PV 后乳状液粒径开始变小，粒径以 0～3μm 为主。在乳化末期乳状液粒径波动较大，主要是因为含水率出现较大波动（图 3-38）。

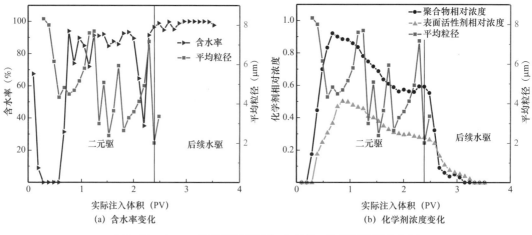

(a) 含水率变化　　　　　　　　(b) 化学剂浓度变化

图 3-38　150cm 处乳状液粒径与含水率、化学剂浓度变化图

从乳状液黏度变化来看，150cm 处乳状液的黏度先上升后下降，随后上升至保持平稳。这主要是因为 150cm 处注入 0.2PV 二元体系后形成了油墙，导致采出液中形成了油包水乳状液，油包水乳状黏度较高，随着驱替的进行，油墙向后运移，150cm 处含水率上升，乳状液转相，黏度开始下降，而后随着聚合物浓度上升，乳状液黏度开始上升，当聚合物浓度下降时，乳状液黏度有一定程度下降，但能够保持稳定（图 3-39）。

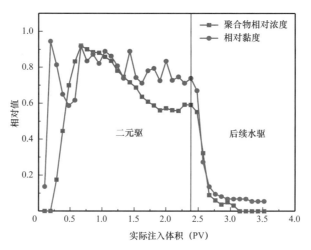

图 3-39　取样点 150cm 处聚合物浓度与乳状液相对黏度

**4）取样点 250cm 处乳化情况**

取样点 250cm 处在注入二元体系 0.46（0.5）PV 开始产生乳化，随着注入量增加采出液颜色开始由黄褐色变为深褐色，而后颜色逐渐变浅，后续水驱 0.27（0.3）PV 后乳化消失，最后采出液变为无色。取样点 250cm 处乳化规律和前两点相同，乳化初期乳状液粒径分布较广，随着驱替的进行，逐渐以 3~6μm、6~9μm 的乳状液占到多数，到 1.54（1.7）PV 后乳状液粒径开始变小，以 0~3μm 粒径为主，在 0~12μm 范围内变化，直到

乳化结束。在250cm处，采出液含水率比较稳定，有小幅波动，乳状液粒径变化主要由化学剂浓度变化决定，含水率波动会使乳状液粒径产生一定波动（图3-40）。

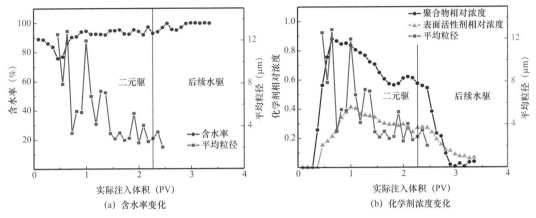

图3-40 250cm处乳状液粒径与含水率、化学剂浓度变化图

250cm处乳状液的黏度在上升期相较于聚合物浓度有一定延后，0.9PV达到第一个最大值，而后稳定下降，至1.5PV后又开始持续上升，在注入化学剂2.0PV后达到最大值，随后持续降低，乳化消失时采出液黏度迅速降低（图3-41）。

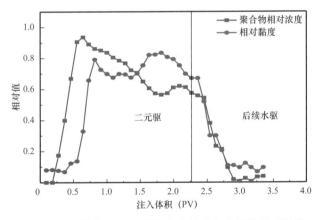

图3-41 取样点250cm处聚合物浓度与乳状液相对黏度

5）取样点350cm处乳化情况

取样点350cm处在注入二元体系0.9PV开始产生乳化，随着注入量增加采出液颜色开始由黄褐色变为深褐色，而后颜色逐渐变浅，水驱0.6PV时乳化消失，最后采出液变为无色。由图3-42可知350cm处乳化初期乳状液粒径分布较广，乳状液粒径波动较大，1.0PV主要以6~15μm为主，1.1~1.2PV主要以0~9μm为主，1.3~1.5PV呈现出乳化初期粒径分布较广的趋势，说明此时的乳状液未达到稳定状态。1.5PV以后开始进入乳化中期，粒径分布较窄。在后续驱替过程中，2.1PV后乳状液以小粒径为主，而后粒径恢复正常，乳化消失前乳状液粒径以0~6μm为主。

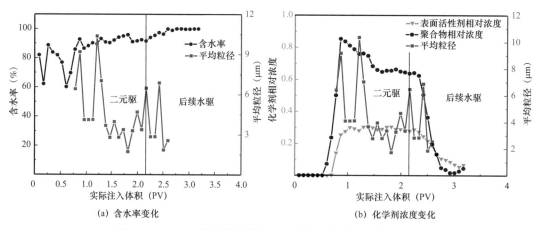

图 3-42　350cm 处乳状液粒径与含水率、化学剂浓度变化图

　　350cm 处乳化产生于低含水期，随后进入高含水期，含水率持续升高，波动较小，该阶段乳化以化学剂浓度为主导。该阶段化学剂浓度相对平稳，乳状液粒径在一定值上下波动，乳化中期主要以 0～9μm 为主。350cm 处乳状液的黏度在上升期相较于聚合物浓度有一定延后，1.3PV 后黏度达到稳定，黏度保留率在 0.8 左右，驱替至 2.4PV 时黏度开始下降，而后下降趋势与聚合物浓度下降趋势一致（图 3-43）。

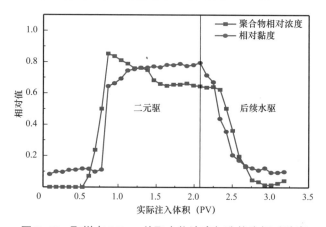

图 3-43　取样点 350cm 处聚合物浓度与乳状液相对黏度

### 6）取样点 450cm 处乳化情况

　　取样点 450cm 处在注入二元体系 1.4PV 开始产生乳化，随着注入量增加采出液颜色开始由黄褐色变为深褐色，而后颜色逐渐变浅，最后变为无色。该处乳化持续时间比前面的取样点短。450cm 处乳化开始时乳状液粒径以 3～9μm 为主，但是分布较广。1.4～1.9PV 乳状液粒径逐渐以小粒径分布为主，大粒径逐渐减少，1.9PV 至后续水驱 0.1PV 乳状液粒径分布开始逐渐变宽，逐渐变为以 3～6μm 为主，随后乳状液粒径在 0～9μm 之间波动（图 3-44）。

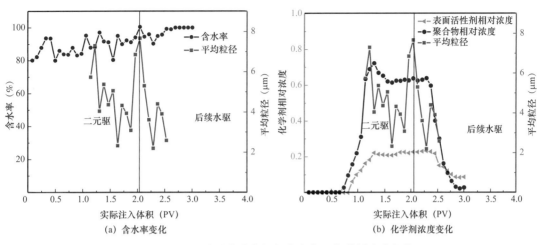

(a) 含水率变化 　　　　　(b) 化学剂浓度变化

图 3-44　450cm 处乳状液粒径与含水率、化学剂浓度变化图

450cm 处乳化产生阶段含水率波动较大，化学剂浓度变化稳定，因此此时产生的乳状液粒径分布主要以 0～9μm 为主，由于含水率波动，乳状液的粒径分布较宽。乳化初期随着化学剂浓度逐渐上升，乳状液粒径逐渐变小，随后粒径在一定范围内上下波动。取样点 450cm 处的黏度变化趋势与聚合物的相对浓度变化趋势一致，但该点的相对黏度明显高于聚合物相对浓度，原因是因为在乳化初期，在该处又有油墙形成，乳状液中含油量高，乳状液黏度大，而随着乳状液对多孔介质中的油膜进行有效地驱替剥离，能够保证在驱替过程中有效黏度保持在较高的水平上，调节流度比的效果显著（图 3-45）。

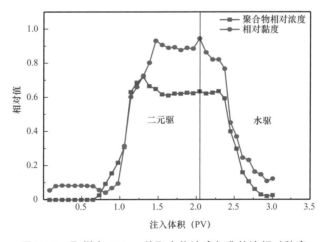

图 3-45　取样点 450cm 处聚合物浓度与乳状液相对黏度

7）取样点 550cm 处乳化情况

取样点 550cm 处乳化产生于注入二元体系 1.7PV 时，此时表面活性剂浓度为 389mg/L，聚合物浓度为 591mg/L，乳化消失时聚合物浓度为 53mg/L，表面活性剂浓度为 364mg/L。乳化消失时采出液为透明液体，有少量油珠，说明此时采出液中的化学剂、油水比已不

足以维持乳状液的相对稳定状态，驱替体系离开多孔介质就会破乳，这也说明水驱后乳化快速消失的主要原因是水的黏度低、渗流速度快，对岩心中滞留的复合体系稀释，同时迅速改变多孔介质的油水比状态，促使乳状液也稳定性降低，最终消失（图3-46）。

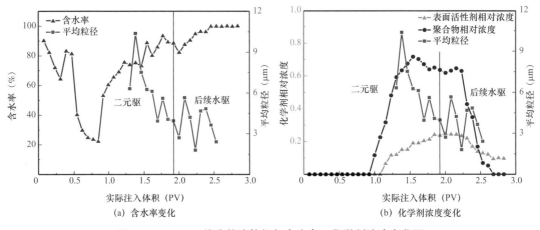

(a) 含水率变化　　　　　　(b) 化学剂浓度变化

图3-46　550cm处乳状液粒径与含水率、化学剂浓度变化图

取样点550cm处出现乳化后乳状液的粒径分布较广，乳状液主要以中等粒径为主，随后乳状液粒径逐渐减小。在水驱前后，化学剂浓度开始变化，此时乳状液粒径也开始波动，粒径变大，最后大粒径乳化液滴消失，剩下乳化小液滴，直至乳化消失。550cm处乳状液粒径持续减小，该处由于化学剂传播距离较远，表面活性剂损失较多，表面活性剂达到峰值时间较长，乳化产生时低含水期结束，此时含水率在波动中上升，含水率与化学剂共同作用导致乳状液分布较广，但仍以0~9μm为主。取样点550cm处的黏度变化是在乳化产生后开始迅速增加的，在乳化产生前聚合物浓度开始增加，但驱替相中的黏度变化缓慢，说明聚合物在多孔介质中的黏度损失严重，而乳化产生后黏度迅速增加，且与聚合物的浓度变化有一定的相似性，说明聚合物浓度在维持乳状液的黏度方面发挥着一定作用（图3-47）。

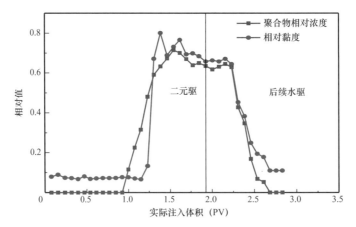

图3-47　取样点550cm处聚合物浓度与乳状液相对黏度

8）取样点 600cm 处乳化情况

取样点 600cm 处乳化产生于注入二元体系 1.9PV 时，此时表面活性剂浓度为 388mg/L，聚合物浓度为 586mg/L，乳化消失时聚合物浓度为 54mg/L，表面活性剂浓度为 345mg/L。取样点 600cm 处乳状液粒径变化与取样点 550cm 处有相似之处，乳化现象产生后乳状液粒径分布较广，而且持续时间长，当水驱后化学剂浓度开始减小时乳状液粒径会出现突然降低，然后以较小粒径为主，乳化末期乳状液主要以 0～3μm 为主。从乳状液平均粒径可以看出，在表面活性剂持续升高阶段，乳状液的粒径总体而言都是随着表面活性剂浓度升高呈现降低趋势（3-48）。

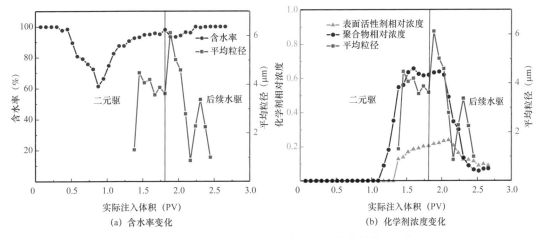

图 3-48　600cm 处乳状液粒径与含水率、化学剂浓度变化图

600cm 处乳化产生于二元驱末期，说明在均质岩心中乳化产生后扩散速度依赖于注剂速度，在表面活性剂达到 388mg/L，聚合物达到 586mg/L 后乳化产生，乳化开始时，表面活性剂浓度较低，随后持续增加，但增加程度缓慢，此时取样点 600cm 处采出液黏度随乳化出现迅速上升并达到最大值，随后开始缓慢下降，在乳化期间黏度变化平稳。在聚合物黏度开始下降以后，采出液黏度才开始下降，在乳化后期由于乳状液中含水率较高，在水驱 0.5PV 后（3.0PV）含水率已接近 99%，此时乳状液黏度迅速下降，不能起到调节流度比的作用（图 3-49）。

## 5. 二元驱乳化规律分析

针对各取样点的乳化情况，对二元驱阶段的乳化规律进行分析，将各点的乳化按照不同的乳状液粒径进行分类，分为乳化初期、乳化中期和乳化末期，在乳化中期根据乳状液粒径变化情况又分为中等乳化阶段和强乳化阶段。在均质岩心中，乳化的产生主要受到化学剂浓度影响，在表面活性剂达到一定值后才能产生乳化现象，并随着化学剂浓度、含水率等条件变化，乳化情况不停变化[21]。通过对各点的乳化规律分析，笔者认为在乳化初期，由于化学剂浓度分布不均匀，乳化稳定性较差；乳化末期化学剂浓度较低，

砾岩油藏化学驱实践与认识

乳化液滴数目较少，乳化程度较弱；乳化初期和乳化末期的采出液与地层中的乳化真实情况有一定差异。乳化中期化学剂浓度较高，乳状液粒径变化规律性较好，能够反应地层中乳化的实际情况。在乳化中期，乳化中等阶段随着化学剂浓度逐渐升高，大粒径液滴占比逐渐减少，粒径以中小粒径为主；强乳化阶段化学剂浓度稳定，粒径分布均匀，变化稳定。从各点采出液的油水比变化来看，乳化中期含水率变化较大，同时能够保持在一定范围内稳定，不会出现含水率大幅度上升的现象，分析认为该阶段为乳化增油的主要阶段。乳化初期和乳化末期的乳化程度较弱，具有一定的增油效果，但没有乳化中期明显。从取样点 50cm 至 600cm 表面活性剂浓度逐渐减小，达到最大值至稳定的时间逐渐延长，乳化的持续时间逐渐缩短，表面活性剂在二元驱乳化过程中扮演着重要的作用。同时，乳化过程的影响因素较多，各点的乳化主要受到表面活性剂浓度和含水率的共同影响。

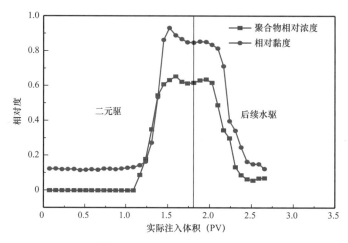

图 3-49　取样点 600cm 处聚合物浓度与乳状液相对黏度

## 四、乳状液运移规律研究

乳状液在化学驱油方面扮演着重要的作用，在化学驱驱替的过程中很容易得到乳状液，全世界 80% 的原油都是以乳状液的形式开采出来的[22]。自从 1973 年 McAuliffe 报道了乳状液能够提高水驱后波及系数后，乳状液已经得到大量的研究和应用[23]。乳化已成为化学驱提高采收率的重要机理之一，研究乳化的产生机理、对采收率的贡献以及乳状液在多孔介质中的运移规律能够为现场试验提供指导，若能充分了解乳化对采收率的作用机理，发挥乳化在提高采收率方面的作用，将推动复合驱油技术的发展。从现场采出液来看，乳状液的稳定性强，黏度高，为了能够模拟现场乳状液的渗流状态，以超声乳化器制备出黏度符合要求的超声波乳状液，通过向相应渗透率的岩心中注入乳状液，统计注采过程中产液量、压力、分流率等变化来研究乳状液在多孔介质中的渗流规律[24]。

## 1. 乳状液在单一岩心中的渗流规律

根据矿场资料与数据，考虑到流体在地层中渗流与在室内岩心实验中渗流的对应性，以五点法井网理想模型为基础，计算了复合体系溶液在地层各处的渗流速度，以稳定渗流速率区域平均渗流速度0.2~0.3m/d作为注入能力界限的参考界定区域，据此划定乳状液合理注入能力界限：（1）渗流速度小于0.2m/d，视为注入能力差；（2）渗流速度介于0.2~0.3m/d之间，视为注入能力中等；（3）渗流速度大于0.3m/d，视为注入能力好。对气测渗透率为30mD、50mD、110mD、180mD的岩心在不同渗流速度和不同压力下注入性能进行研究，在相同的注入速度条件下，岩心渗透率越高，注入压力越低，注入性能也越好（图3-50）。

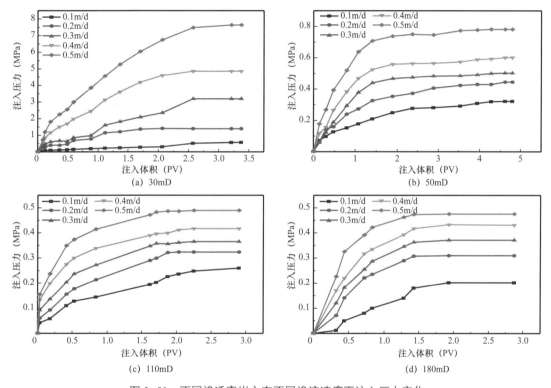

图3-50 不同渗透率岩心在不同渗流速度下注入压力变化

以相同的油包水乳状液作为注入剂，随着渗透率的升高，注入压力逐渐降低，若以油藏压力0.067MPa/m作为衡量标准，换算成6cm岩心即为$4.02\times10^{-6}$MPa，渗流速度为0.1~0.5m/d五种速度梯度下均高于此压力，说明在室内条件以短岩心模拟高黏度油包水乳状液的注入性能与实际油藏相差较大。为了研究高黏度乳状液在不同渗透率岩心中的注入性能，采用恒压驱替的方式，以七中区主要的渗透率层的渗流速度为依据，以0.07MPa、0.1MPa、0.15MPa、0.2MPa、0.25MPa、0.3MPa、0.35MPa作为恒压驱替的注入参数，确定注入条件。30mD岩心在设定的压力梯度下出液速度缓慢，未达到有效流动的条件（图3-51）。

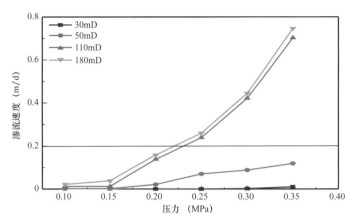

图 3-51 不同渗透率岩心在不同注入压力下渗流速度的变化

七中区储层渗透率分布中以 110mD 为主，因此以 110mD 作为注入指标的界定，注入条件为 110mD 时渗流速度达到 0.2m/d。从实验数据中可以看出 110mD 岩心注入压力只有高于 0.25MPa 时，渗流速度才能达到 0.2m/d，在该压力下 180mD 岩心也能达到有效流动。因此，以 0.25MPa 作为恒压驱替的注入压力。

### 2. 乳状液双并联岩心中的渗流规律

在三次采油过程中能够自发地形成乳状液，室内研究和现场试验表明乳状液能够有效地改善注水剖面，封堵大孔道，提高波及面积和波及体积，提高驱油效率，研究乳状液的渗流机理对于提高采收率有重要意义[25]。乳状液的理化性质特殊，由于乳状液的热力学不稳定性，其性质十分复杂，在驱替过程中，由于多孔介质的作用，乳状液的流动更加复杂，主要受到多孔介质和乳状液性质的相互影响。在多孔介质中，乳状液的流动受很多因素影响，如乳状液的性质、乳状液稳定性、乳化强度、乳状液滴粒径分布、油相黏度、油水的界面性质及其对乳状液在多孔介质中流动的影响。

在不同渗透率的双并联岩心中，乳状液在不同岩心中的分流率如图 3-52 至图 3-54 所示。从实验结果中可以看出，在注入乳状液初期，乳状液迅速进入高渗透率岩心中，高渗透岩心的分流率大于低渗透岩心，且渗透率越大，差异越明显。随着乳状液进入高渗透岩心，堵塞高渗透岩心的大孔道，分流率开始出现反转，低渗透岩心的分流率会逐渐增加并超过高渗透岩心，当低渗透岩心大孔道被调剖后，高渗透岩心的分流率逐渐大于低渗透岩心。高渗透与低渗透岩心中的反转会出现多次，最后达到平衡。当乳状液稳定后，高渗透岩心的分流率仍高于低渗透岩心。同时，岩心的渗透率差异越大，达到稳定时所需的注入体积也就越大。这说明乳状液在多孔介质中运移时会具有选择性，注入的乳状液会优先进入大孔道中，在小孔道处会产生扰流；当大孔道堵塞，乳状液的流动受到阻碍，乳状液会往阻力更小的路径运移，进入较小的孔隙中，从而提高波及体积和波及系数。在乳状液流动的过程中会不断地出现堵塞、改道，同时由于乳状液的不稳定性，一部分堵塞的孔隙会解堵。

在非均质储层中，水驱过程中吸水不均匀，高渗透层和低渗透层的动用程度不同，导致高渗透层的动用程度高而低渗透层的动用程度低。乳状液的产生能够有效地调节油水流度比，同时乳状液堵塞大孔道，能够进入部分水驱无法进入的小孔隙中，对残余油进行有效驱替。乳状液堵塞孔隙后，流动能力降低，乳状液为黏弹性流体，存在屈服效应，当剪切应力足够强时，乳状液会进行屈服流动。油包水乳状液在调剖方面效果良好。

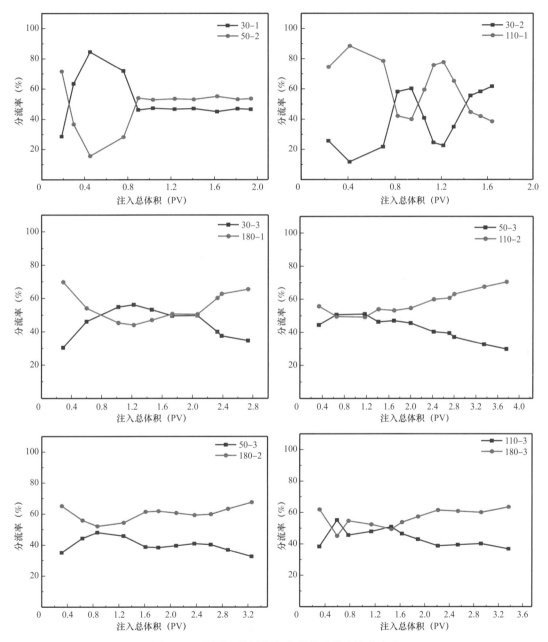

图 3-52 不同双并联岩心中乳状液的分流率变化

30-1 中的 30 表示 30mD，1 表示该渗透率下的岩心编号 1，其余同，后同

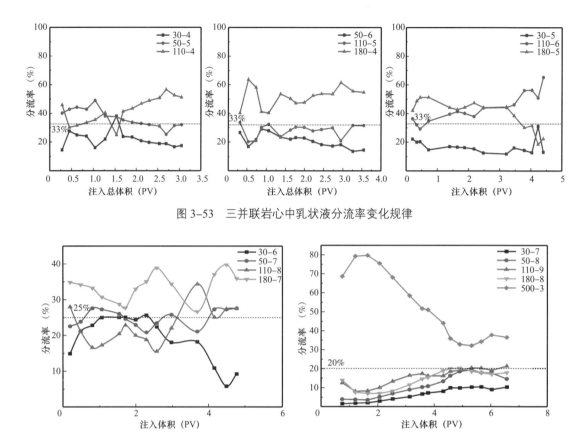

图 3-53　三并联岩心中乳状液分流率变化规律

图 3-54　四并联、五并联岩心中乳状液分流率变化关系

在并联模型中，随着乳状液注入体积增加，不同渗透率层中分流率可以得到有效调整，乳状液对高渗透层水窜大孔道进行有效封堵，从而提高低渗透层产液能力。乳状液具有很强的调整产液剖面能力，能够有效调节高渗透层与低渗透层间产液能力。随着级差增大，乳状液调节能力变弱，达到稳定所需注入体积逐渐增加。乳状液在多孔介质中运移时会具有选择性，注入的乳状液会优先进入大孔道中，在小孔道处会产生扰流；当大孔道堵塞，乳状液的流动受到阻碍，乳状液会往阻力更小的路径运移，进入较小的孔隙中，从而提高波及体积和波及系数。在乳状液流动的过程中会不断地出现堵塞、改道，同时由于乳状液的不稳定性，一部分堵塞的孔隙会解堵。

### 3. 乳状液在串联岩心中流动规律

平面层间非均质模型，渗透率由高到低排布模型中，乳状液主要堵塞在低渗透层，压力主要在低渗透层富集，向后传导能力较差。随着级差增大，乳状液调节能力变弱，达到稳定所需注入体积逐渐增加，低渗透层阻力系数上升快，阻力系数大。因此，在低—中—高串联岩心模型中，乳状液不能有效向后传导，因此在实际油藏中就会出现绕流现象，强乳化的产生对于低渗透储层提高采收率具有不利影响（图 3-55）。

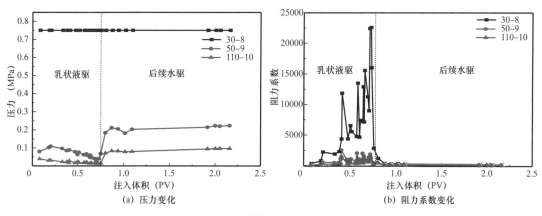

图 3-55　低—中—高串联岩心中压力、阻力系数变化情况

平面层间非均质模型，高—中—低串联模型中乳状液由高渗透层逐步流向低渗透层，低渗透层间压力随着注入体积逐渐升高，最终压力在低渗透层富集，达到稳定后低渗透层压力差最大。高—中—低串联模型中，高渗透层阻力系数增加较快，低渗透层阻力系数较低，说明乳状液能够有效扩大高渗透层波及体积。同时，高—中—低串联模型中，乳状液能够有效调节高—中—低模型中压力分布，高渗透岩心对乳状液进行筛选，筛选后乳状液进入下一岩心，同时乳状液又经过下一级筛选最后到达低渗透层（图 3-56）。因此通过低—中—高和高—中—低串联模型对比，认为乳状液在低—中—高油层中对低渗透储层伤害较大，不利于发挥乳状液扩大波及体积的能力，因此后续研究以高—中—低模型为研究对象，以七中区主要渗透率油层为研究对象。

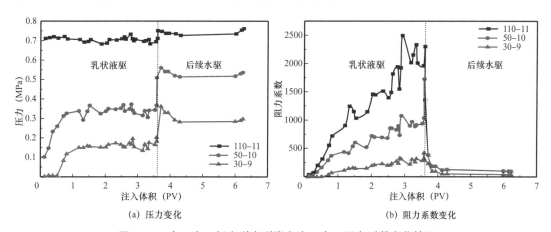

图 3-56　高—中—低串联串联岩心中压力、阻力系数变化情况

乳状液开始进入岩心后优先占据大孔道，且由于乳状液具有较大黏度，相对于地层水而言流度比较大，导致中低渗透岩心中压力迅速降低，当乳状液运移至低渗透岩心时，低渗透岩心开始出现压力富集。从压力变化可以看出，乳状液进入高含水层时，能够有效提高该层系产液能力，只有当乳状液突破后才会将压力传导至下一岩心中。因此产生乳化对于高含水储层提高产液能力有较好效果。乳状液由高渗透层流经低渗透层时，高

渗透层阻力系数迅速上升，同时由于乳状液具有不稳定性，在堵塞孔道后又能迅速解堵，在水驱过后由于含水率上升，乳状液开始反向，从而在孔道中具备更大的流动能力，因此高渗透层阻力系数大，中低渗透层阻力系数较小，水驱后高渗透层又能有效恢复渗流能力，残余阻力系数低于中低渗透层（图 3-57）。

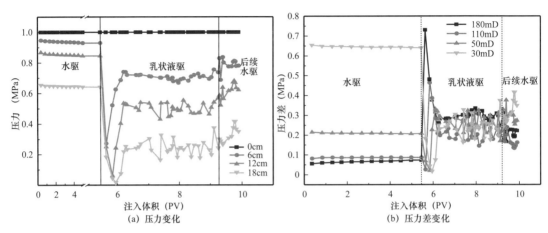

图 3-57　180mD-110mD-50mD-30mD 串联岩心中压力变化情况

在四串联模型中，压力变化趋势与三串联模型接近，乳状液进入高含水岩心后，高含水层压力迅速降低，当乳状液向后传导后，各点压力开始回升，并且随着注入体积增加，压力开始趋于稳定。相对于低渗透层而言，乳状液入口端岩心阻力系数最大，且随着注入体积增加，主力系数呈现出增大趋势，注入 2.2PV 乳状液后各点阻力系数开始趋于稳定，此时乳状液在各渗透率岩心中都能均匀分布（图 3-58）。

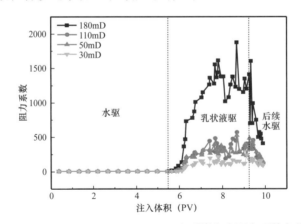

图 3-58　180mD-110mD-50mD-30mD 串联岩心中阻力系数变化情况

在五串联模型中（图 3-59），高渗透层压力差较小，低渗透层压力差逐渐增大。各点压力稳定出现在注入乳状液 2PV 后。随着注入体积增加，除了注入压力外，其他测压点压力逐渐升高，30mD 岩心分流了该模型中总压力的 5/6。因此在非均质条件下，乳状液在低渗透层中流动时所需驱替动力远高于高渗透储层。

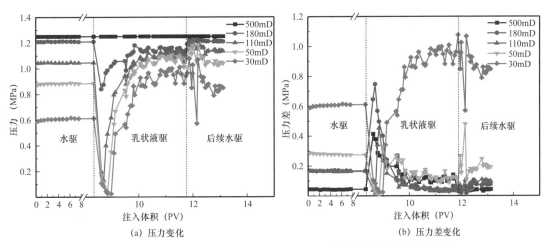

(a) 压力变化　　　　　　　　　　(b) 压力差变化

图 3-59　500mD-180mD-110mD-5mD-30mD 串联岩心中压力变化情况

　　随着乳状液注入，所有储层阻力系数都逐渐增加，注入端阻力系数变化最大，说明乳状液能够有效提高高渗透层波及体积，但同时低渗透层堵塞严重。水驱后，由于乳状液的不稳定性，水驱后高含水导致乳状液转相，黏度下降，渗流能力增强，残余阻力系数逐渐降低，水驱后 30mD 残余阻力系数最高，说明储层堵塞最严重（图 3-60）。

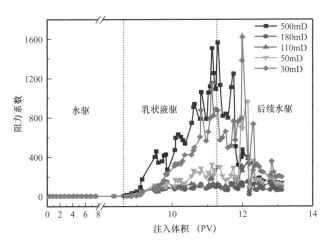

图 3-60　500mD-180mD-110mD-50mD-3mD 串联岩心中阻力系数变化情况

## 五、乳化综合指数界限

　　考虑七中区二元复合驱实际生产情况，二元复合驱使用油藏多为水驱后油藏，不同储层水驱程度差异较大，因此研究乳状液对不同渗透率储层以及不同含油饱和度储层的影响对于乳化提高采收率具有重大意义。

　　针对不同渗透率储层以及不同含油饱和度储层进行实验模拟乳化提高采收率过程。选择主要渗透率为 30mD、50mD、110mD、180mD 人造砾岩岩心为研究对象，分别研究不同储层在含油饱和度分别为 30%、40%、50% 时乳状液对采收率的影响。

（1）对 30mD 储层采收率影响。

在渗透率为 30mD 岩心中，采收率在不同含油饱和度条件下变化较大，水驱至含油饱和度为 30% 时进行乳状液驱，乳化综合指数为 55% 的乳状液提高采收率幅度较大。含油饱和度为 40% 岩心中，乳状液驱后采收率最高为 55.97%。在 30mD 储层中，由于岩心孔隙较小，饱和油体积小，含油饱和度低，乳状液驱时部分乳状液主要作用在含水孔隙，仅有部分作用在含有残余油孔道，同时乳状液中部分油以小液滴的形式可以进入孔隙，水驱后部分乳状液残留于岩心中，导致采收率较低。

综合实验结果（表 3-30），可以看出针对 30mD 砾岩岩心，在含油饱和度为 70% 时，乳化综合指数 55% 的乳状液提高采收率能力最大。在 30mD 岩心中，由于孔隙发育较差，孔喉直径较小，因此乳状液进入岩心后所受到流动阻力较大。因此，在相同含油饱和度条件下，乳状液乳化综合指数越低，渗流阻力越小，乳状液流动能力越好，提高波及体积能力越弱。

表 3-30　不同乳化综合指数对 30mD 岩心采收率提高幅度

| 乳化综合指数 | 30% 含油饱和度 | 40% 含油饱和度 | 50% 含油饱和度 | 60% 含油饱和度 | 70% 含油饱和度 |
|---|---|---|---|---|---|
| 29% | 2.15% | 4.54% | 10.33% | 12.24% | 16.12% |
| 55% | 7.63% | 8.33% | 11.22% | 14.44% | 17.22% |
| 88% | 6.88% | 5.88% | 10.92% | 12.56% | 16.28% |

（2）对 50mD 储层采收率影响。

在 50mD 岩心中，乳化综合指数 29% 乳状液对于高含油饱和度具有较好驱替效果，最终采收率可达到 84.75%。针对 50mD 岩心，岩心含油饱和度较高时乳状液驱油效率较高。综合实验结果来看，50mD 岩心在含油饱和度为 70% 条件下与乳化综合指数为 55% 乳状液匹配度较高，较水驱提高采收率幅度可达到 18.23%。随着含油饱和度升高，不同乳化综合指数乳状液提高采收率幅度均有不同程度增加（表 3-31）。

表 3-31　不同乳化综合指数对 50mD 岩心提高采收率幅度

| 乳化综合指数 | 30% 含油饱和度 | 40% 含油饱和度 | 50% 含油饱和度 | 60% 含油饱和度 | 70% 含油饱和度 |
|---|---|---|---|---|---|
| 29% | 3.11% | 6.71% | 7.46% | 14.24% | 17.12% |
| 55% | 6.68% | 13.13% | 14.26% | 16.46% | 18.23% |
| 88% | 0.86% | 0.73% | 12.19% | 16.24% | 18.12% |

（3）乳状液对 110mD 储层采收率影响。

针对渗透率为 110mD 人造砾岩岩心，随着乳化综合指数增加，提高采收率幅度逐渐增加。乳化综合指数为 88% 体系时驱油效果最好（最高提高采收率幅度 19.13%）。乳化综合指数 88% 乳状液对于含油饱和度为 70% 的岩心具有较好的驱油效果（表 3-32）。

表 3-32　不同乳化综合指数对 110mD 岩心提高采收率幅度

| 乳化综合指数 | 30% 含油饱和度 | 40% 含油饱和度 | 50% 含油饱和度 | 60% 含油饱和度 | 70% 含油饱和度 |
|---|---|---|---|---|---|
| 29% | 9.05% | 7.98% | 8.80% | 11.24% | 15.62% |
| 55% | 7.45% | 9.48% | 11.98% | 15.24% | 17.62% |
| 88% | 12.04% | 13.84% | 16.76% | 18.26% | 19.13% |

（4）乳状液对 180mD 储层采收率影响。

针对试验区而言，180mD 岩心属于高渗透储层，在相同条件下，水驱阶段高渗透层采收率高于低渗透层，对于高渗透层而言，在相同含油饱和度条件下，残余油赋存的孔道明显大于低渗透层。从采收率变化幅度可以看出，含油饱和度为 70% 时，乳化综合指数为 88% 乳状液提高采收率幅度最大。在高渗透层中，由于孔道较发达，水驱后孔隙中含水率较高，乳化综合指数较大会导致岩心受到乳状液波及面广，从而提高驱油效果（表 3-33）。

表 3-33　不同乳化综合指数对 180mD 岩心提高采收率幅度

| 乳化综合指数 | 30% 含油饱和度 | 40% 含油饱和度 | 50% 含油饱和度 | 60% 含油饱和度 | 70% 含油饱和度 |
|---|---|---|---|---|---|
| 29% | 1.20% | 2.39% | 6.56% | 10.32% | 15.16% |
| 55% | 2.27% | 7.79% | 8.30% | 14.84% | 17.42% |
| 88% | 4.76% | 13.68% | 15.61% | 18.68% | 19.34% |

## 六、乳状液微观驱油机理分析

为了在孔隙水平研究二元复合驱驱油机理，利用岩心切片照片制作透明仿真模型，进行了模拟驱替实验研究。微观仿真模型是一种透明的二维模型，它采用光化学刻蚀技术，按天然岩心的铸体切片的真实孔隙系统精密地光刻到平面玻璃上制成。微观模型的流动网络，在结构上具有储层岩石孔隙系统的真实标配、相似的几何形状和形态分布[26]。本章通过微观驱油实验，进行二元复合驱驱油机理的研究，探讨水驱残余油启动，盲端驱油机理等方面的问题。在渗流的过程中存在多尺度的问题，它以研究对象所在空间的大小为标志，对于不同的学科和运动过程，会有不同的尺度范围和等级的划分。以油气渗流为例：在油田生产中，所研究的范围以公里和公尺为尺度；在实验中的宏观物理模拟实验，一般以公分为尺度，而微观渗流力学的模拟实验，则以微米为尺度。

在油气渗流的研究中，可以归纳为三个尺度：以油田、井组为渗流单元的公里公尺；宏观物理模拟实验范围的公尺；微观模拟实验研究的微米。

在连续的过程中，任何界限的划分都是相对的，这期间总有"过渡区"，其性质具有该界限两边事物的某些特征。关于微观渗流的界定也同样存在这个问题，因而，对于微观渗流，作如下界定：微观渗流是孔隙水平的渗流，它直接观察和研究多孔介质孔道内各种流体的分布、流动的具体细节和规律性。

为了在孔隙水平研究砾岩油藏二元复合驱驱油机理，利用岩心切片照片制作透明仿真模型，进行了模拟驱替实验研究。微观仿真模型是一种透明的二维模型，它采用光化学刻蚀技术，按天然岩心的铸体切片的真实孔隙系统精密地光刻到平面玻璃上制成。微观模型的流动网络，在结构上具有储层岩石孔隙系统的真实标配、相似的几何形状和形态分布。

### 1. 微观模型的制作

#### 1）制版

首先将岩心的铸体薄片在显微镜下对不同部位照相，对不同部位的照片进行拼接，拼接后再手工画出孔道的形状，并做出适当的修改，使孔道连通。这时的孔道大小比真实的网络尺寸要大得多。通过照相把原版图缩小到高反差的 35mm 负胶片上，然后用底片扩大到所需的尺寸，此时与实物孔隙尺寸相仿的底片即为制作微观模型的模板。

#### 2）曝光、显影、定影

使用制成的微观模型的模板，使用照片冲洗设备中的曝光设备，将模版上的微光孔道曝光到铬版上。把曝光后的铬版在显影液中除去未曝光的部分，使底片的图形在玻片上显现出来。在定影液中将孔道固定。

#### 3）腐蚀

腐蚀是微观模型制作过程中的重要工序，通过腐蚀可以将微观孔道在玻片上完整、精确地刻蚀出来。实验中使用的腐蚀液是氢氟酸。由于玻片在未涂胶的一面是不需要腐蚀的，因此在腐蚀前要将此面用蜡覆盖保护。腐蚀好的玻片，应用水冲刷，然后用煤油浸泡除去蜡后，再用硫酸除去胶膜。

#### 4）烧结

将刻蚀好的玻片洗净，在其中一片上钻好注入孔和采出孔。烧结在马弗炉中进行，烧结温度为 600℃左右。

#### 5）润湿性处理

烧结好的微观模型为亲水模型，为了模拟中性或者亲油性孔道，可以将亲水模型用二氯二甲基硅烷处理得到中性或者亲油性模型。亲油性模型也可以通过烧结使其再次变为亲水。

### 2. 实验设备及实验流程

实验系统主要由微量泵、中间容器、显微镜、显微照相机、显微摄像头、监视器、录像机以及实验用微观模型等组成，如图3-61所示。

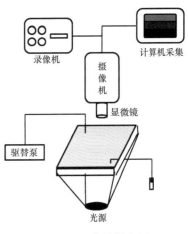

图3-61 实验设备图

实验的基本流程为：（1）将微观模型抽空后饱和油；（2）以模拟油层的驱替速度水驱油至模型不出油为止；（3）用聚表二元复合体系溶液，以恒速注入驱油，观察二元复合体系驱油后的残余油状况，并录取驱替过程中的动态图像；（4）分析图像，计算此驱替条件下的驱油效率；（5）清洗微观模型；（6）改变二元体系配方，重复（1）～（5）；

### 3. 水驱残余油启动机理研究

二元体系驱启动了盲端类残余油和膜状残余油，启动的方式主要是通过将残余油拉成油滴和拉成油丝两种方式，将残余油拉成油滴形成大量的乳状液。图3-62为二元复合驱微观驱油过程。二元体系进入模型之后，在二元体系的作用下，残余油逐渐拉长。残余油的前缘最终断裂为小油滴，随二元体系被带出。

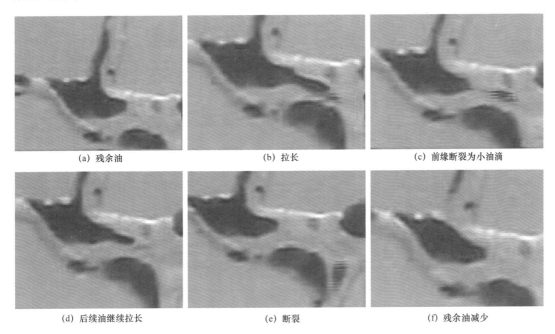

(a) 残余油　　　　　(b) 拉长　　　　　(c) 前缘断裂为小油滴

(d) 后续油继续拉长　　(e) 断裂　　　　　(f) 残余油减少

图3-62 二元复合驱油过程

而后续油在二元体系的持续作用下，继续拉长、断裂，重复这样的过程，残余油被一点一点驱出。这是二元体系中黏弹性聚合物作用的结果。由于聚合物的黏弹性作用，其法向力使油丝通道趋于稳定。图 3-62 中的柱形油流，在各种力作用下，在油丝通道的油水界面处，形成凸凹的油水界面。油流呈波纹状轴向流动，聚合物溶液以油流为中心，围绕油流进行流动。法向应力使聚合物溶液的流线基本稳定，黏弹性聚合物的法向应力可以使残余油形成稳定的"油丝"通道。同时，表面活性剂使界面张力降低，油丝的内聚力下降，二元体系本身由于聚合物的作用具备了较大的剪切黏度，导致油丝又容易在体系的强剪切作用下被拉断。实验中所看到的油丝是黏弹性和界面张力二者综合作用的结果。所以，如果配制的二元体系黏弹性较强、黏弹性影响较大时，形成的油丝较多；如果配制的二元体系黏弹性较弱，界面张力影响较大时，油丝相对容易乳化为小油滴。在亲水模型中，当二元体系进入孔隙中时，首先沿着孔隙的边缘进入充满水的较大的孔道中。体系的前缘浓度会被地层水稀释，溶液浓度会降低，复合驱溶液会首先启动孔隙中的小油滴。当二元复合体系的前缘进入模型中时，复合体系与地层水汇合互溶，使复合体系前缘浓度降低，此时低浓度的复合体系前缘可使黏附在孔壁的小油滴重新运移，而大部分水驱剩余油仍滞留不动。由于复合驱可以使水驱无法采出的小油滴驱替出来，因此，复合驱可以提高洗油效率。

## 七、产品的性能评价

### 1. 界面张力性能

通过原料油优选和生产工艺优化对三元驱用 KPS 进行性能改进，使 KPS 适合用于无碱二元驱，改进后的二元驱用产品 KPS202 与试验区原油界面张力可以达到小于 $5 \times 10^{-2}$ mN/m，不同批次产品性能稳定，有利于现场实施过程中界面张力性能的稳定（图 3-63）。

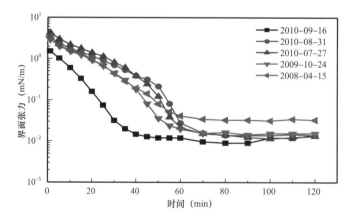

图 3-63　不同批次 KPS202 界面张力性能

### 2. 耐盐性、耐钙性

由于 KPS202 是阴离子石油磺酸盐类表面活性剂，界面张力随体系中 NaCl 浓度的增加而降低（图 3-64），表现出阴离子表面活性剂的特点，有利于体系遇到高矿化度地层水时界面张力的降低。

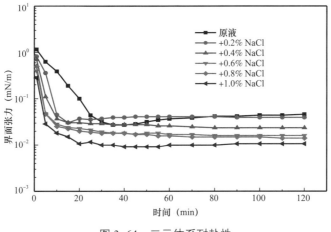

图 3-64　二元体系耐盐性

体系中 NaCl 浓度在 0.2%～1.0% 范围内界面张力满足小于 $5.0 \times 10^{-2}$mN/m。体系中钙离子在 25～150mg/L 范围内界面张力满足小于 $5.0 \times 10^{-2}$mN/m，良好的耐钙性能可以消除地层水中二价离子对体系界面张力的影响（图 3-65）。

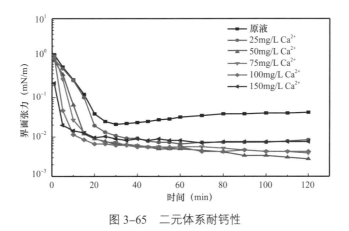

图 3-65　二元体系耐钙性

## 3. 与油藏流体配伍性

二元体系在地层运移过程中，由于不断被地层水稀释、被地层岩心砂吸附，将会导致体系组成变化和体系浓度降低。因此，需要二元体系在较宽的化学剂浓度范围内具有较高的界面活性。KPS202 体系最佳浓度范围为 0.2%～0.4%（图 3-66）。

从图 3-67 可以看出，二元体系被地层水稀释后随表面活性剂浓度的降低界面张力性能反而变好，体系被稀释至不同浓度后均达到超低界面张力，表明二元体系具有优良的耐地层水稀释性，与地层流体具有良好配伍性。

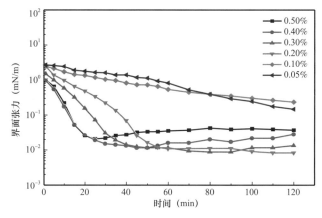

图 3-66  表面活性剂浓度对界面张力影响

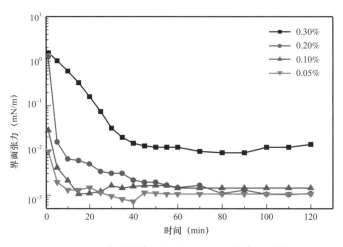

图 3-67  体系被地层水稀释至不同浓度后性能

### 4. 与聚合物配伍性

二元体系中聚合物在 0.05%～0.2% 浓度范围内界面张力均满足小于 $5.0 \times 10^{-2}$ mN/m（图 3-68），随体系黏度的增加，界面张力降低速度变慢，达到平衡界面张力的时间延长，体系黏度的降低对界面张力是有利的。由于二元体系在地层中的黏度远低于注入液黏度，因此，体系在地层中的界面张力性能比注入液好。

### 5. 与试验区原油普适性

由于试验区各单井原油的黏度和组成差异较大，需要考察二元体系与不同井原油的界面张力，测定结果如图 3-69 所示，KPS202 体系与试验区 80% 采油井原油界面张力小于 $5.0 \times 10^{-2}$ mN/m，对试验区原油适应性较强。

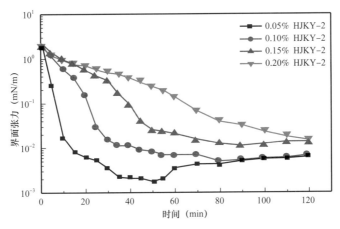

图 3-68 聚合物浓度对界面张力的影响

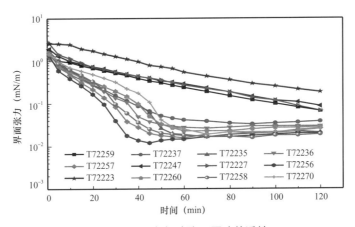

图 3-69 配方与试验区原油普适性

## 6. 驱油效率

KPS202 体系驱油效果较好，室内岩心驱油提高采收率都在 20% 以上（表 3-34），满足二元驱技术规范中提高采收率指标。

表 3-34 体系驱油效率结果

| 岩心编号 | 配方名称 | 界面张力（mN/m） | 水测渗透率（D） | 采收率（%） | | |
|---|---|---|---|---|---|---|
| | | | | 水驱 | KPS202 体系驱 | 提高值 |
| 1 | KPS202+HPAM | $1.97 \times 10^{-2}$ | 0.3792 | 43.09 | 71.28 | 28.19 |
| 2 | | | 0.3714 | 44.74 | 75.26 | 30.53 |
| 3 | | | 0.3373 | 42.01 | 67.62 | 25.61 |
| 4 | | | 0.2971 | 49.35 | 73.05 | 23.70 |

## 八、形成的系列化 KPS 产品

砾岩油藏不同区块原油性质差别大，针对不同酸值原油，分别研发了相对应的表面活性剂，高、中、低酸值条件下，界面张力都可达到超低，形成了系列化 KPS 产品（表 3-35）。

表 3-35　针对不同酸值原油开发的表面活性剂

| 典型代表区块 | | 地层原油黏度（mPa·s） | 酸值[mg（KOH）/g（油）] | 界面张力（mN/m） | 表面活性剂 |
|---|---|---|---|---|---|
| I 类砾岩油藏 | 二中区 | 9.6 | 高酸值：0.35~1.50 | $2 \times 10^{-3}$ | KPS100 |
| | 八 530 井区 | 8.2 | 中酸值：0.35~0.65 | $5 \times 10^{-3}$ | KPS305 |
| | 七东₁区 | 5.1 | 低酸值：0.09~0.15 | $5 \times 10^{-3}$ | KPS304 |
| | 七中区 | 6.0 | | $2 \times 10^{-2}$ | KPS202 |

## 九、二元驱油体系流度控制研究

选择了北京恒聚、大庆炼化、法国爱森三个聚合物生产厂家的高、中、低分子量聚合物产品进行评价（表 3-36）。聚合物产品的选择要求如下：生产工艺先进、成熟，性能稳定；已经在现场大规模应用并具有良好应用效果；生产能力大、货源充足，同时可生产系列化产品，满足不同需求选择。

表 3-36　聚合物常规参数测定

| 分子量 | 代号 | 固含量（%） | 水解度（%） | 分子量（万） | 特性黏数（mL/g） |
|---|---|---|---|---|---|
| 高分子量 | DQ2680 | 92.72 | 31.4 | 2680 | 3283 |
| | HJKY-2 | 92.45 | 29.9 | 2647 | 2959 |
| | FP3640D | 88.60 | 24.7 | 2595 | 2918 |
| 中分子量 | DQ2010 | 93.21 | 26.7 | 2004 | 2460 |
| | FP3540D | 89.93 | 25.7 | 1882 | 2363 |
| | HJ1500 | 91.68 | 31.5 | 1873 | 2352 |
| 低分子量 | DQ1450 | 93.41 | 23.8 | 1570 | 2094 |
| | HJ1000 | 91.05 | 22.9 | 1526 | 2055 |

配液分别用六九区污水及地层水两种水型，从各厂家聚合物产品初始黏度看，同一厂家产品，随聚合物分子量增大黏度增加（图 3-70）。

同一分子量情况下，大庆炼化聚合物具有黏度优势（表 3-37），从黏度稳定性数据看（表 3-38），北京恒聚聚合物具有明显优势。

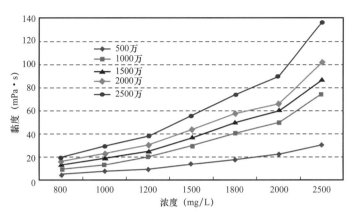

图 3-70 北京恒聚不同分子量产品黏浓曲线

表 3-37 不同聚合物产品增黏性对比

| 2500 万分子量聚合物 | | |
|---|---|---|
| 体系 | 水质 | 相同浓度体系五个初始黏度点初始黏度排序 |
| KPS+ 聚合物 | 六九区污水 | DQ2680＞HJKY-2＞FP3640D |
| | 地层水 | DQ2680 ≌ HJKY-2＞FP3640D |
| 2000 万左右分子量聚合物 | | |
| 体系 | 水质 | 相同浓度体系初始黏度排序 |
| KPS+ 聚合物 | 六九区污水 | DQ2010 ≌ HJ1500＞FP3540D |
| | 地层水 | DQ2010 ≌ HJ1500＞FP3540D |
| 1000 万左右分子量聚合物 | | |
| 体系 | 水质 | 相同浓度体系初始黏度排序 |
| KPS+ 聚合物 | 六九区污水 | HJ1000 ≌ DQ1450 |
| | 地层水 | DQ1450 ≌ HJ1000 |

表 3-38 不同聚合物产品黏度稳定性对比

| | | | 五个黏度点平均保留率（%） | | |
|---|---|---|---|---|---|
| | 水质 | 时间 | HJKY-2 | DQ2680 | 排序 |
| 2500 万左右分子量聚合物 | | | | | |
| KPS + 聚合物 | 六九区污水 | 1 个月 | 92.40 | 87.14 | HKKY-2＞DQ2680 |
| | | 2 个月 | 90.15 | 82.90 | HJKY-2＞DQ2680 |
| | 地层水 | 1 个月 | 94.42 | 92.40 | HJKY-2 ≌ DQ2680 |
| | | 2 个月 | 99.46 | 100.76 | HJKY-2 ≌ DQ2680 |

| 2000 万左右分子量聚合物 | | | | | |
|---|---|---|---|---|---|
| | 水质 | 时间 | 五个黏度点平均保留率（%） | | 排序 |
| | | | DQ2010 | HJ1500 | |
| KPS+ 聚合物 | 六九区污水 | 1 个月 | 88.70 | 93.24 | HJ1500＞DQ2010 |
| | | 2 个月 | 86.46 | 93.94 | HJ1500＞DQ2010 |
| | 地层水 | 1 个月 | 96.92 | 97.26 | HJ1500≅DQ2010 |
| | | 2 个月 | 103.80 | 102.60 | HJ1500≅DQ2010 |

| 1000 万左右分子量聚合物 | | | | | |
|---|---|---|---|---|---|
| | 水质 | 时间 | 五个黏度点平均保留率（%） | | 排序 |
| | | | DQ1450 | HJ1000 | |
| KPS+ 聚合物 | 六九区污水 | 1 个月 | 85.56 | 86.08 | HJ1000＞DQ1450 |
| | | 2 个月 | 82.14 | 85.64 | HJ1000＞DQ1450 |
| | 地层水 | 1 个月 | 95.68 | 96.16 | HJ1000≅DQ1450 |
| | | 2 个月 | 99.58 | 100.84 | DQ1450≅HJ1000 |

## 十、二元体系在砾岩储层中流动性研究

### 1. 水动力学特征尺寸研究

二元体系的水动力学特征尺寸指的是二元体系中包裹着聚合物及表面活性剂分子的水化分子层的尺寸。由于驱替液从注入地层开始至采出往往需要数月或更长时间，因此要求二元体系的物理、化学性能要稳定。二元体系在通过多孔介质的时候，会经受地层孔喉尺寸的选择，如果二元体系的水动力学特征尺寸过大，会导致聚合物体系在多孔介质中渗流困难。

从表 3-39 可以看出，二元体系的水动力学特征尺寸大小受表面活性剂的影响较小，主要是受聚合物的浓度影响，随着聚合物浓度的增大而增大。这是因为在稀溶液中，聚合物分子线团是相互分离的，溶液中的链段分布不均一，当浓度增大到某种程度后，高分子线团相互穿插交叠，这时候溶液中的高分子链的尺寸不仅与相对分子质量、聚合物结构有关，而且与溶液的浓度有关，浓度越大，分子链之间的穿插交叠的机会越大，分子尺寸越大。

表 3-39 二元体系水动力学特征尺寸测定结果

| 聚合物分子量（万） | 聚合物浓度（mg/L） | 表面活性剂浓度（%） | 水动力学特征尺寸（μm） | | |
|---|---|---|---|---|---|
| | | | 保留率100% | 保留率50% | 保留率35% |
| 2500 | 1500 | 0.3 | 1.28 | 0.85 | 0.63 |
| | 1000 | | 0.91 | 0.54 | 0.45 |
| 2000 | 1500 | 0.3 | 1.05 | 0.70 | 0.51 |
| | 1200 | | 0.93 | 0.60 | 0.41 |
| | 1000 | | 0.93 | 0.55 | 0.36 |
| | 800 | | 0.91 | 0.45 | 0.28 |
| 1500 | 1500 | 0.2 | 0.84 | 0.56 | 0.41 |
| | 1500 | 0.3 | 0.85 | 0.55 | 0.40 |
| | 1500 | 0.4 | 0.84 | 0.54 | 0.41 |
| | 1000 | 0.2 | 0.87 | 0.51 | 0.34 |
| | 1000 | 0.3 | 0.84 | 0.50 | 0.34 |
| | 1000 | 0.4 | 0.79 | 0.45 | 0.30 |
| | 800 | 0.2 | 0.78 | 0.38 | 0.24 |
| | 800 | 0.3 | 0.80 | 0.40 | 0.27 |
| | 800 | 0.4 | 0.76 | 0.36 | 0.22 |
| 1000 | 1500 | 0.3 | 0.83 | 0.52 | 0.41 |
| | 1000 | | 0.70 | 0.42 | 0.28 |

## 2. 二元体系在岩心中的流动性研究

利用恒压驱替方式开展流动性实验，研究不同体系在不同渗透率（有效渗透率分别为 50mD、100mD、120mD、170mD、300mD）岩心中的流动性，恒压压力选取地层压力梯度（0.1MPa/m）对应到岩心为 0.01MPa，实验通过在不同注入时刻出口端接液计算该条件下对应地层内部体系流动速度。

不同浓度不同分子量聚合物所配制的二元体系在不同渗透率岩心中流动速度差别较大，基本规律是在同一岩心渗透率条件下，随着聚合物分子量和浓度的增大，流动速度变慢，而随着岩心渗透率的降低，同一体系的流动速度也变慢（图 3-71 至图 3-73）。

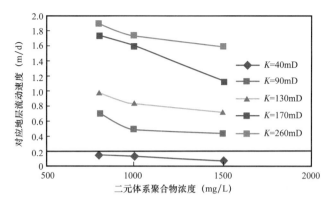

图 3-71　二元体系在不同渗透率岩心中注入性（1000 万分子量聚合物）

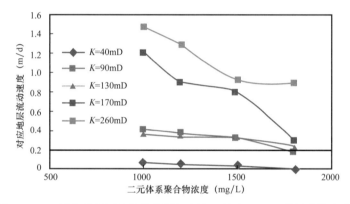

图 3-72　二元体系在不同渗透率岩心中注入性（1500 万分子量聚合物）

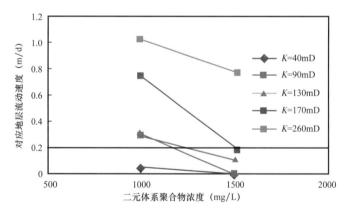

图 3-73　二元体系在不同渗透率岩心中注入性（2500 万分子量聚合物）

　　通过将体系在地层中流动速度、聚合物分子量、浓度和储层渗透率相互关联，建立了二元驱驱油体系与油藏渗透率关系图版（图 3-74）。实验结果显示：二元体系（2500万分子量）的油藏配伍有效渗透率下限为 90～130mD，二元体系（1500 万分子量）的油藏配伍有效渗透率下限为 40～90mD，在低于对应渗透率的油藏中会出现可注入但不可流动的现象。七中区克下组油藏渗透率较低，渗透率级差大，需要进行个性化设计，配方方案中聚合物分子量、浓度范围覆盖面应宽点，以应对地层复杂的油藏状况。

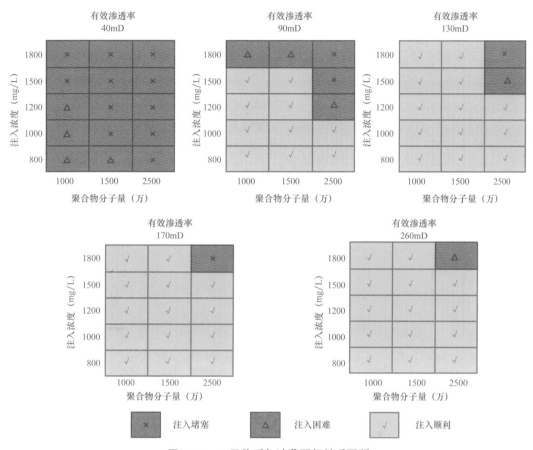

图 3-74　二元体系与油藏配伍关系图版

注入困难：对应地层流动速度小于 0.2m/d。注入顺利：对应地层流动速度大于 0.2m/d

### 3. 二元体系最小流度控制

流度控制是化学驱方案设计的一项重要内容。流度控制不利会导致化学剂段塞的窜流和指进，化学剂利用率降低，开发效果变差。复合驱体系中由于加入或反应生成的表面活性物质降低了油水界面张力，油水的渗流能力都相应提高，使得复合驱对其段塞的流度控制提出了更高的要求。

从流度控制基本思想出发，利用复合驱相对渗透率曲线的处理和聚合物的描述方法，建立复合驱流度设计模型，计算有效驱替所需最小黏度。

段塞前缘油水混合带的总流度可表示为：

$$\lambda_{\mathrm{m}} = \frac{K K_{\mathrm{rw}}}{\mu_{\mathrm{w}}} + \frac{K K_{\mathrm{ro}}}{\mu_{\mathrm{o}}} \tag{3-9}$$

式中 $\lambda_m$——段塞前缘油水混合带总流度，$10^{-3}$mD/（mPa·s）；

$K$——绝对渗透率，mD；

$K_{rw}$，$K_{ro}$——分别为水相和油相的相对渗透率；

$\mu_w$，$\mu_o$——分别为水相和油相的黏度，mPa·s。

复合驱段塞中聚合物的吸附滞留会导致水相渗透率的下降，此时复合驱段塞的流度表示为：

$$\lambda_p = \frac{KK_{rw}}{R_k\mu_c} \qquad (3-10)$$

式中 $\lambda_p$——段塞流度，$10^{-3}$mD/（mPa·s）；

$R_k$——渗透率下降系数；

$\mu_c$——段塞的黏度，mPa·s。

根据流度控制的基本思想，驱替段塞的流度与其前缘油水混合带的流度之比应不大于1，即：

$$\frac{\dfrac{KK_{rw}}{R_k\mu_c}}{\dfrac{KK_{rw}}{\mu_w}+\dfrac{KK_{ro}}{\mu_o}} \leqslant 1 \qquad (3-11)$$

随含水饱和度上升，二元体系流度控制所需黏度增加，在60%含水饱和度条件下，不同渗透率岩心所需体系流度控制最小黏度为3～4mPa·s（图3-75）。

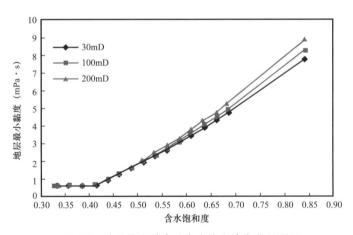

图3-75 地层最小黏度随含水饱和度变化关系图

## 十一、二元驱油体系方案

### 1. 表面活性剂浓度与界面张力设计

根据化学驱提高采收率原理，由于贾敏效应的存在，无论是亲水地层还是亲油地层，液珠或气泡通过孔喉时由于界面形变都会产生阻力效应，驱替液要克服贾敏效应从孔喉中驱替出残余油，必须降低其与原油之间的油水界面张力。应用毛细管压力来计算启动孔喉中残余油所需的界面张力。

1）储层的孔隙结构特征

砾岩油藏储层有效孔隙半径主要在 80～200μm 区间内，孔隙半径分布随渗透率的变化不明显，说明控制砾岩储层流体渗流特征的主要因素是喉道特征，而不是孔隙特征；渗透率较高的储层平均喉道半径较大，喉道半径分布范围广；渗透率越低，平均喉道半径越小，喉道半径分布范围变窄，且峰值集中于小喉道处（图 3-76）；七中区克下组油藏喉道半径大小分布在 0.2～7.2μm 之间，平均约为 4.1μm。

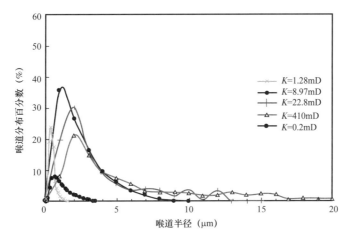

图 3-76　不同渗透率所对应喉道半径分布曲线

2）七中区地层深部压力梯度计算

为了研究二元体系在地层深部的运移情况，对二元体系在地层运移过程及压力分布应该有清楚的认识。根据经典渗流理论《水驱》（《Water Flooding》）阐述，均质储层条件下，在产油井和生产井周围大约为 23% 的井网面积上，渗流是径向的，大约有 90% 压力降发生在这一区域。

从解析的角度分析，流体在油井、水井井底具有不同的流向，油井可以认为是汇，水井可以认为是源，地层中任一点的压力梯度的表达式为：

$$\frac{\mathrm{d}p}{\mathrm{d}r} = \frac{p_e - p_{wf}}{\ln\frac{r_e}{r_w}}\frac{1}{r} = \frac{p_e - p_{wf}}{r\ln\frac{r_e}{r_w}} \qquad (3-12)$$

根据解析法以及各油田的生产参数，可计算出不同的井间压力梯度分布图（图 3-77）。从计算结果可以看出，解析方法与经典渗流理论的定性认识一致，压力梯度曲线呈现两端弯曲，中间平缓的形态，大部分压力降消耗在近井地带，无论井距和生产压差如何变化，压力梯度曲线的拐点基本不变。距离井底 10m 以内的区域，压力梯度数值较大，压力降落速度较快，距离井底 10m 以外的区域，压力梯度曲线较平缓。

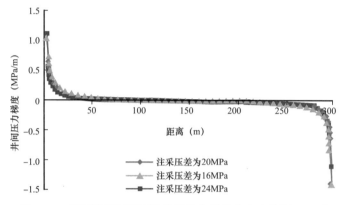

图 3-77　不同注采压差下的井间压力梯度分布（井距 300m）

根据七中区二元试验区的生产参数（注聚压力：12.1MPa。油井井底流压：3MPa。井距：150m。井深：1150m），可计算出试验区的井间压力梯度分布图（图 3-78），从计算结果可知，七中区克下组油藏地层深处（20～130m）的压力梯度非常小，约为 0.12MPa/m。

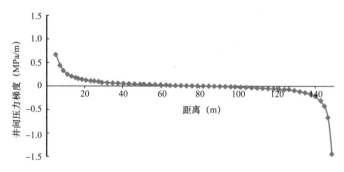

图 3-78　井间压力梯度分布（井距 150m）

### 3）水驱时启动孔隙中残余油所需毛细管压力梯度

七中区克下组油藏储层喉道半径大小分布在 0.2～7.2μm 之间，平均约为 4.1μm，通过计算可知，水驱时要使孔隙中的残余油产生运移，毛细管压力梯度最小需要 100MPa/m，远高于七中区地层深部压力梯度（0.12MPa/m）。

水驱喉道 0.2μm 毛细管压力梯度：

$$\frac{\mathrm{d}p_c}{\mathrm{d}L} = \frac{2\sigma}{rL} = \frac{2 \times 36 \times 10^{-3}}{0.2 \times 10^{-6} \times 1 \times 10^{-4}} = 3600\mathrm{MPa/m} \qquad (3\text{-}13)$$

水驱喉道 7.2μm 毛细管压力梯度：

$$\frac{\mathrm{d}p_c}{\mathrm{d}L} = \frac{2\sigma}{rL} = \frac{2 \times 36 \times 10^{-3}}{7.2 \times 10^{-6} \times 1 \times 10^{-4}} = 100\mathrm{MPa/m} \qquad (3\text{-}14)$$

水驱喉道 4.1μm 毛细管压力梯度：

$$\frac{\mathrm{d}p_\mathrm{c}}{\mathrm{d}L} = \frac{2\sigma}{rL} = \frac{2 \times 36 \times 10^{-3}}{4.1 \times 10^{-6} \times 1 \times 10^{-4}} = 176\mathrm{MPa/m} \qquad （3-15）$$

计算条件：假设油滴的长度为 100μm，即 $1 \times 10^{-4}$m ；水驱时，油水界面张力约为 36mN/m。

### 4）二元驱时启动孔隙中残余油所需界面张力

二元驱时，要启动平均喉道半径为 4.1μm 的孔隙中残余油，需要体系界面张力达到 $2.46 \times 10^{-2}$mN/m，而当界面张力达到超低时（$<1 \times 10^{-2}$mN/m），即可活化大部分孔隙中残余油，从而大幅度提高驱油效率。

启动 0.2μm 孔隙中残余油界面张力：

$$\sigma = \frac{\mathrm{d}p}{\mathrm{d}x} \times L \times \frac{r}{2} = 0.12 \times 10^6 \times 10^{-4} \times \frac{0.2 \times 10^{-6}}{2} = 1.2 \times 10^{-3}\mathrm{mN/m} \qquad （3-16）$$

启动 7.2μm 孔隙中残余油界面张力：

$$\sigma = \frac{\mathrm{d}p}{\mathrm{d}x} \times L \times \frac{r}{2} = 0.12 \times 10^6 \times 10^{-4} \times \frac{7.2 \times 10^{-6}}{2} = 4.32 \times 10^{-2}\mathrm{mN/m} \qquad （3-17）$$

启动 4.1μm 孔隙中残余油界面张力：

$$\sigma = \frac{\mathrm{d}p}{\mathrm{d}x} \times L \times \frac{r}{2} = 0.12 \times 10^6 \times 10^{-4} \times \frac{4.1 \times 10^{-6}}{2} = 2.46 \times 10^{-2}\mathrm{mN/m} \qquad （3-18）$$

KPS202 最佳浓度范围为 0.2%～0.4%，最佳浓度为 0.3%，体系界面张力指标为小于 $1 \times 10^{-2}$mN/m。

根据七中区地层深部毛细管压力梯度计算，驱替液与原油间界面张力小于 $1 \times 10^{-2}$mN/m 时才能活化大部分孔隙中残余油；中国石油企业标准 Q/SY 1583—2013《二元复合驱用表面活性剂技术规范》中要求二元驱体系界面张力小于 $1 \times 10^{-2}$mN/m；KPS202 体系在 0.2%～0.4% 浓度范围内可以实现超低界面张力，被地层高矿化度污水稀释后，界面张力进一步变好，浓度被稀释至 0.05% 后，界面张力仍然可以达到超低界面张力，同时该体系具有良好的耐盐耐二价离子性能，与聚合物兼容性好，对试验区不同油井原油适应性好；室内模型驱油实验显示，KPS202 体系提高采收率大于 20%。

### 2. 聚合物分子量、浓度与黏度设计

注入系统黏损保持较低水平，黏损在 12% 左右（图 3-79）。

返排目的主要是了解聚合物溶液在井筒以及地层中的黏度损失情况。从返排结果看（表 3-40），二元驱油体系经过井筒和炮眼两次剪切后黏损率为 41.4%，换算为一次剪切，则由井口经井筒、炮眼进入地层后黏损为 23.5%。对比七东₁区聚合物驱结果可知，二元体系配液用水为六九区稠油污水，矿化度在 3000mg/L 左右，压缩了聚合物分子线团，因此二元污水驱油体系黏度受炮眼剪切和地层水稀释的影响较清水驱油体系更小。

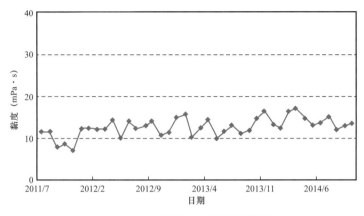

图 3-79　二元驱注入系统黏损情况

表 3-40　七东₁区聚合物驱与七中区二元驱返排对比

| 指标 | 七东1区聚合物驱试验区 注入井 ES7015 井 | | T72273 井 | T72241 井 |
| --- | --- | --- | --- | --- |
| | 第一次 （2007 年 4 月） | 第二次 （2009 年 7 月） | 2012 年 3 月 | 2012 年 4 月 |
| 配液用水 | 清水 | 清水 | 六九区污水 | 六九区污水 |
| 注入速度（m³/h） | 4.38 | 3.33 | 2.08 | 2.50 |
| 返排速度（m³/h） | 4.00 | 1.00 | 1.15 | 0.86 |
| 注入液浓度（mg/L） | 1000 | 1200 | 1500 | 1500 |
| 注入液井口黏度（mPa·s） | 68.2 | 73.0 | 66.9 | 70.2 |
| 返排液井筒黏度（mPa·s） | 60.0 | 64.2 | 53.4 | 60.3 |
| 井筒黏损率（%） | 11.3 | 12.1 | 20.2 | 14.1 |
| 地层液黏度（mPa·s） | 23.5 | 27.6 | 39.2 | 39.4 |
| 地层液黏损率（%） | 65.6 | 62.2 | 41.4 | 43.9 |
| 井口压力变化（MPa） | 11.4～9.2 | 13.5～12.5 | 13.5～9.4 | 14.5～0 |
| 平均渗透率（mD） | 407.0 | | 31.7 | 44.9 |
| 孔隙度（%） | 15.0 | | 14.0 | 15.8 |
| 设计返排量（m³） | 42.0（要求≥10.0） | 42.0（要求≥10.0） | 35.0 | 55.0 |
| 实际返排量（m³） | 32.0 | 11.4（要求≥10.0） | 35.1 | 20.7 |
| 注入／返排方式 | 笼统／笼统 | 笼统／笼统 | 四级四分／笼统 | 三级三分／分层 |
| 地层原油黏度（mPa·s） | 5.13 | 5.13 | 6.00 | 6.00 |
| 驱替液与原油黏度比 | 4.6 | 5.4 | 6.5 | 5.5（6.9） |
| 返排样品黏度稳定性 | | 27.6～15.0 （20d，54.3%） | 44.1～26.1 （50d，59.2%） | |

### 1）二元体系与原油黏度比对提高采收率影响

利用砾岩微观模型研究和分析二元体系在多孔介质中的驱油机理，二元驱采收率提高值随体系与原油黏度比值的增大而增加，体系与原油黏度比大于一倍后，采收率增加减缓（图3-80）。

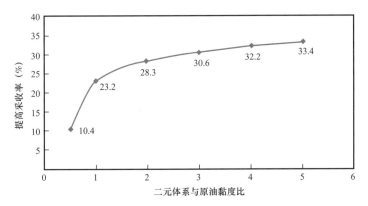

图3-80 二元体系与原油黏度比对微观采收率的影响

填砂管模型实验表明（图3-81），采收率提高值随二元体系与原油黏度比值的增大而增加，体系与原油黏度比大于两倍后，随黏度比的继续增加，驱油效率增加开始减缓，虽然继续增加黏度比仍能采出一部分原油，但经济效益相对下降。

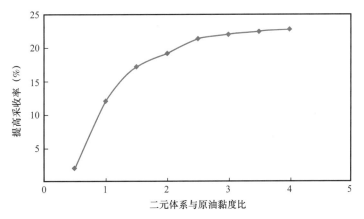

图3-81 二元体系与原油黏度比对采收率的影响

### 2）聚合物分子量、浓度和黏度设计

根据二元体系与储层配伍图版，二元试验区平均气测渗透率为69.4mD，二元体系中聚合物分子量对应为（700~1000）万之间，试验区北部平均气测渗透率为100.2mD，可以使用1000万分子量聚合物（表3-41）。

表 3-41　二元体系中聚合物配伍关系表

| 气测渗透率（mD） | 有效渗透率（mD） | 理论聚合物分子量上限（万） | 实验聚合物分子量上限（万） |
|---|---|---|---|
| 50 | 24 | 750 | 700 |
| 100 | 60 | 1100 | 1000 |
| 150 | 85 | 1300 | 1200 |
| 220 | 92 | 1800 | 1500 |
| 300 | 100 | 3000 | 2500 |

二元驱油体系流度控制地层最小黏度需求为 3～4mPa·s，系统剪切按 36% 计算，则对应熟化罐体系黏度为 4.6～6.2mPa·s，考虑二元体系在储层中的可流动性，聚合物分子量为 1000 万时，浓度设计为 1000mg/L，注入黏度为 10mPa·s，二元驱段塞与油水混合带流度比为 0.5，达到复合驱合理流度控制需求。

设计依据：二元试验区北部气测渗透率为 100.2mD，适合注入 1000 万分子量；二元体系流度控制地层最小黏度需求为 3～4mPa·s；熟化罐至炮眼后二元体系黏损为 36%；复合驱合理流度比为 0.25～0.5。

3）二元体系和三元体系不同表面活性剂对原油在疏水石英矿片上接触角的影响

采用常规躺滴测试方法，测定不同二元复合体系和三元复合体系表面活性剂对原油在疏水石英矿片上接触角的影响（表 3-42），由表 3-42 可见：在界面张力较高的 0.3%KPS+0.12%KYPAM 二元体系中，原油在疏水石英矿片上接触角在较长的时间内保持在 41.1°，表明其启动亲油表面残余油膜的能力较差。油水界面张力接近或达到超低，特别是含碱的复合体系，原油与矿片接触后，接触角即随接触时间增加而迅速增大，并从油相主体分离出小油滴上浮，即其更易于有效启动亲油表面油膜。化学复合驱体系的组

表 3-42　不同表面活性剂的复合体系中原油在疏水石英矿片上接触角

| 表面活性剂样品 | 常规躺滴法 | | 界面张力（mN/m） |
|---|---|---|---|
| | 接触角 $\theta$（°） | 小油滴脱离时间（s） | |
| 0.3%KPS+0.12%KYPAM | 41.1 | — | $5.4 \times 10^{-2}$ |
| 0.3%OP6+0.12%KYPAM | 原油与矿片接触后，接触角即随接触时间增加而迅速增大，并从油相主体分离出小油滴上浮 | 1475 | $3.8 \times 10^{-2}$ |
| 0.3%LS+0.12%KYPAM | | 415 | $1.6 \times 10^{-3}$ |
| 0.3%SP+927+0.12%KYPAM | | 390 | $3.2 \times 10^{-3}$ |
| 0.3%KPS+1.0%Na$_2$CO$_3$+0.15%KYPAM | 油滴附着于矿片表面后即呈拉丝状上浮 | 3 | $2.0 \times 10^{-3}$ |

成和界面张力性质对原油在疏水石英矿片表面上的接触角影响较大；油水界面张力接近或达到超低，特别是含 KPS 石油磺酸盐的复合体系更易于有效启动亲油表面油膜，油滴剥离的时间显著减小。

在研究过程中发现，将油滴滴在表面活性剂溶液上，在不同的表面活性剂溶液上油滴扩散行为差异性极大，对比 SP-927 和 KPS 两种表面活性剂，前者几乎没有观察到油滴扩散现象，即使在试验室放置 24h 也是如此。

## 十二、小结

本节以新疆油田七中区采出液为研究对象，分析其乳状液稳定性及流变性，并通过实验室模拟制备出与现场采出液性能匹配度高的乳状液，最后，利用长岩心驱替模型实验研究二元复合体系在地层中的渗流规律及乳化机理。乳化后流动相的黏度在一定范围内波动，在乳化稳定后能够保持稳定，在个取样点的采出液黏度变化相差很小，说明乳化作用能够保持流动相的黏度，这种作用并不会随距离增加而迅速降低，乳化作用在调节流度比方面有良好作用。

通过实验室模拟乳状液进行物理模拟实验，研究乳状液渗流规律及提高采收率能力。乳状液具有调节分流能力的作用，对于水窜大通道而言，乳状液能形成有效封堵，从而对低渗透层进行有效启动。在水驱后由于油水比出现较大变化，乳状液开始反相，逐渐形成水包油型乳状液，从而提高岩心渗流能力，岩心残余阻力系数降低。串联模型中，不同渗透率层压力差变化大。在非均质油藏中，各渗透率层压力分布不均匀，渗流阻力越大，油藏驱替动力越大。乳状液提高采收率受储层以及含油饱和度影响，渗透率越低，乳状液提高采收率幅度越低；不同储层与不同含油饱和度所对应的最佳乳化综合指数体系差异较大；渗透率小于 100mD 时，最佳乳化综合指数为 55%；渗透率大于 100mD 时，最佳乳化综合指数为 88%。

# 第三节　现场实施效果

"克拉玛依油田七中区克下组油藏复合驱工业化试验"是中国石油天然气股份有限公司 2007 年重大开发试验项目之一。2007 年采用 150m 五点法注采井网，优选油层连通性较好的 $S_7^{2-2}$、$S_7^{2-3}$、$S_7^{3-1}$、$S_7^{3-2}$、$S_7^{3-3}$、$S_7^{4-1}$ 六个单层为二元驱开发层系进行井网调整。2007 年 11 月完成井网调整，并进入二元驱前缘水驱阶段，截至 2010 年 6 月底水驱阶段结束，累计产油 $4.8 \times 10^4$t，阶段采出程度为 4.0%，综合含水率 95.0%，试验区采出程度达到 42.9%，开发效果显著，达到了二元驱前缘水驱高效开发的目的。

2014 年根据"克拉玛依油田七中区克下组砾岩油藏二元驱工业化试验调整方案"，选择北部储层物性好、剩余潜力富集，且井网完善的北部 8 注 13 采井组继续注二元体系，其余注水。调整后二元驱试验区含油面积为 0.44km²，平均有效厚度为 14.6m，目的层渗透率为 94.8mD，目的层段地质储量为 $54.0 \times 10^4$t。二元驱油体系为：聚合物分子量 1000

万，浓度 1000mg/L，表面活性剂浓度 0.2%，井口黏度为 10mPa·s。采油井单井日配产液 20t，注入井单井日配注 30m³，预测到含水率 95%，试验阶段采出程度 21.4%，其中前缘水驱提高采收率 5.9%，二元驱提高采收率 15.5%。

截至 2017 年 5 月，先导试验区累计注入二元复合体系溶液 $66.37 \times 10^4 m^3$（0.534PV），完成设计注入量的 68.4%，预计 2019 年 12 月化学剂注完。自 2010 年 7 月注化学剂以来，已累计生产原油 $7.39 \times 10^4 t$，阶段采出程度为 13.7%（OOIP），完成方案设计的 88.4%，含水率下降了近 40 个百分点；中心井区累计产油 $1.29 \times 10^4 t$，阶段采出程度为 13.3%（OOIP），完成方案设计的 88.7%。

### 一、注入液黏度与界面张力达标、运行稳定

自 2011 年 11 月 25 日正式注入二元主段塞以来，注入液中聚合物浓度、表面活性剂浓度及溶液黏度、界面张力均符合方案要求，性能稳定（图 3-82 和图 3-83）。

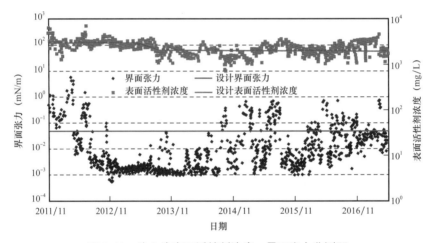

图 3-82　注入液表面活性剂浓度、界面张力监测图

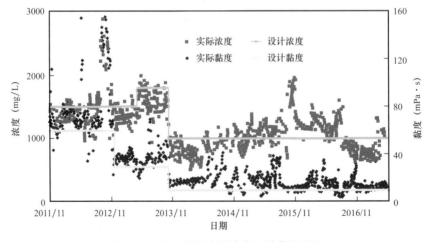

图 3-83　注入液聚合物浓度、黏度监测图

## 二、配液水水质及注入系统黏损情况

二元站注入水水质稳定，水中未检出硫、铁、细菌等降黏物质，达到指标要求（表3-43和表3-44）；注入系统黏损保持较低水平，黏损在12%左右（表3-45）。

表3-43 七中区配液用水水质检测结果

| 控制指标名称 | 悬浮固体含量（mg/L） | 悬浮物颗粒直径（μm） | 硫化物（mg/L） | 总铁（mg/L） | 含油量（mg/L） | SRB（个/mL） | TGB（个/mL） | 铁细菌（个/mL） |
|---|---|---|---|---|---|---|---|---|
| 水质指标要求 | <2.0 | <5.0 | 检不出 | 检不出 | <5.0 | <10 | <$10^3$ | <$10^3$ |
| 七中区配液用水 | 2.0 | 检不出 | 检不出 | 检不出 | <5.0 | 检不出 | 检不出 | 检不出 |

表3-44 六九区污水曝气曝氧前后含铁含硫检测结果　　　单位：mg/L

| 测定日期 | 曝氧前水中含硫 | 曝氧后水中含硫 | 曝氧前水中总Fe | 曝氧后水中总Fe | 曝氧前水中含$Fe^{2+}$ | 曝氧后水中含$Fe^{2+}$ |
|---|---|---|---|---|---|---|
| 2012年6月 | 0.3 | 未检出 | 0.2 | 未检出 | 0.2 | 未检出 |
| 2012年10月 | 0.1 | 未检出 | 0.3 | 未检出 | 0.3 | 未检出 |
| 2013年4月 | 0.1 | 未检出 | 0.2 | 未检出 | 0.2 | 未检出 |

表3-45 配注系统黏损跟踪统计表

| 井号 | 时间 | | | | | | | 平均 |
|---|---|---|---|---|---|---|---|---|
| | 2011年12月 | 2012年1月 | 2012年2月 | 2012年3月 | 2012年4月 | 2012年5月 | 2012年6月 | |
| T72229 | 11.7 | 11.1 | 10.9 | 6.7 | | 5.4 | 13.6 | 9.9 |
| T72230 | 10.6 | 10.7 | 11.8 | 14.1 | | 7.7 | 15.4 | 11.7 |
| T72231 | 12.2 | 19.5 | 10.8 | 11.5 | 14.6 | | 8.9 | 12.9 |
| T72232 | 12.9 | 13.1 | 12.1 | 14.2 | 15.6 | | 13.4 | 13.6 |
| T72240 | 10.8 | 11.6 | 13.8 | 14.0 | | 7.2 | 12.1 | 11.6 |
| T72241 | 12.4 | 13.8 | 11.7 | 11.9 | 15.8 | 7.9 | 12.9 | 12.3 |
| T72242 | 13.9 | 13.8 | 15.0 | 11.7 | 15.5 | | 13.8 | 14.0 |
| T72243 | 14.0 | 10.2 | 11.2 | 7.4 | 10.0 | 13.7 | 10.7 | 11.0 |
| T72251 | 13.0 | 6.8 | 12.8 | 13.0 | | | 19.4 | 13.0 |
| T72252 | 14.0 | 12.6 | 13.6 | 15.3 | 16.1 | | | 14.3 |
| T72253 | 12.5 | 16.4 | 15.2 | 13.9 | 15.7 | | 12.7 | 14.4 |
| T72254 | 11.4 | 12.8 | 9.1 | 6.9 | 11.4 | | 7.7 | 9.9 |

续表

| 井号 | 时间 | | | | | | | 平均 |
|---|---|---|---|---|---|---|---|---|
| | 2011年12月 | 2012年1月 | 2012年2月 | 2012年3月 | 2012年4月 | 2012年5月 | 2012年6月 | |
| T72262 | 12.3 | 11.1 | 11.8 | 6.9 | | 12.4 | 15.7 | 11.7 |
| T72263 | 9.9 | 9.2 | 9.7 | | 15.8 | | 16.8 | 12.3 |
| T72264 | 14.5 | 16.2 | 16.9 | 14.2 | 15.3 | | 10.2 | 14.5 |
| T72265 | 6.5 | 7.5 | 8.6 | | 8.7 | 12.7 | 15.5 | 9.9 |
| T72273 | 16.6 | 16.6 | 16.0 | 15.6 | 17.0 | | 14.5 | 16.0 |
| T72272 | 13.9 | 10.8 | 11.1 | 15.5 | 13.9 | 12.9 | 18.9 | 13.9 |
| 平均 | 12.4 | 12.4 | 12.3 | 12.1 | 14.3 | 10.0 | 13.7 | 12.6 |

## 三、化学剂产出情况

2011年8月前置聚合物段塞注入后，试验区月平均产聚浓度快速上升（图3-84），2011年11月产聚浓度进入高峰期，试验区正常生产的油井全部见聚，单井见聚浓度差异较大，平均产聚浓度高于1000mg/L的4口油井集中于试验区北部，产聚浓度在500～1000mg/L之间的油井集中于试验区西南部（图3-85），产表情况与产聚情况基本一致。

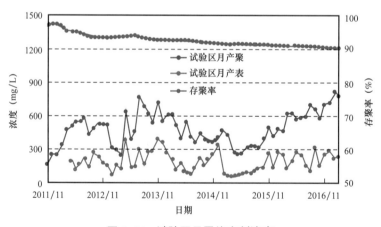

图3-84 试验区月平均产剂浓度

### 1. 高产聚井产出液黏度情况

产出液黏度长期跟踪结果显示：2011年11月至2012年11月注入液黏度为60mPa·s时，高产聚井采出液平均黏度在10mPa·s以上；2012年11月至2013年11月注入黏度为30mPa·s时，采出液平均黏度在5mPa·s以上，表明二元体系黏度在油藏中能得到保障（图3-86至图3-88）。

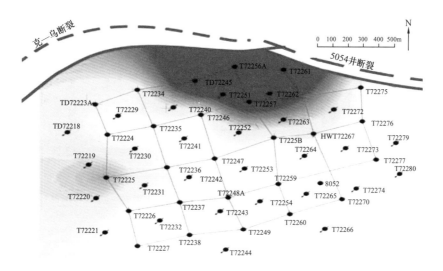

图 3-85 试验区产聚浓度分布图

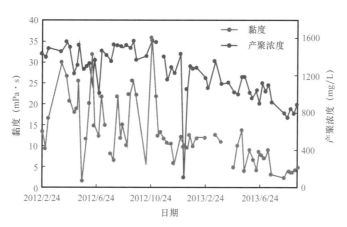

图 3-86 T72237 井产出液产聚浓度和黏度情况

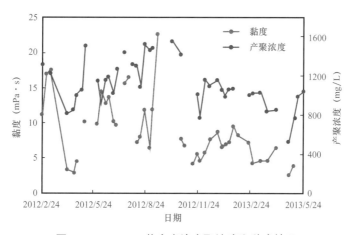

图 3-87 T72257 井产出液产聚浓度和黏度情况

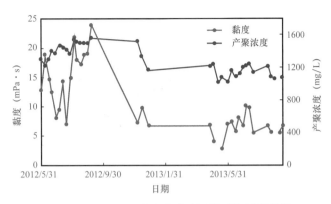

图 3-88 TD72245 井产出液产聚浓度和黏度情况

## 2. 产表井产出液界面张力情况

本项目所设计的二元驱油体系具有优良耐地层水稀释、耐吸附性能，在油藏中表面活性剂被吸附稀释到 300mg/L 时，界面张力性能仍然达到超低，符合复合驱方案设计的要求。油井采出液界面张力规律如下（表 3-46）。

表 3-46 油井采出液界面张力统计

| | | | | | |
|---|---|---|---|---|---|
| 2012 年 5 月 | 井号 | T72235 | T72226 | T72257 | T72270 |
| | 产表浓度（mg/L） | 0 | 291 | 539 | 757 |
| | 界面张力（mN/m） | 2.7900 | 0.4900 | 0.0157 | 0.0115 |
| 2012 年 6 月 | 井号 | T72259 | T72256 | T72270 | T72237 |
| | 产表浓度（mg/L） | 0 | 176 | 427 | 586 |
| | 界面张力（mN/m） | 4.31000 | 0.15000 | 0.01230 | 0.00666 |
| 2012 年 8 月 | 井号 | T72226 | T72258 | T72270 | T72237 |
| | 产表浓度（mg/L） | 45 | 216 | 780 | 702 |
| | 界面张力（mN/m） | 7.95000 | 0.00271 | 0.02070 | 0.01670 |
| 2012 年 12 月 | 井号 | T72249 | | T72270 | T72257 |
| | 产表浓度（mg/L） | 27.4 | | 102.0 | 400.0 |
| | 界面张力（mN/m） | 0.7900 | | 0.0858 | 0.0183 |
| 2013 年 6 月 | 井号 | T72258 | T72261 | T72270 | T72237 |
| | 产表浓度（mg/L） | 0 | 386 | 504 | 972 |
| | 界面张力（mN/m） | 4.8400 | 0.0079 | 0.0148 | 0.0823 |

油井产表浓度小于100mg/L时，采出液界面张力大于1mN/m；油井产表浓度在100～300mg/L之间时，采出液界面张力介于$10^{-1}$～$10^{-3}$mN/m；油井产表浓度大于300mg/L时，采出液界面张力介于$10^{-2}$～$10^{-3}$mN/m。

### 3. 原油族组分变化情况

胶质和沥青质增加是复合驱注入后见效的典型现象，由于二元体系黏度与界面张力具有提高波及系数和驱油效率双重作用，可以采出一些水驱较难采出的含胶质、沥青质较多的重质油。从表3-47、表3-48可以看出，相对于2007年数据，2013年原油的胶质含量上升38%，沥青质上升57%。

表3-47 试验区原油族组分分析（2007年）

| 井号 | 含量（%） | | | |
| --- | --- | --- | --- | --- |
| | 饱和烃 | 芳香烃 | 胶质 | 沥青质 |
| 5050A | 78.54 | 8.62 | 7.82 | 2.14 |
| T7216 | 71.97 | 7.14 | 7.11 | 2.23 |
| 5047A | 82.31 | 12.08 | 6.89 | 1.15 |
| 7209 | 78.06 | 11.44 | 6.05 | 1.20 |
| 7286 | 77.76 | 9.06 | 6.20 | 1.10 |
| 平均 | 77.73 | 9.67 | 6.80 | 1.60 |

表3-48 试验区原油族组分分析（2013年）

| 井号 | 含量（%） | | | |
| --- | --- | --- | --- | --- |
| | 饱和烃 | 芳香烃 | 胶质 | 沥青质 |
| T72226 | 63.43 | 10.86 | 9.71 | 2.86 |
| T72234 | 65.68 | 10.19 | 9.38 | 2.14 |
| T72247 | 66.37 | 10.71 | 8.93 | 2.38 |
| T72260 | 65.28 | 10.39 | 9.50 | 2.67 |
| 平均 | 65.19 | 10.54 | 9.38 | 2.51 |

### 4. 产出液乳化情况

对二元试验区进行了油井产出液乳化情况普查，结果显示7口井采出液含乳化层，乳化层在采出液中体积占比平均为41.7%（表3-49），主要分布在低含水油井中，其中4口井采出液不产表面活性剂，3口井产表面活性剂浓度在100mg/L左右。

表 3-49　油井产出液乳化情况

| 乳化情况 | 井号 | 乳化层在采出液中占比（%） | 井口含水率（%） | 产表浓度（mg/L） | 日产液（t） |
|---|---|---|---|---|---|
| 采出液中含乳化层油井 | T72223 | 83.33 | 17.00 | 105.707 | 5.8 |
| | T72234 | 56.52 | 39.40 | 157.026 | 15.0 |
| | T72260 | 52.17 | 88.60 | 0 | 7.7 |
| | T72247 | 43.48 | 55.80 | 0 | 14.1 |
| 采出液中含乳化层油井 | T72235 | 23.74 | 69.70 | 111.629 | 0.6 |
| | T72259 | 21.74 | 54.20 | 0 | 1.8 |
| | T72224 | 10.87 | 90.70 | 0 | 1.4 |
| | 平均 | 41.69 | 59.34 | 53.480 | |
| 采出液中不含乳化层油井 | T72257 | 0 | 98.00 | 1128.634 | 1.9 |
| | T72270 | 0 | 97.60 | 44.565 | 6.1 |
| | TD72245 | 0 | 97.10 | 423.644 | 9.1 |
| | T72276 | 0 | 96.50 | 0 | 2.5 |
| | T72237 | 0 | 95.90 | 0 | 42.4 |
| | T72261 | 0 | 94.80 | 279.445 | 4.9 |
| | T72236 | 0 | 94.20 | 876.421 | 24.0 |
| | T72249 | 0 | 85.90 | 0 | 4.0 |
| | T72248 | 0 | 79.20 | 0 | 10.3 |
| | T72226 | 0 | 75.00 | 114.573 | |
| | T72246 | 0 | 69.30 | 0 | 16.2 |
| | 平均 | 0 | 87.97 | 238.940 | |

室内模拟现场乳化实验结果显示：在合适的油水比条件下，地层水与原油经过乳化机高速搅拌后形成油包水型乳状液，其稳定性、乳化程度与二元驱现场油井产出液中乳化层相似（图 3-89 和图 3-90），而二元体系与原油经过高速搅拌后形成水包油型乳状液，乳化程度较弱（表 3-50 和图 3-91）。

在二元驱驱油过程中，二元液中的 KPS 属于亲水性表面活性剂，更容易生成水包油乳状液；而原油中的胶质、沥青质属于亲油性表面活性剂，更容易生成油包水乳状液。观察到的油包水强乳化主要出现在表面活性剂浓度很低、含水率也比较低的井，在地层深部，由于压力梯度较小，驱替液的运移速度很慢，导致能量也很低，低能量输入很难产生强乳化，产出液中油包水型强乳化层产生原因可能是原油和地层水高速通过炮眼、油嘴、阀门时经受剧烈的机械剪切而形成。

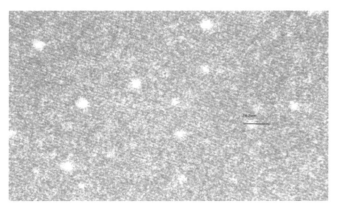

图 3-89 二元体系与原油乳化图

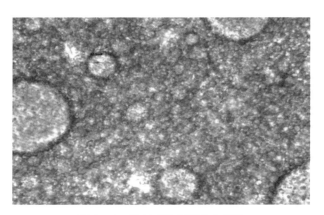

图 3-90 地层水与原油乳化情况

表 3-50 室内模拟乳化实验结果

| 名称 | 水相表面活性剂浓度（mg/L） | 乳化条件 | 溶液状态 | 乳化程度（10000r/min 离心） |
|---|---|---|---|---|
| 二元体系：原油 =1：1 | 3000.00 | 乳化机高速搅拌 10min | 水包油型乳状液 | 较弱（乳化层完全破乳） |
| 二元体系：原油 =1：1 | 3000.00 | 轻微振荡 24h | 不形成乳状液 | — |
| 地层水：原油 =1：1 | 0 | 乳化机高速搅拌 10min | 油包水型乳状液 | 强（乳化层不破乳） |
| 地层水：原油 =1：1 | 0 | 轻微振荡 24h | 不形成乳状液 | — |
| 二元驱含乳化层产出液 | 53.48 | — | — | 强（乳化层不破乳） |
| 七东₁区含乳化层产出液 | 0 | — | — | 强（乳化层不破乳） |

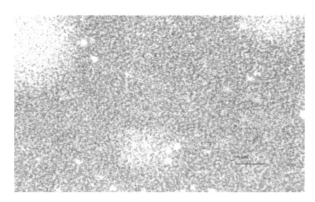

图 3-91　二元驱试验区油井采出液乳化层（T72260 井）

### 5. 试验区存聚率较高，产剂浓度平稳

试验区长期存聚率大于 85%，2014 年 9 月试验调整后产剂浓度稳步下降。2015 年
9 月受压裂影响，产剂浓度有所上升，目前产聚浓度 162.0mg/L，产表浓度 450.4mg/L
（图 3-92 和图 3-93）。

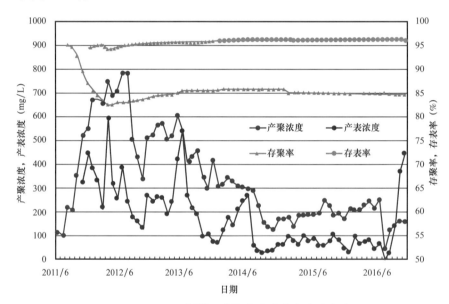

图 3-92　二元驱试验区存聚率存表率和产聚产表

调整后产表浓度保持平稳，一直维持在 150mg/L 左右，2016 年 6 月区块产表浓度上
升明显（由 151mg/L 升到 155.9mg/L），主要是压裂井 TD72245 井和 T72257 井的产表浓
度快速上升引起的（图 3-94）。

截至 2017 年 5 月，先导试验区日注 232.5m³，日产液 58.1t，日产油 25.6t，综合含水
率 55.9%（图 3-95）；累计注入化学剂溶液 0.534PV，累计产油 $11.7 \times 10^4$t，其中二元驱
阶段采出程度 13.7%，目前采出程度 60.6%。

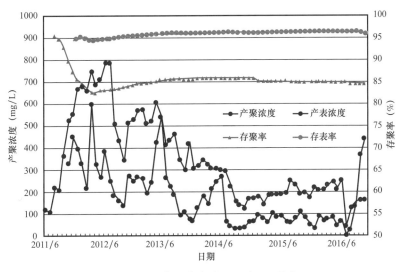

图 3-93 产聚分布（2016 年 12 月）

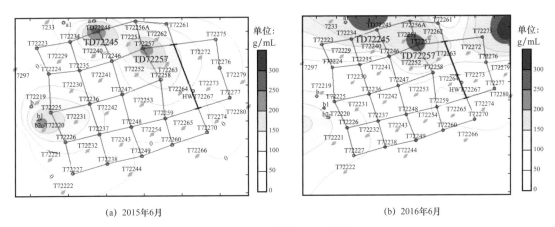

(a) 2015年6月　　　　　　　　　　　　(b) 2016年6月

图 3-94 二元试验区产表分布

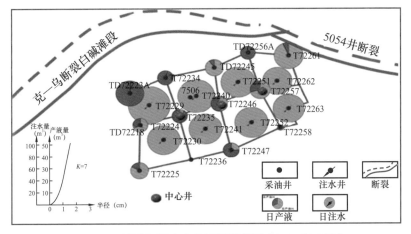

图 3-95 试验区及中心井开采现状图（2017 年 5 月）

截至 2017 年 5 月，试验区中心井 3 口，日产液 11.8t，日产油 5.2t，综合含水率 55.8%；累计产油 $2.12 \times 10^4 t$，阶段采出程度 21.8%，其中二元驱阶段采出程度 13.3%，目前采出程度 60.7%（图 3-96）。

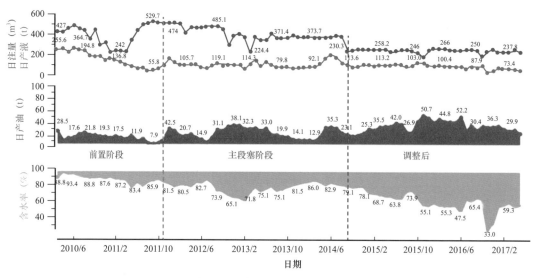

图 3-96  七中区二元试验区开发曲线（2017 年 5 月）

油井见效率 100%，中心井全部见效。单井产量显著提高，高峰期平均单井日产油 5.1t，含水率 51.0%；目前单井日产液 4.9t，日产油 2.4t，含水率 55.9%（表 3-51）。

表 3-51  七中区二元驱试验区开采现状（2017 年 5 月）

| 序号 | 井号 | 空白水驱末（2010 年 6 月） | | | 见效高峰期效果 | | | 目前试验现状 | | | 高峰期日期 |
|---|---|---|---|---|---|---|---|---|---|---|---|
| | | 日产液（t） | 日产油（t） | 含水率（%） | 日产液（t） | 日产油（t） | 含水率（%） | 日产液（t） | 日产油（t） | 含水率（%） | |
| 1 | T72224 | 6.6 | 1.0 | 84.8 | 15.9 | 3.7 | 76.7 | 1.3 | 1.1 | 75.2 | 2015 年 11 月 |
| 2 | T72234 | 17.0 | 0.7 | 95.9 | 7.4 | 6.5 | 12.2 | 3.4 | 3.2 | 5.5 | 2015 年 11 月 |
| 3 | T72235 | 16.3 | 0.3 | 98.2 | 7.1 | 3.2 | 54.9 | 4.1 | 2.7 | 33.3 | 2016 年 6 月 |
| 4 | T72246 | 34.6 | 4.0 | 88.4 | 7.3 | 5.5 | 24.7 | 3.4 | 2.0 | 41.8 | 2015 年 11 月 |
| 5 | T72247 | 12.8 | 0.6 | 95.3 | 4.8 | 3.2 | 33.3 | 3.9 | 2.9 | 25.4 | 2016 年 6 月 |
| 6 | T72256A | 51.6 | 0.5 | 99.0 | 7.9 | 6.0 | 24.1 | 2.8 | 2.8 | 1.1 | 2016 年 6 月 |
| 7 | T72257 | 41.0 | 0.4 | 99.0 | 18.3 | 2.5 | 86.3 | 4.3 | 0.5 | 88.8 | 2015 年 11 月 |
| 8 | T72258 | 19.7 | 0.4 | 98.0 | 9.4 | 2.4 | 74.5 | 1.0 | 0.4 | 63.3 | 2015 年 11 月 |
| 9 | T72261 | 15.0 | 0.2 | 98.7 | 5.5 | 4.2 | 23.6 | 14.8 | 0.3 | 97.8 | 2015 年 11 月 |
| 10 | TD72223A | 15.7 | 5.0 | 68.2 | 15.9 | 14.0 | 11.9 | 11.5 | 11.1 | 3.5 | 2015 年 11 月 |

续表

| 序号 | 井号 | 空白水驱末（2010年6月） | | | 见效高峰期效果 | | | 目前试验现状 | | | 高峰期日期 |
|---|---|---|---|---|---|---|---|---|---|---|---|
| | | 日产液（t） | 日产油（t） | 含水率（%） | 日产液（t） | 日产油（t） | 含水率（%） | 日产液（t） | 日产油（t） | 含水率（%） | |
| 11 | TD72245 | 35.8 | 0.4 | 98.9 | 16.5 | 2.5 | 84.8 | 4.9 | 0.4 | 90.9 | 2015年11月 |
| 12 | T72225 | 11.7 | 1.1 | 90.6 | 8.8 | 7.5 | 14.7 | 3.7 | 0.8 | 78.8 | 2016年8月 |
| 13 | T72236 | 21.9 | 0.4 | 98.2 | 7.0 | 1.6 | 73.0 | — | — | — | 2015年12月 |
| | 合计 | 23.1 | 1.2 | 95.1 | 10.4 | 5.1 | 51.0 | 4.9 | 2.4 | 55.9 | |

截至2017年5月，试验区单井累计产油差异大，其中有4口井累计产油超过 $1\times10^4$t；（0.5~1.0）$\times10^4$t的井有8口，包括3口中心井，其中中心井T72246井二元驱阶段采出程度达到了17.9%（表3-52）。

表3-52 七中区二元调整区单井累计产油（截至2017年5月）

| 区块 | 类型 | 井号 | 前缘水驱 | | 二元复合驱（截至2016年6月） | | 试验总效果 | |
|---|---|---|---|---|---|---|---|---|
| | | | 累计产油（t） | 阶段采出程度（%） | 累计产油（t） | 阶段采出程度（%） | 总累计产油（t） | 总采出程度（%） |
| 调整区 | 边井 | T72234 | 5362 | 8.1 | 13781 | 20.8 | 19143 | 28.8 |
| | | TD72223A | 7038 | 11.8 | 13356 | 22.4 | 20394 | 34.2 |
| | | T72258 | 3874 | 7.7 | 6374 | 12.6 | 10248 | 20.3 |
| | | T72256A | 5931 | 11.7 | 5649 | 11.1 | 11580 | 22.8 |
| | | T72247 | 1507 | 4.0 | 5058 | 12.3 | 6565 | 15.9 |
| | | T72224 | 3962 | 9.5 | 4978 | 12.0 | 8940 | 21.5 |
| | | T72236 | 1626 | 3.7 | 3423 | 8.5 | 5049 | 12.5 |
| | | T72225 | 2334 | 7.4 | 2891 | 9.2 | 5225 | 16.7 |
| | | T72261 | 1509 | 4.3 | 3672 | 10.6 | 5181 | 14.9 |
| | | TD72245 | 2085 | 8.0 | 1811 | 6.9 | 3896 | 14.9 |
| | 中心井 | T72246 | 2297 | 5.8 | 7161 | 17.9 | 9458 | 23.7 |
| | | T72257 | 3743 | 13.4 | 2353 | 8.4 | 6096 | 21.8 |
| | | T72235 | 2183 | 7.4 | 3427 | 11.7 | 5610 | 19.1 |
| 区块合计 | | | 43451 | 8.0 | 73934 | 13.7 | 117385 | 21.7 |

单井累计产油差异大（范围为 $0.4 \times 10^4 t \sim 2.0 \times 10^4 t$），单井累计产油与地层系数相关性强，呈正相关。截至 2017 年 5 月，试验区二元驱阶段采出程度 13.7%，累计产油 $11.7 \times 10^4 t$。中心井由于储层物性差、地层系数低、注采连通率低，采出程度低于边部井（图 3–97、图 3–98 和表 3–53）。

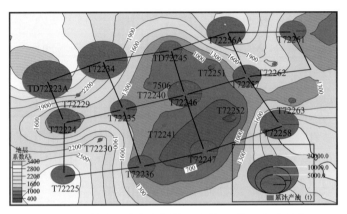

图 3–97　单井累计产油与地层系数 $Kh$ 平面分布叠合

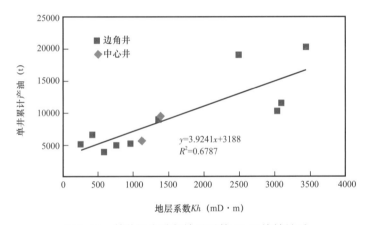

图 3–98　单井累产油与地层系数 $Kh$ 呈线性关系

表 3–53　中心井与边角井累计产油与 $Kh$ 数据

| 井型 | 累计产油（t） | $Kh$（mD·m） |
| --- | --- | --- |
| 中心井平均 | 7054.7 | 1344.6 |
| 边角井平均 | 9622.1 | 1639.6 |

通过系列调整后，试验区注入压力稳步下降，液量稳步上升，堵塞得到缓解，含水率呈现阶梯式下降，二元复合驱试验步入正常轨道（图 3–99 和图 3–100）。

调整后试验区地层压力略有上升（0.7MPa），低渗透区域注采井地层压力差异大，平面分布依然不均衡。目前试验区地层压力为 15.1MPa，较 2015 年下半年上升 1.3MPa（图 3-101）。

前置段塞含水率最大降幅 17.7%，阶段末含水率下降 10.5%；主段塞前期含水率最大降幅 35.8%，阶段末含水率下降 18.2%；高峰期含水率最大降幅 47.5%，目前含水率下降 39.1%，处于低含水稳定生产阶段（图 3-102 和表 3-54、表 3-55），但目前平面上仍然存在不均衡（图 3-103）。

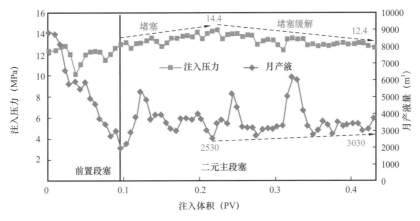

图 3-99　二元试验注入压力变化曲线

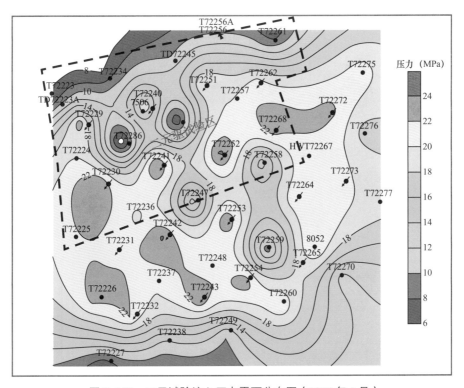

图 3-100　二元试验注入压力平面分布图（2017 年 5 月）

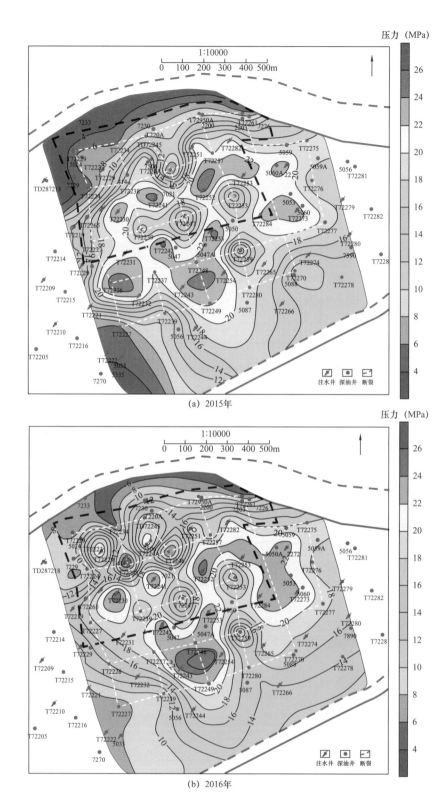

(a) 2015年

(b) 2016年

图3-101 地层压力等值图

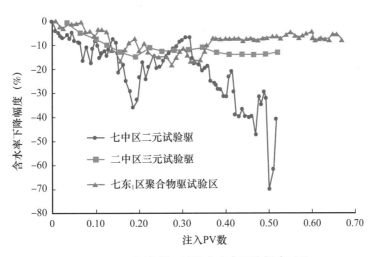

图 3-102 不同化学驱试验含水率下降幅度对比

表 3-54 不同试验初期含水率对比表

| 试验项目 | 初期含水率（%） | $Kh$（mD·m） |
|---|---|---|
| 二元驱试验 | 95.0 | 1707.6 |
| 聚合物驱试验 | 97.0 | 7143.2 |
| 三元驱试验 | 98.0 | 4095.5 |

表 3-55 试验区不同阶段含水率变化情况

| 试验阶段 | 初期含水率（%） | 最低含水率 | | 末期含水率 | |
|---|---|---|---|---|---|
| | | 含水率（%） | 下降幅度（%） | 含水率（%） | 下降幅度（%） |
| 前置段塞 | 95.0 | 77.3 | 17.7 | 84.5 | 10.5 |
| 主段塞前期 | 84.5 | 59.2 | 35.8 | 76.8 | 18.2 |
| 高峰期 | 76.8 | 47.5 | 47.5 | 55.9 | 39.1 |

前置段塞地层深部渗流阻力大，月产液下降幅度较大（52.5%），超过二中区三元驱和七东₁区聚合物驱（22.5%）；二元驱初期注入中等二元体系后，产液得到一定恢复；高峰期注入较弱二元体系，产液能力进一步提升（32.6%），与二中区三元驱和七东₁区聚合物驱相当（图 3-104）。

注剂初期地层深部流动困难，月产液下降幅度较大，超过二中区三元驱和七东₁区聚合物驱。经过调整后，产液下降幅度减缓。考虑到七中区二元先导试验区的储层流动系数较低的情况（表 3-56），二元驱试验月产液下降幅度处于合理范围，符合二元复合驱的规律，但平面上仍然存在不均衡（图 3-105）。

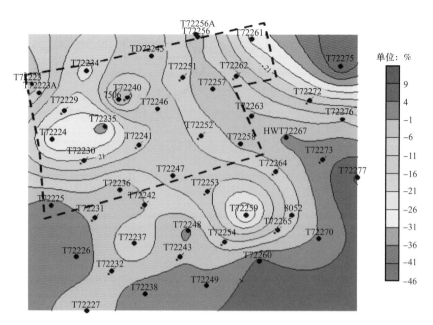

图 3-103 试验调整前后含水率对比图

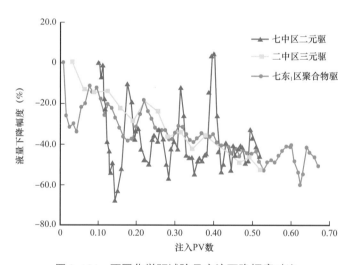

图 3-104 不同化学驱试验月产液下降幅度对比

表 3-56 不同试验注剂初期月产液量

| 试验 | 初期月产液（t） | $Kh$（mD·m） |
|---|---|---|
| 二元驱试验 | 5127.3 | 1707.6 |
| 聚合物驱试验 | 24813.0 | 7143.2 |
| 三元驱试验 | 2600.0 | 4095.5 |

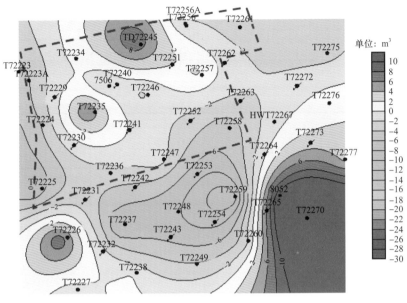

图 3-105 试验调整前后日产液对比

分段塞注入二元体系后，试验区产吸指数稳步提高，目前比吸水指数 2.0m³/（d·MPa·m），比产油指数为 0.07t/（d·MPa·m）（图 3-106）。

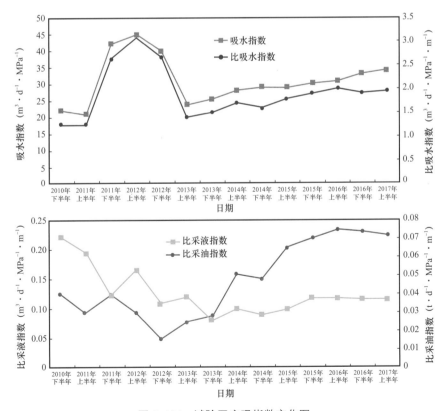

图 3-106 试验区产吸指数变化图

见效高峰期吸水厚度动用程度达到 75.6%，较初期提高 27.6%；产液厚度动用程度 63.4%，较初期上升 12.2%。前置段塞主要动用中上部高渗透储层，二元前期主要动用中部中渗透储层，高峰期主要动用中低渗透储层（图 3-107 和图 3-108）。

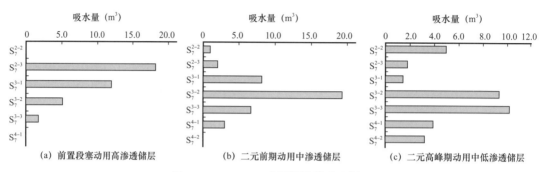

图 3-107　T72252 井不同阶段吸水剖面

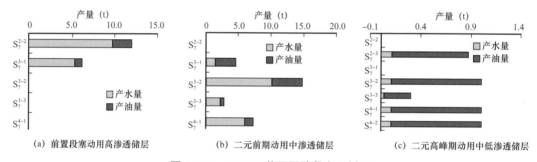

图 3-108　T72246 井不同阶段产量剖面

试验区产出氯离子浓度具有"双峰"特征，主段塞注入后开始见效，氯离子浓度迎来第一个峰值（3366mg/L），但较为短暂；试验调整后，储层适应性进一步增强，见效高峰期来临，氯离子浓度出现第二个峰值（3825mg/L），中心井氯离子浓度同样具有"双峰"特征（图 3-109）。

矿场试验表明，二元复合驱阶段产出液中的乳状液类型以油包水为主，单井的乳状液体积比差异较大（40%～100%），二元复合驱阶段累计产油与乳状液体积比存在相关性，乳状液体积比越高，二元复合驱阶段累计产油越高（图 3-110）。

## 四、不同物性段开发指标

不同物性段剖面动用统计结果表明，二元前期主要动用 100mD 以上储层，高峰期 30～50mD 储层动用程度大幅提高（图 3-111 至图 3-112）。

前置段塞（0.10PV）主要动用 Ⅰ 类储层（100mD 以上），前期（0.10～0.34PV）主要动用 Ⅱ 类储层（50～100mD），高峰期主要动用 Ⅲ 类储层（30～50mD）。Ⅳ 类储层（30mD 以下）二元阶段采出程度较低，仅为 6.12%（图 3-113 和图 3-114）。

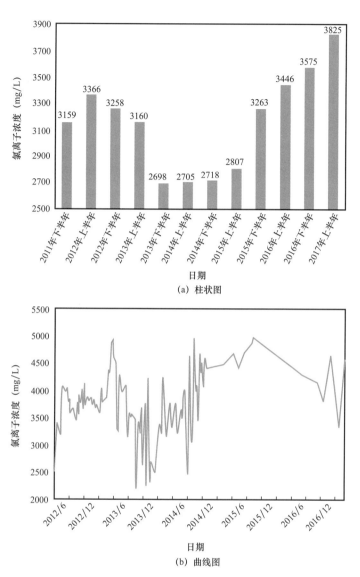

（a）柱状图

（b）曲线图

图 3-109 试验区氯离子浓度变化图

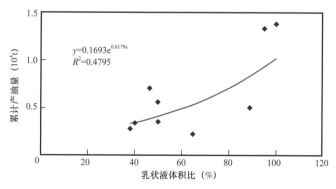

$y=0.1693e^{0.0179x}$
$R^2=0.4795$

图 3-110 单井累计产油量与乳状液体积比关系图

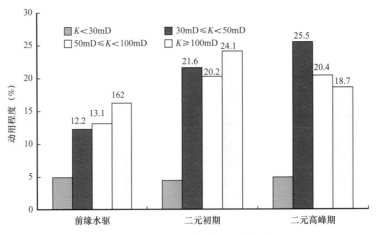

图 3-111　吸水层数动用程度变化

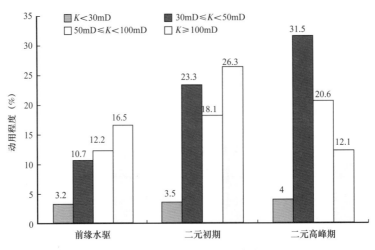

图 3-112　吸水厚度动用程度变化

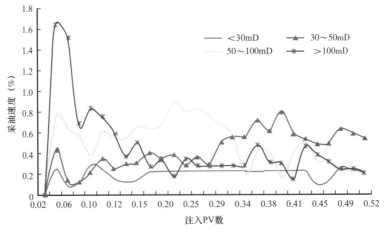

图 3-113　不同物性储层采油速度变化

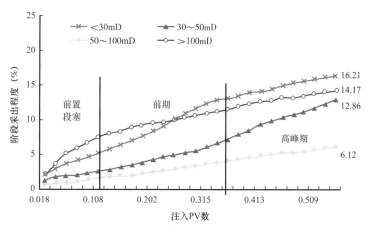

图 3-114 不同物性储层二元阶段采出程度

## 1. 阻力系数变化

与国内其他成功的化学驱油藏相比，经过配方调整后，七中区二元驱阻力系数（12.5）和残余阻力系数（2.6）处于合理范围（表 3-57 和图 3-115），同时视阻力系数稳步提升（表 3-58），反映出二元驱见效特征。

表 3-57 国内各化学驱阻力系数和残余阻力系数（岩心实验）

| 油田 | 区块 | 渗透率（mD） | 化学驱类型 | 聚合物分子量（万） | 聚合物浓度（mg/L） | 阻力系数 | 残余阻力系数 |
|---|---|---|---|---|---|---|---|
| 新疆 | 七中区 | 95 | 二元驱 | 1000 | 1000 | 12.5 | 2.6 |
| 新疆 | 七东₁区 | 560 | 聚合物驱 | 2500 | 1500 | 8.5 | 1.6 |
| 大港 | 港西三区 | 2500 | 二元驱 | 2500 | 2500 | 15.2 | 2.4 |
| 辽河 | 锦 16 块 | 3000 | 二元驱 | 2500 | 1600 | 14.5 | 3.2 |
| 大庆 | — | 700 | 三元驱 | 2500 | 1800 | 10.2 | 1.9 |
| 大庆 | — | 700 | 聚合物驱 | 2500 | 1800 | 12.1 | 2.2 |
| 吉林 | 红 113 | 110 | 二元驱 | 1500 | 1500 | 54.8 | 24.9 |
| 长庆 | 北三区 | 100 | 二元驱 | 1500 | 1500 | 44.8 | 20.8 |

表 3-58 二元驱试验区霍尔斜率（视阻力系数）

| 调剖调试 | 二元驱初期 | 二元驱见效高峰期 |
|---|---|---|
| 1.2 | 1.4 | 1.9 |

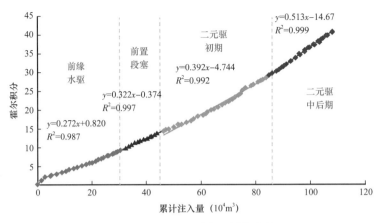

图 3-115　二元驱试验区霍尔曲线

目前累计注剂 0.534PV，完成设计的 80%；二元驱阶段采出程度 17.3%，完成设计的 92%。目前试验正常运行，好于方案预期，能够完成方案指标，最终采收率 18.0%，超方案设计 2.5 个百分点。

试验降水增油效果明显，开发效果显著。至 2015 年 11 月试验整体达到见效高峰，并持续有效，日产油由 17.7t 上升至 54.6t；含水率由 95.0% 下降至最低含水率 47.5%，目前含水率 55.9%，最大降幅达 47.5 个百分点（图 3-116）。

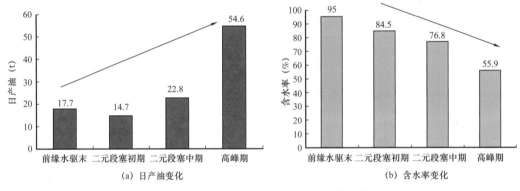

(a) 日产油变化　　　　　　　　　　　(b) 含水率变化

图 3-116　试验不同阶段日产油、含水率变化图

## 2. 同类试验对比

七中区克下组二元复合驱试验效果与辽河高渗透砂岩油藏相当（图 3-117 和表 3-59）。

表 3-59　新疆油田和辽河油田二元驱效果对比数据表（0.5PV）

| 区块 | 油藏类型 | 渗透率（mD） | 阶段采出程度（%） | 含水率最大下降幅度（%） |
|---|---|---|---|---|
| 新疆七中区克下组 | 砾岩 | 94.8 | 17.2 | 47.5 |
| 辽河锦 16 兴Ⅱ | 砂岩 | 3442.0 | 18.0 | 17.0 |

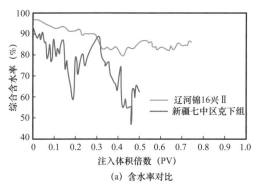 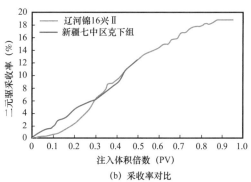

(a) 含水率对比      (b) 采收率对比

图 3–117 中国石油不同区块二元复合驱含水率、采收率对比

### 3. 折算吨剂增油

二元复合驱在初期、中期阶段折算吨剂增油 20t/t 左右，聚合物用量为 545mg/（L·PV）以后见效高峰期折算吨剂增油 40t/t 以上（图 3–118）。

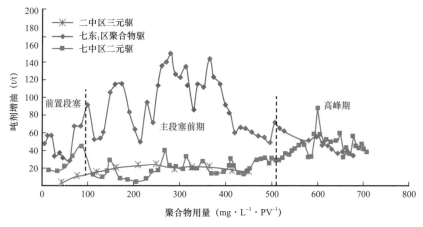

图 3–118 不同化学驱吨剂增油量变化曲线

## 五、小结

通过攻关与实践，形成了砾岩油藏二元复合驱大幅度提高采收率技术。试验区 2015 年 11 月达到见效高峰，含水率最大降幅超过 40 个百分点，单井日产油由 1.0t 提高到 4.2t，提高 4.2 倍，采油速度由 0.9% 提高到 3.6%，提高 4.0 倍。截至 2019 年年底提高采收率 17.2%，预计最终提高采收率 18%，超方案设计 2.5 个百分点。

### 参 考 文 献

[1] 李杰瑞，刘卫东，周义博，等 . 化学驱及乳化研究现状综述 [J] . 应用化工，2018，47（9）：1957–1961.

[2] 李星 . 乳化程度对三元复合驱提高采收率的影响 [J] . 化学工程与装备，2016（5）：54–57.

［3］王克亮，皮彦明，吴岩松，等.三元复合体系的乳化性能对驱油效果的影响研究［J］.科学技术与工程，2012，12（10）：2428–2431.

［4］王涛，志庆，王芳，等.原油乳状液的稳定性及其流变性［J］.油田化学，2014，31（4）：600–604.

［5］姚同玉，李继山，周广厚.影响驱油剂洗油效率的参数分析［J］.中国石油大学学报（自然科学版），2008（3）：99–102.

［6］朱友益，张翼，牛佳玲，等.无碱表面活性剂 – 聚合物复合驱技术研究进展［J］.石油勘探与开发，2012，39（3）：346–351.

［7］夏惠芬，王刚，马文国，等.无碱二元体系的黏弹性和界面张力对水驱残余油的作用［J］.石油学报，2008（1）：106–110，115.

［8］冯聪聪.化学驱乳化过程研究［D］.大庆：东北石油大学，2014.

［9］刘卫东.聚合物／表活剂二元驱提高采收率技术研究［D］.廊坊：中国科学院研究生院（渗流流体力学研究所），2011.

［10］陈思智，刘卫东，王桂君，等.乳状液体系在石油工业中研究现状综述［J］.应用化工，2017，46（7）：1366–1369，1373.

［11］Ahmad S I, Shinoda K, Friberg S. Microemulsions and phase equilibria. Mechanism of the formation of so–called microemulsions studied in connection with phase diagram［J］. Journal of Colloid & Interface Science, 1974, 47（1）: 32–37.

［12］刘晓霞，朱友益，徐倩倩.驱油用水溶性乳化剂乳化性能的评价［J］.应用化工，2016，45（2）：223–226，232.

［13］廖广志，王强，王红庄，等.化学驱开发现状与前景展望［J］.石油学报，2017，38（2）：196–207.

［14］武宜乔.三次采油化学驱油技术现状与展望［J］.当代化工，2016，45（8）：1851–1853.

［15］徐明进，李明远，彭勃，等.Zeta 电位和界面膜强度对水包油乳状液稳定性影响［J］.应用化学，2007（6）：623–627.

［16］王海波，李艳梅，刘德山.分散体系形成中表面活性剂使用量的判据［J］.高等学校化学学报，2004（1）：140–143.

［17］陈刚，宋莹盼，唐德尧，等.表面活性剂驱油性能评价及其在低渗透油田的应用［J］.油田化学，2014，31（3）：410–413，418.

［18］王玮，宫敬，李晓平.非牛顿稠油包水乳状液的剪切稀释性［J］.石油学报，2010，31（6）：1024–1026，1030.

［19］陈汝熙，郑文儒，沈颖兰，等.碱水驱油原油中乳化活性组分的研究［J］.油田化学，1988（2）：121–128.

［20］王海波，刘德山.乳液体系中影响分散相粒子大小及分布的因素——cmcO 及 cmcW 的协同作用［J］.高等学校化学学报，2002（9）：1743–1747.

［21］朱友益，侯庆锋，简国庆.化学复合驱技术研究与应用现状及发展趋势［J］.石油勘探与开发，2013，40（1）：90–96.

［22］杨振宇，陈广宇. 国内外复合驱技术研究现状及发展方向［J］. 大庆石油地质与开发，2004，23（5）：94-96.

［23］Mc Auliffe C D. Crude-oil-water emulsions to improve fluid flow in an oil reservoir［J］. Journal of Petroleum Technol-ogy，1973，25（6）：721-726.

［24］孙仁远，刘永山. 超声乳状液的配制及其段塞驱油试验研究［J］. 石油大学学报（自然科学版），1997，21（5）：102-103.

［25］廖广志，王强，王红庄，等. 化学驱开发现状与前景展望［J］. 石油学报，2017，38（2）：196-207.

［26］王凤琴，曲志浩，孔令荣. 利用微观模型研究乳状液驱油机理［J］. 石油勘探与开发，2006，33（2）：221-224.

# 第四章　七东₁区弱碱三元复合驱现场试验

## 第一节　地质特征

### 一、构造特征

七东₁区克下组油藏构造形态简单，是一个四周被断裂切割成似菱形的封闭断块油藏，为一倾向东南的单斜，地层倾角3°～30°之间，向下倾方向逐渐变陡，整体表现为四段式，分别为3°～7°、7°～10°、10°～15°、15°～30°，三元复合驱试验区的构造倾角在3°～7°之间，各油层组之间构造特征有很好的继承性。

### 二、沉积特征

七东₁区克下组自下而上分为 $S_7$ 和 $S_6$ 两个砂层组，细分为12个单层，主力砂体为 $S_7^2$、$S_7^3$、$S_7^4$，沉积厚度60～120m；三元试验区地层厚度55.0～88.5m，平均厚度是67.8m（图4-1）。

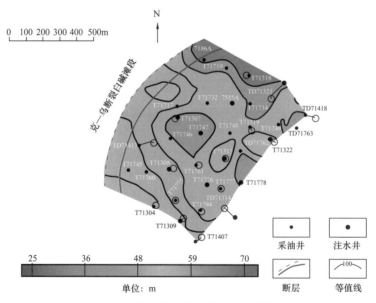

图4-1　七东₁区三元复合驱试验区目的层地层厚度图

根据沉积相平面展布和垂向演化特征，七东₁区存在两个物源方向，一个为北西向，另一个为北东向，以北西向物源方向为主。地层总体上具有平行物源方向由西北向东南增厚的特征，垂直物源方向呈中部薄、两边厚的特征。储层为山麓洪积相，沿物源方向片流砾石体沉积厚度变小，过渡为辫流水道沉积；垂直物源方向在西部和东部边缘存在填平补齐的片流砂砾岩体沉积，在 $S_7^3 \sim S_7^2$ 层主要发育辫流水道沉积（表4-1）。试验区位于沉积相的主体部位，储层整体连片性较好，在 $S_7^{3-2} \sim S_7^{2-2}$ 层主要发育辫流水道沉积，在 $S_7^{3-3} \sim S_7^4$ 层主要发育片流沉积（图4-2和图4-3）。

表 4-1 七东₁区克下组沉积微相划分

| 亚相 | 微相 | 砂体类型 | 目的层 |
|---|---|---|---|
| 扇根 | 片流带 | 片流砂砾体 | $S_7^{4-2}$、$S_7^{4-1}$、$S_7^{3-3}$ |
| | 漫洪带 | 漫洪砂体 | |
| | | 漫洪细粒沉积 | |
| 扇中 | 辫流带 | 辫流水道砂体 | $S_7^{3-2}$、$S_7^{3-1}$、$S_7^{2-3}$、$S_7^{2-2}$、$S_7^{2-1}$ |
| | 漫流带 | 漫洪砂体 | |
| | | 漫洪细粒沉积 | |
| 扇缘 | 径流带 | 径流水道砂体 | $S_7^1$、$S_6^3$、$S_6^2$、$S_6^1$ |
| | 漫流带（湿地） | 漫流砂体 | |
| | | 漫流细粒沉积 | |

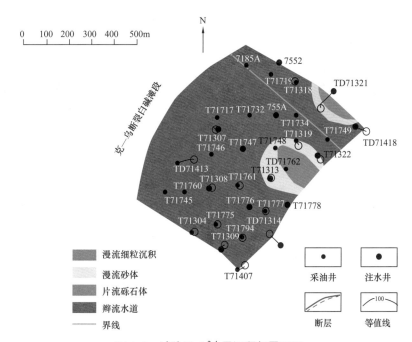

图 4-2 试验区 $S_7^{2-1}$ 层沉积相平面图

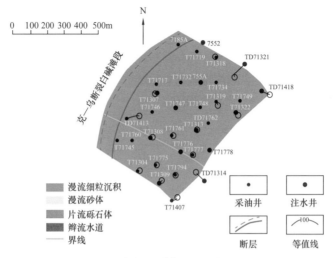

图 4-3　试验区 $S_7^{3-3}$ 层沉积相平面图

## 三、储层特征

### 1. 岩矿特征

　　储层岩性主要以含砾粗砂岩、砂砾岩、砂质砾岩为主，岩石碎屑为颗粒支撑，呈点接触。砾石成分复杂，颗粒分选中等—差，以次棱角状—次圆状为主。储层矿物以石英、长石为主；云母比较常见，主要呈粒间充填及片状或弯片状产出于颗粒表面。填隙物含量分布不均，包括细砂级碎屑颗粒、水云母及泥质胶结物，偶见碳酸盐胶结物。黏土矿物绝对含量平均为 3.71%（表 4-2），黏土矿物以高岭石为主（相对含量为 60.0%）（图4-4）。

(a) T71721-6-8井，1069.77m　　　　(b) T71721-11-4井，1078.76m

图 4-4　七东₁区三元复合驱试验区储层铸体薄片图

表 4-2　七东₁区三元复合驱试验区储层岩石矿物组成统计表（样品数：46）

| 岩矿 | | 绝对含量（%） |
|---|---|---|
| 非黏土矿物 | 石英 | 33.43 |
| | 斜长石 | 32.59 |
| | 钾长石 | 21.95 |
| | 方解石 | 3.08 |
| | 铁白云石 | 2.53 |
| | 菱铁矿 | 2.71 |
| 黏土 | | 3.71 |

### 2. 孔隙结构特征

七东₁区克下组主要发育粗喉小孔、细喉大孔、粗喉中孔、中喉大孔、细喉中孔等类型，反映储层不但有相对单一的孔渗系统，而且还同时存在双重—多重孔渗系统，反映了冲积扇沉积体系的储层微观结构的多样性和复杂性。

试验区孔隙类型以粒间孔为主（图 4-5），喉道以点状喉道为主，其次是缩颈型喉道（图 4-6）。孔隙结构主要为复模态特征，非均质强。储层孔隙度大于 17%，渗透率大于 300mD，为高孔中高渗储层。孔隙类型以原生粒间孔隙和剩余粒间孔隙为主，局部发育粒内溶孔。最大孔喉半径大于 30μm，孔喉分布为单峰偏粗态，孔喉组合类型为大孔中喉型，孔喉连通呈较好的网络状。试验区主力层孔喉参数如图 4-7 所示，$S_7^3$ 层平均孔喉半径较大，其次是 $S_7^2$ 层，$S_7^{4-1}$ 层最小；其中 $S_7^{3-2}$ 层、$S_7^{2-3}$ 层、$S_7^{2-1}$ 层平均喉道半径最大，其次是 $S_7^{3-1}$ 层、$S_7^{2-2}$ 层，$S_7^{4-1}$ 层最小。

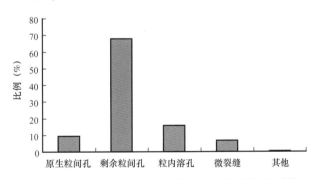

图 4-5　七东₁区三元复合驱试验区不同孔隙类型比例图

### 3. 储层分类评价

收集了七东₁区克下组 6 口密闭取心井分析的 175 个储层岩样压汞资料，根据反映孔隙结构特征的 16 项参数的优选，确定了 9 项参数：孔隙度、渗透率、均值、偏态、饱和度中值半径、最大孔喉半径、平均毛细管半径、视孔喉体积比和非饱和汞孔隙体积分数，采用 K-means 聚类分析方法将砾岩储层孔隙结构分为四大类（表 4-3）。

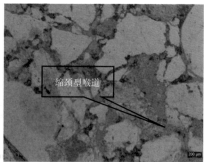

（a）点状喉道　　　　　　　　　　　　　（b）缩颈型喉道

图 4-6　七东₁区三元复合驱试验区不同喉道类型图

表 4-3　七东₁区克下组储层孔隙结构分类特征表

| 类别 | 孔隙度（%） | 渗透率（mD） | 均值 | 偏态 | 饱和度中值半径（μm） | 最大孔喉半径（μm） | 平均毛细管半径（μm） | 视孔喉体积比 | 非饱和汞体积分数（%） |
|---|---|---|---|---|---|---|---|---|---|
| I | >17 | >300 | <8 | >0.5 | >5 | >30.0 | >15.0 | >4.0 | <5 |
| II | 14~23 | 150~300 | 8~10 | <0.5 | 0.3~5.0 | 1.5~30.0 | 0.5~15.0 | 1.0~4.0 | 5~20 |
| III | 11~23 | 50~150 | 10~12 | -0.7~0.1 | 0.1~0.5 | 0.5~10.0 | 0.2~3.0 | 0.5~2.5 | 15~20 |
| IV | <11 | <50 | >12 | <0 | <0.2 | <2.0 | <0.5 | 0.5~2.0 | >20 |

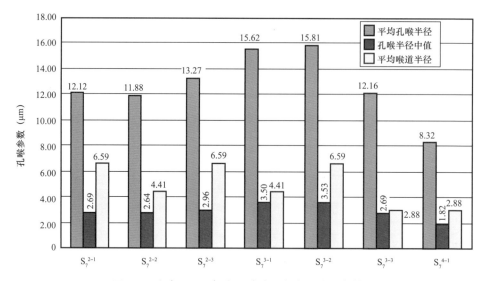

图 4-7　七东₁三元复合驱试验区各小层孔喉参数图

根据以上的分类标准，试验区各小层以Ⅰ类储层为主（图4-8和表4-4），其中Ⅰ类储层占比91.2%，Ⅱ类储层占比4.1%，Ⅲ类储层占比2.3%，Ⅳ类储层占比2.4%。

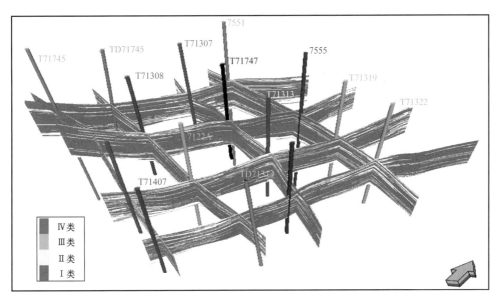

图4-8　七东₁区三元复合驱试验区各储层类型分布

表4-4　七东₁区三元复合驱试验区分层储层类型比例统计表　　　　　单位：%

| 类别 | $S_7^{2-1}$ | $S_7^{2-2}$ | $S_7^{2-3}$ | $S_7^{3-1}$ | $S_7^{3-2}$ | $S_7^{3-3}$ | $S_7^{4-1}$ | 平均 |
|---|---|---|---|---|---|---|---|---|
| Ⅰ | 86.6 | 94.3 | 94.5 | 93.1 | 98.7 | 84.6 | 77.6 | 91.2 |
| Ⅱ | 4.0 | 2.8 | 2.1 | 2.5 | 0.8 | 7.9 | 12.0 | 4.1 |
| Ⅲ | 4.7 | 1.5 | 1.1 | 1.2 | 0.2 | 4.2 | 6.3 | 2.3 |
| Ⅳ | 4.7 | 1.5 | 2.3 | 3.2 | 0.3 | 3.3 | 4.0 | 2.4 |

### 4. 物性特征

根据9口取心井537个岩心样品物性分析数据，孔隙度最大值28.7%，最小值1.4%，平均13.6%，主要集中在16%～24%之间，样品占60%。渗透率最大值5000mD，最小值0.23mD，平均474.7mD，渗透率分布区间大，一般在10～5000mD之间，大于1000mD的比例占37.5%，渗透率级差几十至数百倍。不同岩性的孔渗区别显著，从岩性的孔渗柱状图（图4-9）可见，含砾粗砂岩的孔隙度、渗透率最高，其次为砂砾岩及中细砂岩，砾岩的孔隙度、渗透率最差。

全区目的层测井解释油层平均孔隙度17.4%，平均渗透率597.7mD，物性分布受沉积相带的控制，优势相带顺物源方向呈条带状展布，孔渗分布与沉积微相分布一致，不同相带变化较大（表4-5）。

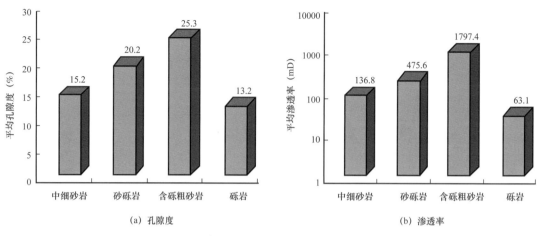

(a) 孔隙度                 (b) 渗透率

图 4-9 岩心分析不同岩性储层孔渗柱状图

表 4-5 七东₁区克下组不同沉积单元物性特征统计表

| 相带 | 发育层位 | 构型单元 | 沉积单元长度 （m） | 沉积单元厚度 （m） | 孔隙度 （%） | 渗透率 （mD） |
|---|---|---|---|---|---|---|
| 扇根 扇中 | $S_7^{4-1} \sim S_7^{3-3}$ $S_7^{3-2} \sim S_7^{2-1}$ | 片流砾石体 | $\dfrac{300 \sim 1000}{750}$ | $\dfrac{2.1 \sim 5.3}{3.5}$ | $\dfrac{5.5 \sim 36.0}{14.5}$ | $\dfrac{20 \sim 2000}{210}$ |
| | | 漫洪砂体 | $\dfrac{20 \sim 100}{60}$ | $\dfrac{1.5 \sim 3.0}{0.5}$ | $\dfrac{14.0 \sim 22.8}{15.5}$ | $\dfrac{10 \sim 500}{100}$ |
| 扇缘 相带 | $S_7^1 \sim S_6^1$ | 辫流砂坝 | $\dfrac{100 \sim 600}{250}$ | $\dfrac{3.0 \sim 6.0}{4.5}$ | $\dfrac{4.0 \sim 25.0}{16.0}$ | $\dfrac{300 \sim 5000}{1200}$ |
| | | 辫流水道 | $\dfrac{300 \sim 600}{400}$ | $\dfrac{2.0 \sim 5.0}{3.0}$ | $\dfrac{6.0 \sim 20.0}{18.0}$ | $\dfrac{30 \sim 2500}{800}$ |
| 扇根 | $S_7^{4-1} \sim S_7^{3-3}$ | 径流水道 | $\dfrac{100 \sim 400}{150}$ | $\dfrac{1.5 \sim 3.0}{3.5}$ | $\dfrac{10.0 \sim 20.0}{16.5}$ | $\dfrac{32 \sim 3000}{650}$ |
| | | 漫流砂体 | $\dfrac{250 \sim 800}{500}$ | $\dfrac{1.1 \sim 2.5}{2.0}$ | $\dfrac{8.0 \sim 18.0}{13.0}$ | $\dfrac{10 \sim 50}{6}$ |

注：表中数值为 $\dfrac{最小值 \sim 最大值}{平均值}$。

七东₁区三元复合驱试验区目的层平均孔隙度19.6%，平均渗透率1542.3mD。不同层位受沉积相影响变化较大，其中$S_7^2$层平均孔隙度19.7%，平均渗透率1377.1mD；$S_7^3$层平均孔隙度20.0%，平均渗透率1962.3mD；$S_7^{4-1}$层平均孔隙度17.2%，平均渗透率651.7mD（表4-6）。

表 4-6 七东₁区三元复合驱试验区目的层物性统计表

| 层位 | 孔隙度（%） | 渗透率（mD） |
|---|---|---|
| $S_7^{2-1}$ | 18.9 | 1079.8 |
| $S_7^{2-2}$ | 19.5 | 1400.7 |
| $S_7^{2-3}$ | 19.6 | 1665.7 |
| $S_7^{3-1}$ | 20.7 | 2012.5 |
| $S_7^{3-2}$ | 21.6 | 2229.2 |
| $S_7^{3-3}$ | 19.9 | 1387.1 |
| $S_7^{4-1}$ | 17.2 | 651.7 |
| 目的层位（$S_7^{2-1}$～$S_7^{4-1}$） | 19.6 | 1542.3 |

## 四、储层非均质特征

### 1. 层内非均质性

三元复合驱试验区主力层相带主要为辫流河道和片流砾石体，非均质性受沉积相带和微观孔隙结构控制，扇中辫流水道物性较好，非均质相对较弱；扇根片流砾石体物性相对较差，非均质相对较强（表 4-7）。

表 4-7 七东₁区克下组三元复合驱试验区目的层不同构型单元物性特征统计表

| 相带 | 发育层位 | 构型单元 | 构型单元长度（m） | 构型单元厚度（m） | 孔隙度（%） | 渗透率（mD） |
|---|---|---|---|---|---|---|
| 扇根 | $S_7^{4-1}$～$S_7^{3-3}$ | 片流砾石体 | $\dfrac{200\sim800}{600}$ | $\dfrac{3.6\sim4.9}{4.2}$ | $\dfrac{5.5\sim29.0}{16.5}$ | $\dfrac{20\sim2000}{710}$ |
| 扇中 | $S_7^{3-2}$～$S_7^{2-1}$ | 辫流水道 | $\dfrac{200\sim800}{750}$ | $\dfrac{2.6\sim4.3}{3.5}$ | $\dfrac{6.0\sim20.0}{20.0}$ | $\dfrac{30\sim2500}{1600}$ |

注：表中数值为 $\dfrac{最小值\sim最大值}{平均值}$。

对三元复合驱试验区层内渗透率的变化进行统计（表 4-8），渗透率级差大，单层内渗透率级差可达 395.7，单层间渗透率相差也较大，单层间渗透率范围为 651.7～2229.2mD，上述特点也反映出克下组渗透率分布严重的非均质性。层内非均质性级差平均为 280.0，变异系数平均为 0.93，突进系数为 3.1。

表 4-8  七东₁区三元复合驱试验区层内非均质参数统计表

| 层位 | 孔隙度（%） | 渗透率（mD） | 变异系数 | 突进系数 | 级差 |
|---|---|---|---|---|---|
| $S_7^{2-1}$ | 19.1 | 1079.8 | 0.80 | 2.5 | 210.1 |
| $S_7^{2-2}$ | 19.5 | 1400.7 | 0.80 | 2.3 | 178.2 |
| $S_7^{2-3}$ | 20.1 | 1665.7 | 1.00 | 2.8 | 395.7 |
| $S_7^{3-1}$ | 20.3 | 2012.5 | 1.01 | 3.0 | 275.9 |
| $S_7^{3-2}$ | 20.5 | 2229.2 | 0.88 | 2.7 | 378.3 |
| $S_7^{3-3}$ | 19.1 | 1387.1 | 1.01 | 2.9 | 324.2 |
| $S_7^{4-1}$ | 17.3 | 651.7 | 1.03 | 3.2 | 253.4 |
| 平均 | 19.6 | 1542.3 | 0.93 | 3.1 | 280.0 |

## 2. 层间非均质性

### 1）层间隔层分布

该区层间隔层一般指厚度大于 0.5m 的泥岩、粉砂质泥岩和泥质粉砂岩。电阻率曲线显示低阻，自然电位曲线靠近泥岩基线。对三元复合驱试验区全部新老井的层间隔层厚度进行了统计（表 4-9）：$S_7^{2-3}$ 以上小层个别井组发育，厚度 1.0～5.0m；$S_7^{2-3}$～$S_7^{3-1}$ 层间局部发育，厚度 1.0～4.0m；$S_7^{3-2}$ 以下小层不发育，不同区域的隔层稳定性及厚度存在显著差异。

表 4-9  七东₁区克下组储层层间隔层分布统计表

| 层间 | 隔层厚度（m） | |
|---|---|---|
| | 全区 | 9 注 16 采试验区 |
| $S_7^{2-1}/S_7^{2-2}$ | 2.2 | 2.6 |
| $S_7^{2-2}/S_7^{2-3}$ | 1.8 | 1.7 |
| $S_7^{2-3}/S_7^{3-1}$ | 1.8 | 1.7 |
| $S_7^{3-1}/S_7^{3-2}$ | 1.5 | — |
| $S_7^{3-2}/S_7^{3-3}$ | 1.3 | — |
| $S_7^{3-3}/S_7^{4-1}$ | 1.6 | — |
| 平 均 | 1.7 | 1.5 |

### 2）层间渗透率非均质程度

利用测井解释结果对三元复合驱试验区目的层段的层间渗透率非均质程度进行统计，层间非均质性级差为 2.6，变异系数为 0.7，突进系数为 1.4。

# 第二节 弱碱三元复合驱驱油体系设计

## 一、复合体系渗流过程中驱油性能的动态变化研究

当前化学复合驱已成为高含水油藏提高采收率的重要手段，大庆、胜利、吉林等油田都开展了大量的矿场试验。水相流度的控制和超低油水界面张力是其主要的驱油机理，也是复合体系设计的主要指标。油藏渗流中，由于岩石孔喉对体系的剪切降解、聚合物和表面活性剂的吸附、滞留以及色谱分离等因素的影响，复合体系性能是动态变化的，较其初始设计性能有较大差异，影响其到达油藏深部后的实际驱油能力[1]。针对这一问题，部分学者已就复合体系用聚合物浓度、分子量、岩石渗透率等因素对体系剪切降解的影响开展了研究，取得了关于岩石中复合体系黏度特征变化的宝贵认识[2]。尽管如此，关于渗流速度和运移距离两个关键因素对体系流度控制能力（黏度）影响的研究仍有待深入。复合体系注入过程中，其在近井地带的流动速度显著高于远井，不同流速下岩石对体系的剪切破坏程度不同，通过考察不同流速下体系的剪切降解特征，能够明确体系在油藏中不同位置处流度控制能力的变化，优化化学体系注入速度[3, 4]。另一方面，复合体系从近井向远井流动中，随运移距离的增大，体系遭受岩石剪切的次数增加，流度控制能力不断变化，到达油藏深部后其所具有的实际性能成为影响其驱油效果的关键，通过运移距离影响研究，可确定其到达远井后体系性能的变化[5, 6]。已有研究中往往综合了剪切降解、聚合物吸附和注入水稀释对体系黏度的影响，难以确定渗流速度和运移距离变化时单一剪切降解对其性能的影响。因此，为了深化注入速度和运移距离对复合体系黏度的影响以及影响机理的认识，本部分通过大量注入复合体系的方法，减少注入水稀释和聚合物吸附的影响，着重研究仅考虑剪切降解时，渗流速度、运移距离对复合体系黏度特征的影响，以及渗流过程中体系界面张力的动态变化及分布特征[7, 8]。

### 1. 渗流速度对复合体系黏度的影响

黏度是决定复合体系流度控制能力的关键，而在近井地带由于流动速度较高，岩石孔喉对体系的剪切—拉伸作用较强，易导致体系黏度损失，影响其到达油藏深部后的实际流度控制能力[9, 11]。据此，为了确定近井地带较短距离内，高渗流速度对复合体系黏度的影响，将制备的复合体系分别以不同速度 0mL/min（0m/d）、0.5mL/min（2.1m/d）、1.0mL/min（4.2m/d）、2.0mL/min（8.4m/d）、3.0mL/min（12.6m/d）、5.0mL/min（21.0m/d）注入 30cm 填砂模型中，模拟实际地层中复合体系在近井与远近地带的不同流动速度；待注入 3.0PV 后（排除注入水稀释和吸附的影响）开始收集体系样品，利用 Brookfield 旋转黏度计测试样本黏度，确定流速对体系黏度的影响，结果如图 4-10 所示。

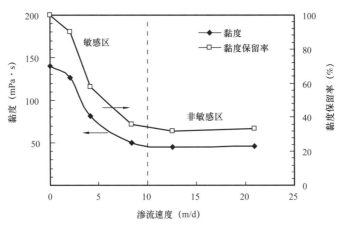

图4-10　不同流动速度条件下聚合物剪切降解后黏度

由图4-10可见，随渗流速度的增大复合体系黏度先显著降低，后降低趋势减缓并趋于稳定。渗流速度对体系黏度的影响存在以10m/d为界的敏感性不同的两个区域，速度小于10m/d范围内，复合体系黏度对多孔介质的剪切作用较敏感，渗流速度的增大会导致体系黏度的大幅降低和流度控制能力的显著损失；速度大于10m/d，体系黏度趋于稳定，其黏度保留率仅为30%。对于孔渗特征一定的油藏，复合体系流动速度越大，渗流压差越大，作用在聚合物分子上的孔喉的剪切—拉伸作用越强，聚合物分子越易断裂，导致体系黏度的明显损失；而当渗流速度超过10m/d后，在较强的剪切作用下，聚合物分子断裂为较小的分子链段，由于尺寸减小，这种链段能够较顺利地通过孔喉，受到的剪切—拉伸作用显著减弱，因此渗流速度的进一步增大，对其剪切破坏减弱，对黏度影响也较小。此外，对于具有不同渗透率和孔喉特征的油藏，高速剪切后，复合体系的黏度保留率会因复合体系用聚合物分子量、聚合物浓度和油藏渗透率的不同，而存在一定差异。

### 2. 运移距离对复合体系黏度的影响

油藏岩石对复合体系的剪切破坏易导致体系黏度的显著损失，而体系到达油藏深部后所具有的实际驱油性能是影响复合驱效果的关键，通过运移距离对体系黏度的影响研究，确定其运移至油藏深部所具有的实际流度控制能力。将三元复合体系（0.28%P+0.1%S+1.0%A）以0.5mL/min（2.1m/d）的速度分别注入长度为30cm、60cm和80cm的填砂模型，收集不同注入PV数条件下产出的体系样本，测试样本黏度，以确定运移不同距离后，体系的流度控制能力。

通过不同长度30cm、60cm、80cm填砂模型中的渗流实验，得到不同运移距离后体系黏度特征，如图4-11所示。注入体积为1.0PV时复合体系开始产出，产出液黏度开始增大，但是由于模型内原始注入水的稀释，产出液黏度远低于初始黏度；注入体积达到2.0PV时，产出体系黏度开始稳定，稳定后30cm模型产出复合体系黏度在130～140mPa·s之间，60cm模型产出体系黏度在123～140mPa·s，80cm模型产出体

<<< 第四章  七东1区弱碱三元复合驱现场试验 ●

系黏度在 110～139mPa·s。可见，不同长度模型产出体系黏度相近，随运移距离的增大复合体系黏度基本稳定。即，复合体系的剪切降解主要发生在近注入端或近井地带，运移一定距离后其黏度保持稳定，从渗流实验压力梯度曲线也可以证实这一点。图 4-12 给出了 60cm 和 80cm 模型不同位置处的压力梯度随注入 PV 数的变化，发现尽管模型为均质模型，但是复合体系注入过程中其近注入端的 0～7.5cm（60cm 模型）和 0～16.3cm（80cm）压力梯度分别在 3.0～4.1MPa/m 和 2.8～3.3MPa/m 范围内，远高于模型中后部压力梯度 1.0～2.0MPa/m，这说明复合体系在近注入端仍具有较高的黏度，相同渗流速度条件下，其在近注入端能够形成更高的流动阻力，同时在较高的流动压差作用下聚合物分子也更易断裂；而在模型中后部不同部位处压力梯度相近，且显著低于注入端，表明体系黏度明显低于其在近注入端的黏度，流动阻力减小，并且在中后部随运移距离的增大，压力梯度变化较小，证明了运移距离对体系黏度的影响显著减弱。综上所述，复合体系的剪切降解主要发生在近注入端或者近井地带，运移一定距离后，其黏度基本保持稳定，体系黏度对运移距离的变化不敏感。

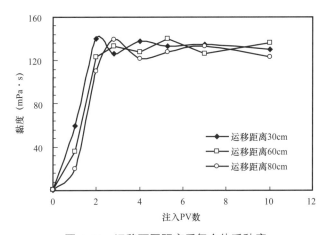

图 4-11  运移不同距离后复合体系黏度

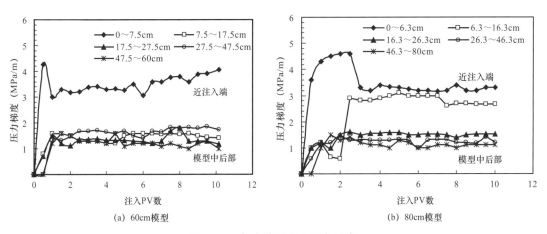

(a) 60cm模型          (b) 80cm模型

图 4-12  复合体系注入压力梯度

· 215 ·

### 3. 运移对原油与复合体系界面张力的影响

超低界面张力是复合体系驱油的主要机理之一，但是随运移距离的增大，由于表面活性剂的吸附、滞留以及色谱分离的影响，体系油水界面张力较初始设计值会发生较大的变化，影响其驱油效果[12, 13]。部分学者也已对表面活性剂的吸附和色谱分离问题开展了较多的研究探索。本节主要通过 60cm 模型渗流实验，分别收集不同注入 PV 数条件下，模型不同位置处产出体系，测试其与原油的界面张力，考察不同注入量条件下复合体系与原油界面张力在模型中的分布特征。以 0.5mL/min（2.1m/d）的速度向 60cm 长填砂模型中注入三元复合体系，分别在距入口端 5cm、15cm、25cm、45cm、60cm 处收集不同注入 PV 数下产出体系样品，利用 TX500C 界面张力仪测试样本与原油的油水界面张力，结果如图 4-13 所示。

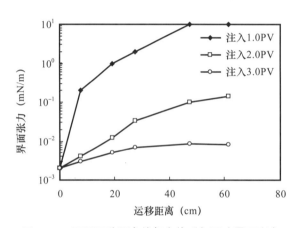

图 4-13　不同运移距离处复合体系与原油界面张力

由图 4-13 可见，由于活性剂的吸附、滞留和色谱分离的影响，模型不同位置处油水界面张力存在显著的差异，界面张力随运移距离的增大显著升高。注入 1.0PV 复合体系时，模型内油水界面张力不能达到超低，仅能在近注入端的 0~7.5cm 范围内实现 $10^{-1}$mN/m；注入 2.0PV 时，0~17.5cm 范围内可实现超低界面张力 $10^{-3}$~$10^{-2}$mN/m，17.5~60cm 范围内界面张力为 $10^{-2}$~$10^{-1}$mN/m；只有注入量达到 3.0PV 时，才可在模型深部实现超低界面张力 $10^{-3}$~

$10^{-2}$mN/m。可见，由于表面活性剂的吸附损失，渗流过程中复合体系与原油界面性能会严重损失，复合体系注入量较少时，其仅能在模型近注入端形成超低界面张力，只有体系大量注入的条件下，才能在油藏深部形成超低界面张力。实际油藏中，由于经济成本的限制，很难实现复合体系的大量注入，仅能以段塞（0.3PV 左右）的方式注入，在此条件下，复合体系仅能在近井地带形成超低界面张力，而在油藏深部，由于界面张力的显著升高，其驱油能力也会明显降低。

## 二、不同渗透率下采收率特征规律分析

### 1. 高渗透油藏采收率特征

#### 1）采收率统计规律

分别以水油黏度比、油水界面张力和析水率为横坐标、纵坐标，以采收率为竖坐标，得到不同性能复合体系在 1.2D 模型中的采收率增幅，如图 4-14 所示。以水油黏度比、界面张力和析水率为横坐标、纵坐标和竖坐标得到复合驱采收率增值三维等值图（图 4-15）。

　　由图 4-14（a）可见，油水界面张力较高（100mN/m）时，随水油黏度比的增大，复合驱采收率有增大趋势，可从 13% 左右增大到 20%；而当油水界面张力显著降低至 $10^{-2}$mN/m 或 $10^{-3}$mN/m 时，采收率在 23%～27% 之间，随水油黏度比的增大，采收率略微升高，但幅度较小，水油黏度比对采收率的影响显著减弱。这主要是由于界面张力较低时，界面张力对复合驱采收率的影响越发显著［图 4-14（b）］，随界面张力的降低，采收率明显升高，其对采收率的影响大于黏度比。图 4-14（c）表明，在均质条件下，复合体系乳化能力对采收率的影响较界面张力和水油黏度比弱。

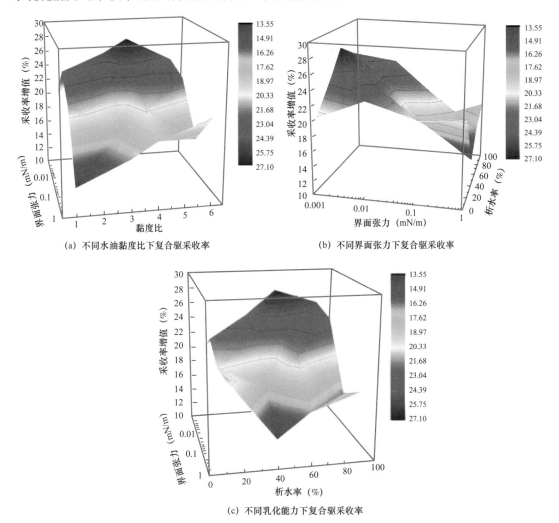

(a) 不同水油黏度比下复合驱采收率　　　　　(b) 不同界面张力下复合驱采收率

(c) 不同乳化能力下复合驱采收率

图 4-14　不同水油黏度比、界面张力和乳化能力下复合驱采收率

　　采收率三维等值图（图 4-15）表明，在界面张力低于 $10^{-2}$mN/m 范围内，复合驱采收率基本维持在 20% 以上，采收率较低的区域主要分布在界面张力大于 $10^{-2}$mN/m 范围内。综上所述，在均质条件下，油水界面张力是影响复合驱采收率的关键因素，水油黏度比影响次之。

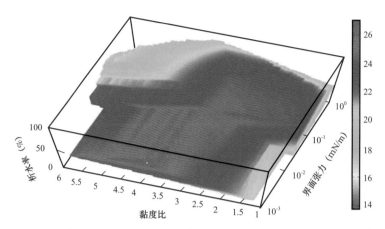

图 4-15　不同界面张力、水油黏度比和乳化能力下复合驱采收率增值三维图

　　为了更加直观地体现界面张力和水油黏度比对复合驱采收率的影响，研究中暂不考虑乳化能力的影响，处理得到界面张力和水油黏度比对复合驱采收率影响的二维结果，如图 4-16 和图 4-17 所示。

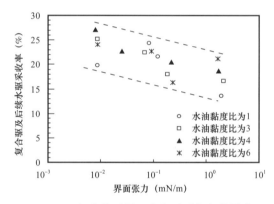

图 4-16　复合体系界面张力对采收率的影响

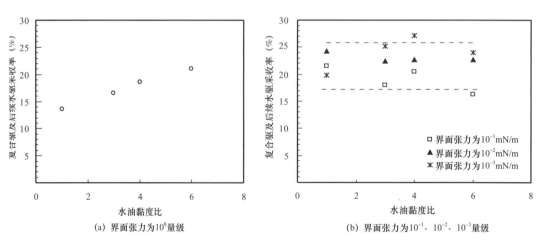

(a) 界面张力为10⁰量级　　　　　(b) 界面张力为10⁻¹、10⁻²、10⁻³量级

图 4-17　复合体系水油黏度比对采收率的影响

图 4-16 列出了水油黏度比分别为 1、3、4、6 时，油水界面张力变化对复合驱采收率增值的影响。可见，界面张力对复合驱采收率影响显著，随界面张力的降低，复合驱采收率明显升高。不同水油黏度比条件下，界面张力低于 $10^{-2}$mN/m 是实现复合驱采收率增幅 20% 以上的充分条件。并且在界面张力小于 $10^{-2}$mN/m 范围内，随界面张力的降低，采收率仍有明显的增大趋势。降低油水界面张力提高复合驱采收率的关键是：（1）实现超低油水界面张力，实验范围内界面张力越低，复合驱采收率越高；（2）减少表面活性剂的吸附损失，使之到达油藏深部后仍具有超低的油水界面张力。

图 4-17 将油水界面张力做近似处理，给出了界面张力数量级分别为 $10^{0}$mN/m、$10^{-1}$mN/m、$10^{-2}$mN/m、$10^{-3}$mN/m 时，水油黏度比对复合驱采收率的影响。可见油水界面张力较高时（$10^{0}$mN/m），水油黏度比对复合驱采收率影响较明显［图 4-17（a）］，随水油黏度比的增大，采收率从 13.6% 显著增大到 21.1%，趋势与廖广志等学者研究结果一致；但是界面张力较低时［$10^{-1}$mN/m、$10^{-2}$mN/m、$10^{-3}$mN/m，如图 4-17（b）所示］，水油黏度比对复合驱采收率影响减弱，不同黏度比下采收率增幅存在波动，整体上有略微增大的趋势。结合图 4-16 分析认为，复合体系渗流过程中，体系黏度比的降低和界面张力的升高均会导致其驱油能力的降低，但是均质条件下后者对复合驱采收率的影响更为显著，如何在油藏深部实现超低界面张力是决定复合驱采收率的关键。

2）正交数据的方差分析

方差分析法是利用数理统计中的 F 检验判断各因素对实验指标影响显著性的一种方法。根据驱油实验的结果，列出驱油正交实验的结果分析，见表 4-10。

表 4-10　驱油正交实验结果计算表

| 实验编号 | 因素 | | | 采收率增值（%） |
|---|---|---|---|---|
| | $A$（黏度比） | $B$（界面张力） | $C$（乳化能力） | |
| 1 | $A_1$ | $B_1$ | $C_1$ | 13.6（$x_1$） |
| 2 | $A_1$ | $B_2$ | $C_2$ | 21.5（$x_2$） |
| 3 | $A_1$ | $B_3$ | $C_3$ | 24.3（$x_3$） |
| 4 | $A_1$ | $B_4$ | $C_4$ | 19.8（$x_4$） |
| 5 | $A_2$ | $B_1$ | $C_2$ | 16.6（$x_5$） |
| 6 | $A_2$ | $B_2$ | $C_1$ | 18.0（$x_6$） |
| 7 | $A_2$ | $B_3$ | $C_4$ | 22.4（$x_7$） |
| 8 | $A_2$ | $B_4$ | $C_3$ | 25.2（$x_8$） |
| 9 | $A_3$ | $B_1$ | $C_3$ | 18.6（$x_9$） |
| 10 | $A_3$ | $B_2$ | $C_4$ | 20.5（$x_{10}$） |

| 实验编号 | 因素 | | | 采收率增值（%） |
|---|---|---|---|---|
| | $A$（黏度比） | $B$（界面张力） | $C$（乳化能力） | |
| 11 | $A_3$ | $B_3$ | $C_1$ | 22.7（$x_{11}$） |
| 12 | $A_3$ | $B_4$ | $C_2$ | 27.1（$x_{12}$） |
| 13 | $A_4$ | $B_1$ | $C_4$ | 21.1（$x_{13}$） |
| 14 | $A_4$ | $B_2$ | $C_3$ | 16.3（$x_{14}$） |
| 15 | $A_4$ | $B_3$ | $C_2$ | 22.7（$x_{15}$） |
| 16 | $A_4$ | $B_4$ | $C_1$ | 23.9（$x_{16}$） |
| $T_1$ | 79.20 | 69.90 | 78.20 | 334.3（$T$） |
| $T_2$ | 82.20 | 76.30 | 87.90 | |
| $T_3$ | 88.90 | 92.10 | 84.40 | |
| $T_4$ | 84.00 | 96.00 | 83.80 | |
| $n_1$ | 19.80 | 17.48 | 19.55 | |
| $n_2$ | 20.55 | 19.05 | 21.98 | |
| $n_3$ | 22.20 | 23.03 | 21.08 | |
| $n_4$ | 21.00 | 24.00 | 20.93 | |

$T_i$ 为各因素同一水平实验指标之和，$T$ 为 16 个实验号的实验指标之和；$n$ 为各因素同一水平实验指标的平均数。

该实验的 16 个观测值总变异由 $A$ 因素、$B$ 因素、$C$ 因素及误差变异 $e$ 共 4 部分组成，因而进行方差分析时平方和与自由度的分解式如下。

平方和：$SS_T=SS_A+SS_B+SS_C+SS_e$。

自由度：$df_T=df_A+df_B+df_C+df_e$。

用 $n$ 表示实验（处理）数；$a$、$b$、$c$ 表示 $A$、$B$、$C$ 因素的水平数；$k_a$、$k_b$、$k_c$ 表示 $A$、$B$、$C$ 因素的各水平重复数。则，$n=16$、$a=b=c=4$、$k_a=k_b=k_c=4$。

（1）计算各项平方和与自由度。

矫正数：

$$C=T^2/n=334.3^2\div16=6984.78$$

总平方和：

$$SS_T=（13.6^2+21.5^2+\cdots+23.9^2）-6984.78$$
$$=194.63$$

$A$ 因素平方和：

$$SS_A = (79.2^2 + \cdots + 84^2) \div 4 - 6984.78$$

$$= 12.39$$

$B$ 因素平方和：

$$SS_B = (69.9^2 + \cdots + 96^2) \div 4 - 6984.78$$
$$= 116.75$$

$C$ 因素平方和：

$$SS_C = (78.2^2 + \cdots + 83.8^2) \div 4 - 6984.78$$
$$= 12.12$$

误差平方和：

$$SS_e = SS_T - SS_A - SS_B - SS_C$$
$$= 53.37$$

总自由度：

$$df_T = n - 1 = 16 - 1 = 15$$

$A$ 因素自由度：

$$df_A = a - 1 = 4 - 1 = 3$$

$B$ 因素自由度：

$$df_B = b - 1 = 4 - 1 = 3$$

$C$ 因素自由度：

$$df_C = c - 1 = 4 - 1 = 3$$

误差自由度：

$$df_e = df_T - df_A - df_B - df_C = 15 - 9 = 6$$

（2）列出方差分析表，进行 $F$ 检验（表 4-11）。

表 4-11　方差分析表

| 变异来源 | $SS$ | $df$ | $MS$ | $F$ | $F_{0.05}(3, 6)$ |
|---|---|---|---|---|---|
| $A$（黏度比） | 12.39 | 3 | 4.13 | <1（0.464） | |
| $B$（界面张力） | 116.75 | 3 | 38.92 | 4.370 | 4.76 |
| $C$（乳化能力） | 12.12 | 3 | 4.04 | <1（0.454） | |
| 误差 | 53.37 | 6 | 8.90 | | |
| 总变异 | 194.63 | 15 | | | |

检验结果表明，在 1.2D 均质填砂模型三元复合体系驱油实验中，三个因素的影响主次顺序为界面张力＞黏度比＞乳化能力。其中黏度比与乳化能力的影响能力之间相差较小，该结果与采收率统计分析结果一致。

## 2. 中高渗透油藏采收率特征

### 1）采收率统计规律

根据不同性能复合体系在 0.8D 模型中驱油采收率结果，绘制黏度比、界面张力和乳化能力对复合驱采收率影响，如图 4-18 和图 4-19 所示。

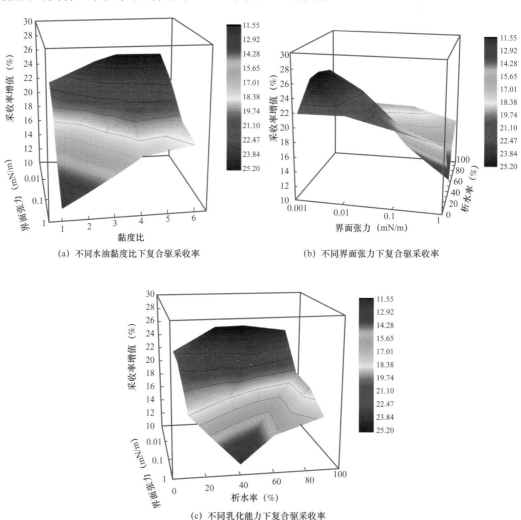

(a) 不同水油黏度比下复合驱采收率      (b) 不同界面张力下复合驱采收率

(c) 不同乳化能力下复合驱采收率

图 4-18　不同水油黏度比、界面张力和乳化能力下复合驱采收率

由图 4-18（a）可见，与 1.2D 模型结果类似，界面张力较高，在 $10^{-1} \sim 10^{0}$ mN/m 时，黏度比对复合驱采收率影响较显著，随黏度比的增大，采收率明显增大，可从 11% 左右

增大到 19%；而当界面张力显著降低至 $10^{-2}$mN/m 时，黏度比对复合驱采收率影响减弱，随水油黏度比的增大，采收率略微升高，但幅度较小。图 4-18（b）表明复合驱采收率对界面张力变化最敏感，即使界面张力低于 $10^{-2}$mN/m，随界面张力的减小，采收率仍有明显的增大。在均质条件下，复合体系乳化能力对原油采收率的影响较界面张力和黏度比弱 ［图 4-18（c）］。采收率三维等值图（图 4-19）表明，在界面张力低于 $10^{-2}$mN/m 范围内，复合驱采收率基本维持在 20% 以上，采收率较低的区域主要分布在界面张力大于 $10^{-2}$mN/m 范围内。

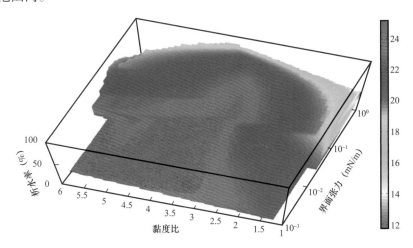

图 4-19　不同界面张力、水油黏度比和乳化能力下复合驱采收率三维图

### 2）正交数据的方差分析

根据驱油实验的结果，列出驱油正交实验的结果分析，见表 4-12。

表 4-12　方差分析表

| 变异来源 | $SS$ | $df$ | $MS$ | $F$ | $F_{0.05}$（3，6） | $F_{0.01}$（3，6） |
|---|---|---|---|---|---|---|
| $A$（黏度比） | 78.65 | 3 | 26.22 | 119.18** | 4.76 | 9.78 |
| $B$（界面张力） | 162.71 | 3 | 54.24 | 246.55** | 4.76 | 9.78 |
| $C$（乳化能力） | 2.23 | 3 | 0.74 | 3.36 | | |
| 误差 | 1.33 | 6 | 0.22 | | | |
| 总变异 | 244.92 | 15 | | | | |

注：$SS$ 为因素平方和，$df$ 为因素自由度，若 $F$ 值大于 $F_{0.05}$（3，6）即 4.76，则表明此 $F$ 值对应的因素对实验指标的影响显著，以 * 表示。若 $F$ 值大于 $F_{0.01}$（3，6）即 9.78，则表明此 $F$ 值对应的因素对实验指标的影响非常显著，以 ** 表示。后同。

检验结果表明，0.8D 均质模型三元复合驱油实验中，界面张力对提高采收率的影响最明显。三个因素的影响主次顺序为界面张力＞黏度比＞乳化能力。

### 3. 中渗透油藏采收率特征

#### 1）采收率统计规律

根据不同性能复合体系在 0.5D 模型中驱油采收率结果，绘制黏度比、界面张力和乳化能力对复合驱采收率影响，如图 4-20 和图 4-21 所示。

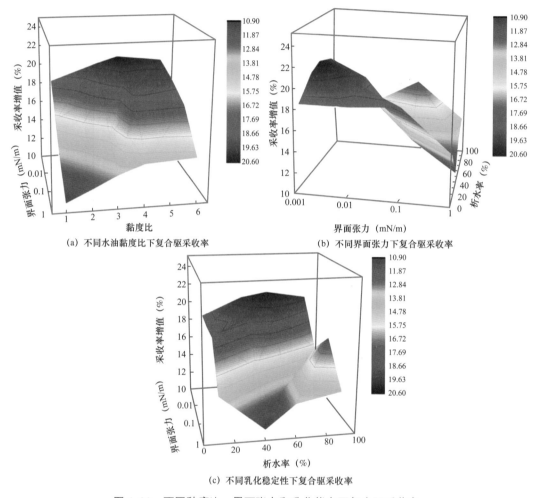

(a) 不同水油黏度比下复合驱采收率　　　　　(b) 不同界面张力下复合驱采收率

(c) 不同乳化稳定性下复合驱采收率

图 4-20　不同黏度比、界面张力和乳化能力下复合驱采收率

由图 4-20 和图 4-21 可见，界面张力、水油黏度比和析水率对复合驱采收率的影响规律与 1.2D 和 0.8D 条件类似，界面张力对采收率影响最为显著，即使界面张力低于 $10^{-2}$mN/m 范围内，随界面张力的降低，采收率仍有明显的升高；在界面张力较高时，黏度比对复合驱采收率的影响较明显，界面张力低于 $10^{-2}$mN/m 时，由于体系低界面张力和流度控制的协同作用，复合驱采收率受黏度比的影响减弱；乳化能力对复合驱采收率的影响规律不明显。

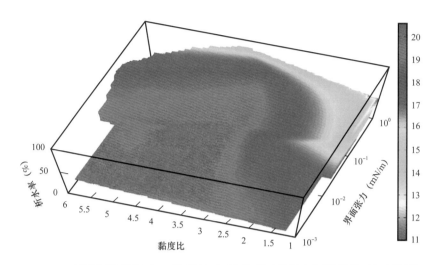

图4-21  不同界面张力、黏度比和乳化能力下复合驱采收率三维图

## 2）正交数据的方差分析

根据驱油实验的结果，列出驱油正交实验的结果分析。见表4-13。

表4-13  方差分析表

| 变异来源 | $SS$ | $df$ | $MS$ | $F$ | $F_{0.05}$（3，6） | $F_{0.01}$（3，6） |
|---|---|---|---|---|---|---|
| $A$（黏度比） | 35.43 | 3 | 11.81 | 27.47** | 4.76 | 9.78 |
| $B$（界面张力） | 94.33 | 3 | 31.44 | 73.12** | 4.76 | 9.78 |
| $C$（乳化能力） | 2.45 | 3 | 0.82 | 1.91 | | |
| 误差 | 2.60 | 6 | 0.43 | | | |
| 总变异 | 134.81 | 15 | | | | |

检验结果表明，0.5D均质模型三元复合驱油实验中，三个因素的影响主次顺序为界面张力＞黏度比＞乳化性能。

### 4. 复合体系性能要求与设计规范

基于不同流度控制和界面性能复合体系采收率结果，可初步确定1.2D、0.8D、0.5D渗透率下不同采收率增幅对体系界面张力、黏度比和乳化能力的基本要求，据此确定复合体系设计规范，见表4-14至表4-17。

#### 1）1.2D渗透率对复合体系性能要求与设计规范

1.2D油藏中随复合驱采收率的增大，对体系性能的要求也逐渐升高。复合驱提高采收率10%～15%，要求体系界面张力达到$10^{0}$mN/m，水油黏度比达到1.2，析水率50%（乳化能力一般）。采收率提高15%～20%，要求体系性能达到下列两条之一：

（1）IFT=$10^0$mN/m，黏度比≥2.9，析水率0～100%；（2）IFT=$10^{-1}$mN/m，黏度比≥2.8，析水率0～100%。采收率提高20%～25%，要求体系性能达到下列三条之一：（1）IFT=$10^0$mN/m，黏度比≥6.2，析水率0～100%；（2）IFT=$10^{-1}$mN/m，黏度比≥4.5，析水率12%～64%；（3）IFT=$10^{-2}$mN/m，黏度比≥1.4，析水率0～100%。采收率提高大于25%对体系性能要求最高：IFT=$10^{-3}$ mN/m，黏度比≥2.5，析水率0～75%。可见，由于低界面张力和流度控制能力的协同作用，随界面张力的降低，实现相同复合驱采收率对体系黏度比的要求降低。均质条件下，界面张力在$10^0$～$10^{-2}$mN/m范围时，可以通过调整黏度比的方式，实现提高采收率20%～25%；但是若要达到提高采收率大于25%，要求界面张力必须达到$10^{-3}$mN/m。

表4-14　1.2D油藏中采收率对应的复合体系性能要求与设计规范

| 采收率（%） | 体系组成 | 体系性能 | | | 性能要求与设计规范 |
|---|---|---|---|---|---|
| | | 界面张力IFT（数量级）（mN/m） | 黏度比 | 析水率（%） | |
| 10～15 | 0.20%P+0.10%S+0.10%A | 1.910（$10^0$） | 1.2 | 54 | IFT=$10^0$mN/m，黏度比=1.2，析水率=50% |
| 15～20 | 0.20%P+0.20%S+0.60%A | 0.009（$10^{-3}$） | 1.0 | 4 | （1）IFT=$10^0$ mN/m，黏度比≥2.9，析水率0～100%；（2）IFT=$10^{-1}$mN/m，黏度比≥2.8，析水率0～100% |
| | 0.28%P+0.15%S+0.05%A | 1.130（$10^0$） | 2.9 | 84 | |
| | 0.28%P+0.15%S+0.10%A | 0.180（$10^{-1}$） | 2.8 | 28 | |
| | 0.30%P+0.10%S+0.10%A | 1.710（$10^0$） | 4.6 | 100 | |
| | 0.32%P+0.15%S+0.10%A | 0.232（$10^{-1}$） | 6.5 | 100 | |
| 20～25 | 0.20%P+0.15%S+0.05%A | 0.124（$10^{-1}$） | 1.2 | 64 | （1）IFT=$10^0$mN/m，黏度比≥6.2，析水率0～100%；（2）IFT=$10^{-1}$mN/m，黏度比≥4.5，析水率12%～64%；（3）IFT=$10^{-2}$mN/m，黏度比≥1.4，析水率0～100% |
| | 0.20%P+0.20%S+0.10%A | 0.085（$10^{-2}$） | 1.4 | 92 | |
| | 0.28%P+0.10%S+0.50%A | 0.069（$10^{-2}$） | 3.1 | 4 | |
| | 0.30%P+0.10%S+0.30%A | 0.214（$10^{-1}$） | 4.5 | 12 | |
| | 0.30%P+1.00%S+0.20%A | 0.025（$10^{-2}$） | 4.3 | 52 | |
| | 0.32%P+0.10%S+0.05%A | 1.630（$10^0$） | 6.2 | 4 | |
| | 0.32%P+0.20%S+0.10%A | 0.092（$10^{-2}$） | 6.5 | 60 | |
| | 0.32%P+0.10%S+1.00%A | 0.009（$10^{-3}$） | 6.0 | 52 | |
| >25 | 0.28%P+0.10%S+1.00%A | 0.009（$10^{-3}$） | 2.5 | 100 | IFT=$10^{-3}$mN/m，黏度比≥2.5，析水率0～75% |
| | 0.30%P+1.50%S+0.20%A | 0.008（$10^{-3}$） | 4.2 | 56 | |

2）0.8D 渗透率对复合体系性能要求与设计规范

**表 4-15　0.8D 油藏中采收率对应的复合体系性能要求与设计规范**

| 采收率（%） | 体系组成 | 体系性能 | | | 性能要求与设计规范 |
|---|---|---|---|---|---|
| | | 界面张力 IFT（数量级）（mN/m） | 黏度比 | 析水率（%） | |
| 10～15 | 0.20%P+0.10%S+0.10%A | 1.910（$10^0$） | 1.2 | 54 | IFT=$10^0$～$10^{-1}$ mN/m，黏度比≥1.2，析水率 50%～75% |
| | 0.20%P+0.15%S+0.05%A | 0.124（$10^{-1}$） | 1.2 | 64 | |
| 15～20 | 0.20%P+0.20%S+0.10%A | 0.085（$10^{-2}$） | 1.4 | 92 | （1）IFT=$10^0$mN/m，黏度比≥2.9，析水率 0～100%；（2）IFT=$10^{-1}$mN/m，黏度比≥2.8，析水率 0～100%；（3）IFT=$10^{-2}$mN/m，黏度比≥1.4，析水率 0～100% |
| | 0.28%P+0.15%S+0.05%A | 1.130（$10^0$） | 2.9 | 84 | |
| | 0.28%P+0.15%S+0.10%A | 0.184（$10^{-1}$） | 2.8 | 28 | |
| | 0.30%P+0.10%S+0.10%A | 1.710（$10^0$） | 4.6 | 100 | |
| | 0.30%P+0.10%S+0.30%A | 0.214（$10^{-1}$） | 4.5 | 12 | |
| | 0.32%P+0.10%S+0.05%A | 1.630（$10^0$） | 6.2 | 4 | |
| 20～25 | 0.20%P+0.20%S+0.60%A | 0.009（$10^{-3}$） | 1.0 | 4 | （1）IFT=$10^{-1}$mN/m，黏度比≥6.5，析水率 60%；（2）IFT=$10^{-2}$mN/m，黏度比≥3.1，析水率 0～60%；（3）IFT=$10^{-3}$mN/m，黏度比≥1.0，析水率 0～100% |
| | 0.28%P+0.10%S+0.50%A | 0.069（$10^{-2}$） | 3.1 | 4 | |
| | 0.28%P+0.10%S+1.00%A | 0.009（$10^{-3}$） | 2.5 | 100 | |
| | 0.30%P+1.00%S+0.20%A | 0.025（$10^{-2}$） | 4.3 | 52 | |
| | 0.30%P+1.50%S+0.20%A | 0.008（$10^{-3}$） | 4.2 | 56 | |
| | 0.32%P+0.15%S+0.10%A | 0.232（$10^{-1}$） | 6.5 | 100 | |
| | 0.32%P+0.20%S+0.10%A | 0.092（$10^{-2}$） | 6.5 | 60 | |
| >25 | 0.32%P+0.10%S+1.00%A | 0.009（$10^{-3}$） | 6.0 | 52 | IFT=$10^{-3}$ mN/m，黏度比≥6.0，析水率 0～50% |

0.8D 油藏中复合驱采收率对体系性能的要求与 1.2D 相近。复合驱提高采收率 10%～15%，要求体系界面张力达到 $10^0$mN/m 或者 $10^{-1}$mN/m，水油黏度比≥1.2，析水率 50%（乳化能力一般）。采收率提高 15%～20%，要求体系性能达到下列三条之一：（1）IFT=$10^0$mN/m，黏度比≥2.9，析水率 0～100%；（2）IFT=$10^{-1}$ mN/m，黏度比≥2.8，析水率 0～100%；（3）IFT=$10^{-2}$ mN/m，黏度比≥1.4，析水率 0～100%。采收率提高 20%～25%，要求体系性能达到下列三条之一：（1）IFT=$10^{-1}$ mN/m，黏度比≥6.5，析水率 60%；（2）IFT=$10^{-2}$ mN/m，黏度比≥3.1，析水率 0～60%；（3）IFT=$10^{-3}$mN/m，黏度比≥1.0，析水率 0～100%。采收率提高大于 25% 对体系性能要求最高：IFT=$10^{-3}$ mN/m，

黏度比≥6.0，析水率0～50%（乳化稳定性好）。界面张力为 $10^0$mN/m 下，可通过黏度比调整实现提高采收率15%～20%；界面张力 $10^{-1}$mN/m 和 $10^{-2}$mN/m，通过黏度比调整可实现提高采收率20%～25%；只有界面张力保持 $10^{-3}$mN/m 才可实现提高采收率大于25%。

3）0.5D渗透率对复合体系性能要求与设计规范

表 4-16　0.5D 油藏中采收率对应的复合体系性能要求与设计规范

| 采收率（%） | 体系组成 | 体系性能 | | | 性能要求与设计规范 |
|---|---|---|---|---|---|
| | | 界面张力 IFT（数量级）（mN/m） | 黏度比 | 析水率（%） | |
| 10～15 | 0.20%P+0.10%S+0.10%A | 1.910（$10^0$） | 1.2 | 54 | IFT=$10^0$～$10^{-1}$mN/m，黏度比≥1.2，析水率0～100% |
| | 0.20%P+0.15%S+0.05%A | 0.124（$10^{-1}$） | 1.2 | 64 | |
| | 0.28%P+0.15%S+0.05%A | 1.130（$10^0$） | 2.9 | 84 | |
| | 0.30%P+0.10%S+0.10%A | 1.710（$10^0$） | 4.6 | 100 | |
| | 0.30%P+1.50%S+0.20%A | 0.008（$10^{-3}$） | 4.2 | 56 | |
| 15～20 | 0.20%P+0.20%S+0.10%A | 0.085（$10^{-2}$） | 1.4 | 92 | （1）IFT=$10^{-1}$mN/m，黏度比≥2.8，析水率0～100%；（2）IFT=$10^{-2}$mN/m，黏度比≥1.4，析水率0～100%；（3）IFT=$10^{-3}$mN/m，黏度比≥1.0，析水率4% |
| | 0.20%P+0.20%S+0.60%A | 0.009（$10^{-3}$） | 1.0 | 4 | |
| | 0.28%P+0.15%S+0.10%A | 0.184（$10^{-1}$） | 2.8 | 28 | |
| | 0.28%P+0.10%S+0.50%A | 0.069（$10^{-2}$） | 3.1 | 4 | |
| | 0.28%P+0.10%S+1.00%A | 0.009（$10^{-3}$） | 2.5 | 100 | |
| | 0.30%P+0.10%S+0.30%A | 0.214（$10^{-1}$） | 4.5 | 12 | |
| | 0.30%P+1.00%S+0.20%A | 0.025（$10^{-2}$） | 4.3 | 52 | |
| | 0.32%P+0.15%S+0.10%A | 0.232（$10^{-1}$） | 6.5 | 100 | |
| | 0.32%P+0.20%S+0.10%A | 0.092（$10^{-2}$） | 6.5 | 60 | |
| 20～25 | 0.30%P+1.50%S+0.20%A | 0.009（$10^{-3}$） | 4.2 | 56 | IFT=$10^{-3}$mN/m，黏度比≥4.2，析水率0～50% |
| | 0.32%P+0.10%S+1.00%A | 0.009（$10^{-3}$） | 6.0 | 52 | |

0.5D条件下实现相同采收率对体系界面性能的要求较 1.2D 和 0.8D 高，且在界面张力达到 $10^{-3}$mN/m 时，复合驱采收率仍未达到25%以上。

4）不同渗透率下复合体系要求与规范

基于不同采收率增幅对复合体系性能的基本要求，将不同渗透率油藏中复合体系设计要求与规范汇总，见表4-17。

表 4-17 不同渗透率油藏复合体系设计要求及规范

| 渗透率（D） | 采收率（%） | | | |
|---|---|---|---|---|
| | 10～15 | 15～20 | 20～25 | ＞25 |
| 1.2 | IFT=$10^0$mN/m，黏度比=1.2，析水率50% | （1）IFT=$10^0$ mN/m，黏度比≥2.9，析水率0～100%；（2）IFT=$10^{-1}$ mN/m，黏度比≥2.8，析水率0～100% | （1）IFT=$10^0$ mN/m，黏度比≥6.2，析水率0～100%；（2）IFT=$10^{-1}$ mN/m，黏度比≥4.5，析水率12%～64%；（3）IFT=$10^{-2}$ mN/m，黏度比≥1.4，析水率0～100% | IFT=$10^{-3}$ mN/m，黏度比≥2.5，析水率0～75% |
| 0.8 | IFT=$10^0$～$10^{-1}$ mN/m，黏度比≥1.2，析水率50%～75% | （1）IFT=$10^0$ mN/m，黏度比≥2.9，析水率0～100%；（2）IFT=$10^{-1}$ mN/m，黏度比≥2.8，析水率0～100%；（3）IFT=$10^{-2}$ mN/m，黏度比≥1.4，析水率0～100% | ① IFT=$10^{-1}$ mN/m，黏度比≥6.5，析水率60%；② IFT=$10^{-2}$ mN/m，黏度比≥3.1，析水率0～60%；③ IFT=$10^{-3}$ mN/m，黏度比≥1.0，析水率0～100% | IFT=$10^{-3}$ mN/m，黏度比≥6.0，析水率0～50% |
| 0.5 | IFT=$10^0$～$10^{-1}$ mN/m，黏度比≥1.2，析水率0～100% | （1）IFT=$10^{-1}$ mN/m，黏度比≥2.8，析水率0～100%；（2）IFT=$10^{-2}$ mN/m，黏度比≥1.4，析水率0～100%；（3）IFT=$10^{-3}$ mN/m，黏度比≥1.0，析水率4% | IFT=$10^{-3}$ mN/m，黏度比≥4.2，析水率0～50% | |

## 三、不同非均质性下采收率特征规律分析

### 1. 弱非均质性下采收率特征

#### 1）统计规律

根据非均质程度相对较弱（级差为 4 和级差为 6）条件下，不同性能复合体系驱采收率数据，绘制不同黏度比、界面张力和乳化能力下复合驱采收率，如图 4-22 至图 4-24 所示。

由图 4-22 可见，在非均质条件下界面张力对复合驱采收率的影响仍非常显著。随界面张力降低，采收率明显增大。结合非均质模型驱油动态特征分析认为，复合体系注入及后续水驱时，由于体系黏度较高，能够起到一定的剖面调整效果，复合体系能够同时较好地进入高渗透、低渗透模型，分别在高渗透、低渗透管中形成类似均质条件下的驱替，界面张力越低，两管中复合驱采收率越高，对应总采收率增幅越大。

图 4-23 表明非均质条件下黏度比对采收率的影响较均质条件明显，随黏度比的增大，复合驱采收率明显升高。非均质条件下，水驱后低渗透管残余油量远高于高渗透管，从驱油动态上也发现，复合驱过程中低渗透管出油量和采收率增幅远高于高渗透管。可

见通过增大复合体系黏度比，在一定程度上改善高渗透、低渗透模型吸水剖面，对提高非均质油藏复合驱采收率是至关重要的。综上所述，非均质条件下黏度比对复合驱采收率的影响较均质条件下更为显著，因为吸水剖面调整对前者更为重要，而复合体系的高黏度比能够在一定程度上起到改善吸水剖面的作用。

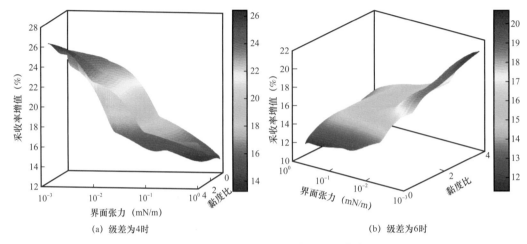

(a) 级差为4时 　　　　　　　　　　(b) 级差为6时

图 4-22　不同界面张力下复合驱采收率

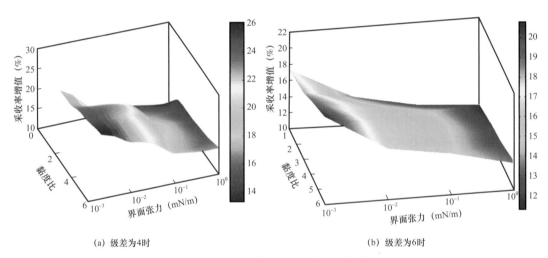

(a) 级差为4时 　　　　　　　　　　(b) 级差为6时

图 4-23　不同黏度比下复合驱采收率

图 4-24 为不同乳化能力复合体系驱油采收率特征，可见非均质条件下乳化能力对复合驱影响较均质条件也要明显。在乳化能力较好区域（析水率 0～50%），图像颜色明显较深，对应采收率较乳化能力较差区域（析水率 50%～100%）高。非均质条件下扩大波及体积是提高原油采收率的关键之一，而复合体系对原油的乳化作用，一方面能够通过对残余原油的乳化提高体系的洗油效率，另一方面乳化油滴能够在吼道部位形成物理堵塞，通过贾敏效应增大油水两相在高渗透模型中的流动阻力，在一定程度上改善吸水剖面，起到扩大波及体积和提高采收率的效果。

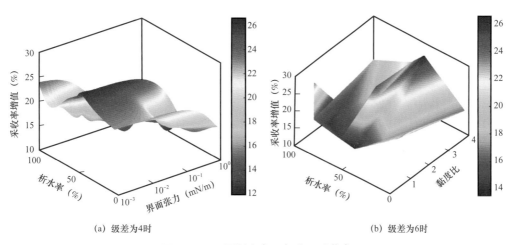

(a) 级差为4时　　　　　　　　　　　　　　(b) 级差为6时

图 4-24　不同析水率下复合驱采收率

## 2）正交分析

列出方差分析表，进行 $F$ 检验，见表 4-18 和表 4-19。

表 4-18　方差分析表（级差为 4）

| 变异来源 | $SS$ | $df$ | $MS$ | $F$ | $F_{0.05}$（3，6） | $F_{0.01}$（3，6） |
|---|---|---|---|---|---|---|
| $A$（水油黏度比） | 37.06 | 3 | 12.35 | 17.64** | 4.76 | 9.78 |
| $B$（界面张力） | 227.30 | 3 | 75.77 | 108.24** | 4.76 | 9.78 |
| $C$（乳化性能） | 11.69 | 3 | 3.90 | 5.57* | 4.76 | 9.78 |
| 误差 | 4.21 | 6 | 0.70 | | | |
| 总变异 | 280.26 | 15 | | | | |

表 4-19　方差分析表（级差为 6）

| 变异来源 | $SS$ | $df$ | $MS$ | $F$ | $F_{0.05}$（3，6） | $F_{0.01}$（3，6） |
|---|---|---|---|---|---|---|
| $A$（水油黏度比） | 17.35 | 3 | 5.78 | 16.06** | 4.76 | 9.78 |
| $B$（界面张力） | 92.64 | 3 | 30.88 | 85.78** | 4.76 | 9.78 |
| $C$（乳化性能） | 1.87 | 3 | 0.62 | 1.72 | 4.76 | 9.78 |
| 误差 | 2.13 | 6 | 0.36 | | | |
| 总变异 | 113.99 | 15 | | | | |

变异来源 $A$（水油黏度比）、$B$（界面张力）的 $F$ 值远大于 9.78，因此界面张力、水油黏度比对复合体系驱油提高采收率的影响效果非常显著，水油黏度比、界面张力为影响非均质砾岩油藏三元复合驱提高采收率的关键因素。变异来源 $C$（乳化性能）的 $F$ 值

大于 4.76（表 4-18），乳化性能对三元复合体系驱油提高采收率的影响也较显著。

## 2. 中等非均质性下采收率特征

根据渗透率级差为 10 条件下，不同性能复合体系驱采收率数据，绘制不同黏度比、界面张力和乳化能力下复合驱采收率，如图 4-25 所示。方差分析结果见表 4-20。

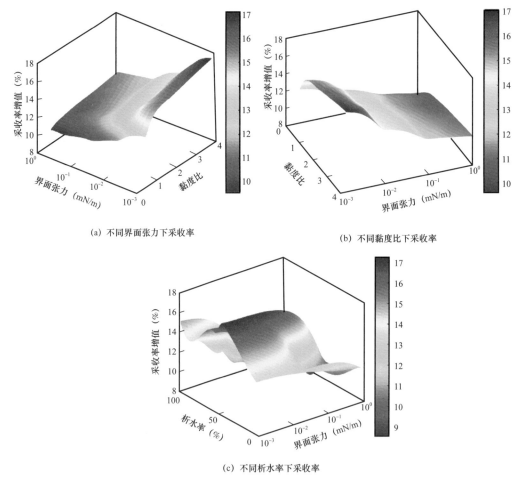

(a) 不同界面张力下采收率    (b) 不同黏度比下采收率

(c) 不同析水率下采收率

图 4-25　不同界面张力、黏度比和析水率下复合驱采收率

表 4-20　方差分析表

| 变异来源 | $SS$ | $df$ | $MS$ | $F$ | $F_{0.05}$（3，6） | $F_{0.01}$（3，6） |
|---|---|---|---|---|---|---|
| $A$（水油黏度比） | 13.75 | 3 | 4.58 | 36.64[**] | 4.76 | 9.78 |
| $B$（界面张力） | 56.99 | 3 | 18.99 | 151.92[**] | 4.76 | 9.78 |
| $C$（乳化性能） | 1.30 | 3 | 0.43 | 3.44 | 4.76 | 9.78 |
| 误差 | 0.75 | 6 | 0.13 | | | |
| 总变异 | 72.79 | 15 | | | | |

级差为 10 条件下界面张力、黏度比和乳化能力对复合驱采收率影响与级差为 4 和 6 类似，界面张力的影响最为显著，界面张力降低导致高渗透、低渗透模型中洗油效率的提高，能够显著提高复合驱采收率。但较均质条件相比，黏度比和乳化能力的影响越发显著。级差为 10 模型中，尽管体系具有一定的改善吸水剖面的能力，但是级差增大造成的波及效率的降低，直接导致复合驱采收率显著低于弱非均质条件，这也说明，尽管复合驱具有一定的改善吸水剖面的能力，但是在非均质性逐渐增强的情况下，这种剖面的改善程度越发减弱。

### 3. 强非均质性下采收率特征

根据渗透率级差为 20 条件下，不同性能复合体系驱采收率数据，绘制不同黏度比、界面张力和乳化能力下复合驱采收率，如图 4-26 所示。方差分析结果见表 4-21。

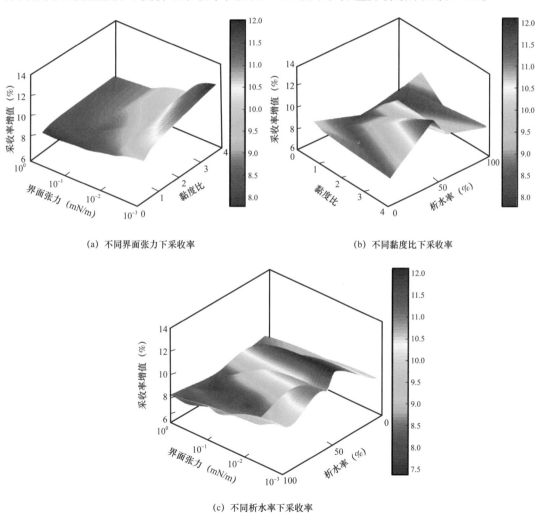

(a) 不同界面张力下采收率    (b) 不同黏度比下采收率

(c) 不同析水率下采收率

图 4-26 不同界面张力、黏度比和析水率下复合驱采收率

表 4-21 方差分析表

| 变异来源 | $SS$ | $df$ | $MS$ | $F$ | $F_{0.05}$（3，6） | $F_{0.01}$（3，6） |
|---|---|---|---|---|---|---|
| $A$（水油黏度比） | 4.57 | 3 | 1.52 | 12.67** | 4.76 | 9.78 |
| $B$（界面张力） | 14.43 | 3 | 4.81 | 40.08** | 4.76 | 9.78 |
| $C$（乳化性能） | 0.66 | 3 | 0.22 | 1.83 | 4.76 | 9.78 |
| 误差 | 0.70 | 6 | 0.12 | | | |
| 总变异 | 20.36 | 15 | | | | |

级差为 20 条件下界面张力、水油黏度比和乳化能力对复合驱采收率的影响与非均质性相对较弱条件下趋势一致。但是由于低渗透管动用程度的显著降低，复合驱采收率明显降低，难以达到 20%。对于强非均质性条件，复合驱适应性变差，如何扩大体系波及效率成为提高采收率的关键。

### 4. 复合体系性能要求与设计规范

#### 1）渗透率级差为 4 油藏对复合体系性能要求与设计规范

渗透率级差为 4 条件下，不同采收率对复合体系性能的基本要求见表 4-22。

表 4-22 渗透率级差为 4 下采收率对复合体系性能要求与设计规范

| 采收率（%） | 体系组成 | 体系性能 | | | 性能要求与设计规范 |
|---|---|---|---|---|---|
| | | 黏度比 | 界面张力 IFT（数量级）（mN/m） | 析水率（%） | |
| 10～15 | 0.10%P+0.10%S+0.10%A | 0.7 | 1.070（$10^0$） | 50 | （1）IFT=$10^0$ mN/m，黏度比≥0.7，析水率 0～100%；<br>（2）IFT=$10^{-1}$ mN/m，黏度比≥0.7，析水率 0～100% |
| | 0.10%P+0.15%S+0.05%A | 0.7 | 0.340（$10^{-1}$） | 64 | |
| | 0.15%P+0.15%S+0.05%A | 1.2 | 1.020（$10^0$） | 84 | |
| | 0.18%P+0.10%S+0.10%A | 2.1 | 1.150（$10^0$） | 100 | |
| 15～20 | 0.10%P+0.20%S+0.10%A | 0.6 | 0.052（$10^{-2}$） | 92 | （1）IFT=$10^0$ mN/m，黏度比≥4.1，析水率 0～25%；<br>（2）IFT=$10^{-1}$ mN/m，黏度比≥1.2，析水率 0～100%；<br>（3）IFT=$10^{-2}$ mN/m，黏度比≥0.6，析水率 0～100% |
| | 0.15%P+0.15%S+0.10%A | 1.2 | 0.450（$10^{-1}$） | 52 | |
| | 0.18%P+0.10%S+0.30%A | 2.2 | 0.270（$10^{-1}$） | 12 | |
| | 0.25%P+0.10%S+0.05%A | 4.1 | 1.580（$10^0$） | 4 | |
| | 0.25%P+0.15%S+0.10%A | 4.1 | 0.280（$10^{-1}$） | 100 | |

续表

| 采收率<br>（%） | 体系组成 | 体系性能 | | | 性能要求与设计规范 |
|---|---|---|---|---|---|
| | | 黏度比 | 界面张力 IFT<br>（数量级）<br>（mN/m） | 析水率<br>（%） | |
| 20～25 | 0.10%P+0.20%S+0.60%A | 0.5 | 0.007（$10^{-3}$） | 4 | （1）IFT=$10^{-2}$ mN/m，黏度比≥1.1，析水率 0～75%；<br>（2）IFT=$10^{-3}$ mN/m，黏度比≥0.5，析水率 0～25% |
| | 0.15%P+0.10%S+0.50%A | 1.1 | 0.074（$10^{-2}$） | 4 | |
| | 0.15%P+0.10%S+1.00%A | 0.9 | 0.009（$10^{-3}$） | 100 | |
| | 0.18%P+0.20%S+0.20%A | 2.0 | 0.092（$10^{-2}$） | 52 | |
| | 0.18%P+1.00%S+0.40%A | 1.9 | 0.008（$10^{-3}$） | 84 | |
| | 0.25%P+0.20%S+0.10%A | 4.0 | 0.092（$10^{-2}$） | 60 | |
| >25 | 0.25%P+0.30%S+0.60%A | 3.9 | 0.009（$10^{-3}$） | 46 | IFT=$10^{-3}$ mN/m，黏度比≥4.0，析水率 0～50% |

根据表 4-22 可以看出，在渗透率级差为 4 的非均质砾岩油藏条件下，复合驱采收率大于 20% 的充分不必要条件是：（1）IFT=$10^{-2}$ mN/m，黏度比≥1.1，析水率 0～75%（乳化能力弱）；（2）IFT=$10^{-3}$ mN/m，黏度比≥0.5，析水率 0～25%（乳化能力强）。实现采收率大于 10%、15%、20% 和 25% 对体系界面张力的最低要求分别是 $10^{0}$ mN/m、$10^{0}$ mN/m、$10^{-2}$ mN/m 和 $10^{-3}$ mN/m 量级。

黏度比与乳化能力对采收率的影响也越发明显，且乳化能力和水油黏度比变化存在较明显的协同与互补性。相同界面张力水平下，可以通过增强体系乳化能力的方式降低复合驱对体系黏度比的要求。例如，界面张力 $10^{-2}$ mN/m、黏度比 4.0、析水率 60%（乳化能力弱）复合驱采收率可达 20%～25%，界面张力保持相同数量级，黏度比降低至 1.1、析水率 4%（乳化能力强）仍可保持相近的采收率。

界面张力是影响复合驱采收率的关键，但也应注重流度控制能力与界面性能的最佳协同。仅界面张力较低，而流度控制和乳化能力较差时，难以达到最佳采收率效果。例如，体系性能 IFT=$10^{-3}$ mN/m、黏度比为 0.5、析水率 4%，复合驱采收率为 20%～25%，而体系性能 IFT=$10^{-3}$ mN/m、黏度比为 3.9、析水率 46%，采收率可大于 25%，这表明复合体系流度控制与界面性能协同至关重要。

2）渗透率级差为 6 油藏对复合体系性能要求与设计规范

分析在渗透率级差为 6 的非均质条件下，不同采收率增值对复合体系性能要求与设计规范见表 4-23。

级差为 6 时复合驱采收率大于 20%，对体系性能的基本要求是界面张力达到 $10^{-3}$ mN/m 数量级、黏度比≥4.0、析水率 0～50%（乳化能力良好）。实现复合驱采收率大于

10%、15% 和 20%，对界面张力的最低要求分别为 $10^0$mN/m、$10^{-1}$mN/m 和 $10^{-3}$mN/m 量级，较级差为 4 时条件明显增强。此外，复合体系流度控制和界面性能间的协同作用越发明显。例如体系性能 IFT=$10^{-2}$mN/m、黏度比为 0.6、析水率 92%（乳化能力弱），复合驱采收率为 10%～15%，而体系性能 IFT=$10^{-1}$mN/m、黏度比为 2.2、析水率 0～25%（乳化能力强），采收率可达 15%～20%，进一步证明流度控制与界面性能协同的重要性。

表 4-23　渗透率级差为 6 下采收率对复合体系性能要求与设计规范

| 采收率（%） | 体系组成 | 体系性能 | | | 性能要求与设计规范 |
|---|---|---|---|---|---|
| | | 黏度比 | 界面张力 IFT（数量级）（mN/m） | 析水率（%） | |
| 10～15 | 0.10%P+0.10%S+0.10%A | 0.7 | 1.070（$10^0$） | 50 | （1）IFT= $10^0$ mN/m，黏度比≥0.7，析水率0～50%；（2）IFT=$10^{-1}$mN/m，黏度比≥0.7，析水率0～75%；（3）IFT=$10^{-2}$mN/m，黏度比≥0.6，析水率0～100% |
| | 0.10%P+0.15%S+0.05%A | 0.7 | 0.340（$10^{-1}$） | 64 | |
| | 0.10%P+0.20%S+0.10%A | 0.6 | 0.052（$10^{-2}$） | 92 | |
| | 0.15%P+0.15%S+0.05%A | 1.2 | 1.020（$10^0$） | 84 | |
| | 0.15%P+0.15%S+0.10%A | 1.2 | 0.450（$10^{-1}$） | 28 | |
| | 0.18%P+0.10%S+0.10%A | 2.1 | 1.150（$10^0$） | 100 | |
| | 0.25%P+0.10%S+0.05%A | 0.5 | 0.007（$10^{-3}$） | 4 | |
| 15～20 | 0.10%P+0.20%S+0.60%A | 1.1 | 0.074（$10^{-2}$） | 4 | （1）IFT=$10^{-1}$mN/m，黏度比≥2.2，析水率0～25%；（2）IFT=$10^{-2}$ mN/m，黏度比≥1.1，析水率0～25%；（3）IFT= $10^{-3}$ mN/m，黏度比≥0.9，析水率0～100% |
| | 0.15%P+0.10%S+0.50%A | 0.9 | 0.009（$10^{-3}$） | 100 | |
| | 0.15%P+0.10%S+1.00%A | 2.2 | 0.270（$10^{-1}$） | 4 | |
| | 0.18%P+0.10%S+0.30%A | 2.0 | 0.092（$10^{-2}$） | 52 | |
| | 0.18%P+0.20%S+0.20%A | 1.9 | 0.008（$10^{-3}$） | 56 | |
| | 0.18%P+1.00%S+0.40%A | 4.1 | 0.280（$10^{-1}$） | 100 | |
| | 0.25%P+0.15%S+0.10%A | 4.0 | 0.092（$10^{-2}$） | 60 | |
| | 0.25%P+0.20%S+0.10%A | 0.5 | 0.007（$10^{-3}$） | 4 | |
| 20～25 | 0.25%P+0.30%S+0.60%A | 3.9 | 0.009（$10^{-3}$） | 46 | IFT=$10^{-3}$mN/m，黏度比≥4.0，析水率0～50% |

3）渗透率级差为 10 油藏对复合体系性能要求与设计规范

在渗透率级差为 10 的非均质条件下，不同采收率增值对复合体系性能性能要求与设计规范见表 4-24。

表4–24　渗透率级差为10下采收率对复合体系性能要求与设计规范

| 采收率增值（%） | 体系组成 | 体系性能 | | | 性能要求与设计规范 |
| --- | --- | --- | --- | --- | --- |
| | | 黏度比 | 界面张力 IFT（数量级）（mN/m） | 析水率（%） | |
| <10 | 0.10%P+0.10%S+0.10%A | 0.7 | 1.070（$10^0$） | 50 | IFT=$10^0$ mN/m，黏度比≥0.7，析水率0～50% |
| 10～15 | 0.10%P+0.15%S+0.05%A | 0.7 | 0.340（$10^{-1}$） | 64 | （1）IFT=$10^0$ mN/m，黏度比≥1.2，析水率0～100%；（2）IFT=$10^{-1}$ mN/m，黏度比≥0.7，析水率0～75%；（3）IFT=$10^{-2}$ mN/m，黏度比≥0.6，析水率0～100%；（4）IFT=$10^{-3}$ mN/m，黏度比≥0.5，析水率0～25% |
| | 0.10%P+0.20%S+0.10%A | 0.6 | 0.052（$10^{-2}$） | 92 | |
| | 0.10%P+0.20%S+0.60%A | 0.5 | 0.007（$10^{-3}$） | 4 | |
| | 0.15%P+0.15%S+0.05%A | 1.2 | 1.020（$10^0$） | 84 | |
| | 0.15%P+0.15%S+0.10%A | 1.2 | 0.450（$10^{-1}$） | 28 | |
| | 0.15%P+0.10%S+0.50%A | 1.1 | 0.074（$10^{-2}$） | 4 | |
| | 0.15%P+0.10%S+1.00%A | 0.9 | 0.009（$10^{-3}$） | 100 | |
| | 0.18%P+0.10%S+0.10%A | 2.1 | 1.150（$10^0$） | 100 | |
| | 0.18%P+0.10%S+0.30%A | 2.2 | 0.270（$10^{-1}$） | 12 | |
| | 0.18%P+0.20%S+0.20%A | 2.0 | 0.092（$10^{-2}$） | 52 | |
| | 0.25%P+0.10%S+0.05%A | 4.1 | 1.580（$10^0$） | 4 | |
| | 0.25%P+0.15%S+0.10%A | 4.1 | 0.280（$10^{-1}$） | 100 | |
| | 0.25%P+0.20%S+0.10%A | 4.0 | 0.092（$10^{-2}$） | 60 | |
| 15～20 | 0.18%P+0.50%S+0.50%A | 1.9 | 0.008（$10^{-3}$） | 56 | IFT=$10^{-3}$ mN/m，黏度比≥1.9，析水率0～75% |
| | 0.25%P+0.30%S+0.60%A | 3.9 | 0.009（$10^{-3}$） | 46 | |

渗透率级差为10时，由于非均质性的增强，复合驱采收率明显降低，难以实现采收率大于20%。且较高采收率对体系性能的要求也随之提高。复合驱采收率大于10%和15%对界面张力的最低要求为$10^0$mN/m和$10^{-3}$mN/m量级。

### 4）渗透率级差为20油藏对复合体系性能要求与设计规范

在渗透率级差为20的非均质条件下，不同采收率增值对复合体系性能要求与设计规范见表4–25。

强非均质性条件下，超低油水界面张力、较高的水油黏度比和良好乳化性能有利于复合驱提高采收率。体系流度控制能力和乳化性能的改善，可以在一定程度上降低对体系界面张力的基本要求，例如：（1）IFT=$10^{-2}$mN/m，黏度比≥4.0，析水率0～75%或（2）

IFT=$10^{-3}$ mN/m，黏度比≥0.9，析水率0～100%，均可使采收率达到10%～15%。尽管如此，结合不同渗透率级差下对复合体系性能要求发现，实现最佳采收率均要求体系界面张力达到超低（$10^{-3}$mN/m量级），但是超低界面张力不是实现最佳采收率的充要条件，只有体系达到超低界面张力与流度控制能力（较高的黏度比、良好的乳化性能）的最佳协同，才能实现最高复合驱采收率。

表4-25 渗透率级差为20下采收率对复合体系性能要求与设计规范

| 采收率（%） | 体系组成 | 体系性能 | | | 性能要求与设计规范 |
|---|---|---|---|---|---|
| | | 黏度比 | 界面张力 IFT（数量级）（mN/m） | 析水率（%） | |
| <10 | 0.10%P+0.10%S+0.10%A | 0.7 | 1.070（$10^{0}$） | 50 | — |
| | 0.10%P+0.15%S+0.05%A | 0.7 | 0.340（$10^{-1}$） | 64 | |
| | 0.10%P+0.20%S+0.10%A | 0.6 | 0.052（$10^{-2}$） | 92 | |
| | 0.10%P+0.20%S+0.60%A | 0.5 | 0.007（$10^{-3}$） | 4 | |
| | 0.15%P+0.15%S+0.05%A | 1.2 | 1.020（$10^{0}$） | 84 | |
| | 0.15%P+0.15%S+0.10%A | 1.2 | 0.450（$10^{-1}$） | 28 | |
| | 0.15%P+0.10%S+0.50%A | 1.1 | 0.074（$10^{-2}$） | 4 | |
| | 0.18%P+0.10%S+0.10%A | 2.1 | 1.150（$10^{0}$） | 100 | |
| | 0.18%P+0.10%S+0.30%A | 2.2 | 0.270（$10^{-1}$） | 12 | |
| | 0.18%P+0.20%S+0.20%A | 2.0 | 0.092（$10^{-2}$） | 52 | |
| | 0.25%P+0.10%S+0.05%A | 4.1 | 1.580（$10^{0}$） | 4 | |
| | 0.25%P+0.15%S+0.10%A | 4.1 | 0.280（$10^{-1}$） | 100 | |
| | 0.10%P+0.10%S+0.10%A | 0.7 | 1.070（$10^{0}$） | 4 | |
| 10～15 | 0.15%P+0.10%S+1.00%A | 0.9 | 0.009（$10^{-3}$） | 100 | （1）IFT= $10^{-2}$ mN/m，黏度比≥4.0，析水率0～75%；（2）IFT=$10^{-3}$ mN/m，黏度比≥0.9，析水率0～100% |
| | 0.18%P+1.00%S+0.40%A | 1.9 | 0.008（$10^{-3}$） | 56 | |
| | 0.25%P+0.20%S+0.10%A | 4.0 | 0.092（$10^{-2}$） | 60 | |
| | 0.25%P+0.10%S+1.00%A | 3.9 | 0.009（$10^{-3}$） | 46 | |

5）不同非均质性条件下复合体系设计要求与规范

基于不同采收率增幅对复合体系性能的基本要求，将不同渗透率级差油藏中复合体系设计要求与规范汇总，见表4-26。

表 4-26　不同非均质性油藏复合体系设计要求及规范

| 渗透率级差 | 采收率（%） | | | |
|---|---|---|---|---|
| | 10～15 | 15～20 | 20～25 | ＞25 |
| 4 | （1）IFT=$10^0$ mN/m，黏度比≥0.7，析水率0～100%；<br>（2）IFT=$10^{-1}$ mN/m，黏度比≥0.7，析水率0～100% | （1）IFT=$10^0$mN/m，黏度比≥4.1，析水率0～25%；<br>（2）IFT=$10^{-1}$mN/m，黏度比≥1.2，析水率0～100%；<br>（3）IFT=$10^{-2}$mN/m，黏度比≥0.6，析水率0～100% | （1）IFT=$10^{-2}$ mN/m，黏度比≥1.1，析水率0～75%；<br>（2）IFT=$10^{-3}$ mN/m，黏度比≥0.5，析水率0～25% | IFT=$10^{-3}$ mN/m，黏度比≥4.0，析水率0～50% |
| 6 | （1）IFT=$10^0$ mN/m，黏度比≥0.7，析水率0～50%；<br>（2）IFT=$10^{-1}$ mN/m，黏度比≥0.7，析水率0～75%；<br>（3）IFT=$10^{-2}$ mN/m，黏度比≥0.6，析水率0～100% | （1）IFT=$10^{-1}$ mN/m，黏度比≥2.2，析水率0～25%；<br>（2）IFT=$10^{-2}$ mN/m，黏度比≥1.1，析水率0～25%；<br>（3）IFT=$10^{-3}$ mN/m，黏度比≥0.9，析水率0～100% | IFT=$10^{-3}$ mN/m，黏度比≥4.0，析水率0～50% | IFT=$10^{-3}$ mN/m，黏度比≥6.0，析水率0～50% |
| 10 | （1）IFT=$10^0$ mN/m，黏度比≥1.2，析水率0～100%；<br>（2）IFT=$10^{-1}$ mN/m，黏度比≥0.7，析水率0～75%；<br>（3）IFT=$10^{-2}$ mN/m，黏度比≥0.6，析水率0～100%；<br>（4）IFT=$10^{-3}$ mN/m，黏度比≥0.5，析水率0～25% | IFT=$10^{-3}$ mN/m，黏度比≥1.9，析水率0～75% | | |
| 20 | （1）IFT=$10^{-2}$ mN/m，黏度比≥4.0，析水率0～75%；<br>（2）IFT=$10^{-3}$ mN/m，黏度比≥0.9，析水率0～100% | | | |

## 四、试验区流体性质分析

### 1.试验区注入水、产出水分析

试验区注入水为清水，平均矿化度为375mg/L，二价离子含量51mg/L，与试验区产出水水质差异大，对表面活性剂耐盐耐钙性能要求高，尤其是受矿化度和二价离子影响较大的磺酸盐类表面活性剂。试验区不同井产出水矿化度差异不大，矿化度在8000～13000mg/L之间，二价离子浓度差异较大，在40～220mg/L之间，从北至南二价离子含量增大（表4-27至表4-30）。

表 4-27　试验区注入水水质分析统计表

| 取样日期 | 分析项目及含量（mg/L） | | | | | | |
|---|---|---|---|---|---|---|---|
| | $HCO_3^-$ | $Cl^-$ | $SO_4^{2-}$ | $Ca^{2+}$ | $Mg^{2+}$ | $K^++Na^+$ | 矿化度 |
| 2005-3-2 | 146.71 | 37.18 | 108.50 | 57.60 | 8.43 | 49.94 | 408.36 |
| 2007-1-17 | 145.15 | 39.10 | 93.14 | 51.90 | 7.26 | 51.38 | 387.93 |
| 2007-2-18 | 159.20 | 69.43 | 118.10 | 54.93 | 9.09 | 81.38 | 492.13 |
| 2007-6-20 | 117.39 | 62.13 | 26.34 | 30.14 | 4.57 | 53.82 | 294.39 |
| 2007-7-6 | 115.00 | 26.74 | 19.49 | 36.82 | 3.28 | 21.57 | 222.90 |
| 2007-10-18 | 137.26 | 39.06 | 79.73 | 45.80 | 8.75 | 46.13 | 356.73 |
| 2008-6-24 | 92.30 | 19.51 | 34.33 | 31.65 | 5.91 | 16.28 | 199.98 |
| 2009-3-27 | 157.02 | 39.27 | 98.99 | 64.23 | 2.49 | 53.63 | 415.63 |
| 2009-4-6 | 117.99 | 72.05 | 76.96 | 43.61 | 13.22 | 75.44 | 399.27 |
| 2009-5-5 | 201.32 | 71.91 | 90.55 | 41.04 | 7.78 | 104.19 | 516.79 |
| 2009-6-4 | 111.98 | 53.60 | 40.33 | 33.35 | 14.00 | 41.17 | 294.43 |
| 2010-6-23 | 140.69 | 51.94 | 129.12 | 30.11 | 12.17 | 91.01 | 455.04 |
| 2010-9-18 | 176.42 | 31.67 | 86.78 | 47.39 | 8.24 | 45.38 | 395.88 |
| 2011-5-11 | 150.70 | 174.45 | 11.95 | 34.84 | 1.49 | 15.83 | 389.26 |
| 2011-11-4 | 188.41 | 39.59 | 97.98 | 44.48 | 8.38 | 76.79 | 455.63 |
| 2012-5-2 | 176.61 | 31.95 | 57.88 | 45.20 | 7.92 | 48.15 | 367.71 |
| 2012-9-14 | 159.72 | 31.88 | 48.53 | 43.95 | 6.82 | 40.78 | 331.68 |
| 平均 | 146.70 | 52.44 | 71.69 | 43.36 | 7.64 | 53.70 | 375.53 |

表 4-28　试验区油井产出水水质分析统计表

| 分析项目 | T71732 井 | T71734 井 | T71746 井 | T71748 井 | T71749 井 |
|---|---|---|---|---|---|
| 氢氧根（mg/L） | 0 | 0 | 0 | 0 | 0 |
| 碳酸根（mg/L） | 0 | 0 | 0 | 0 | 0 |
| 碳酸氢根（mg/L） | 4913.32 | 3454.05 | 3750.27 | 3052.42 | 3788.74 |
| 氯离子（mg/L） | 3295.32 | 3169.95 | 2946.11 | 3331.14 | 3026.68 |
| 硫酸根（mg/L） | 248.60 | 39.10 | 86.25 | 50.40 | 552.00 |

续表

| 分析项目 | T71732 井 | T71734 井 | T71746 井 | T71748 井 | T71749 井 |
|---|---|---|---|---|---|
| 钙离子（mg/L） | 25.31 | 64.79 | 76.51 | 70.87 | 94.16 |
| 镁离子（mg/L） | 15.35 | 32.54 | 36.31 | 20.87 | 25.17 |
| 钠钾离子（mg/L） | 4050.91 | 3241.36 | 3209.77 | 3215.07 | 3500.42 |
| 矿化度（mg/L） | 12548.8 | 10001.8 | 10105.2 | 9740.8 | 10987.2 |
| pH 值 | 7.95 | 7.32 | 7.37 | 7.53 | 7.82 |
| 水型 | $NaHCO_3$ | $NaHCO_3$ | $NaHCO_3$ | $NaHCO_3$ | $NaHCO_3$ |
| 取样日期：2013 年 9 月 16 日 | | | | | |

表 4-29 试验区油井产出水水质分析统计表

| 分析项目 | T71760 井 | TD71762 井 | T71775 井 | T71777 井 | T71794 井 |
|---|---|---|---|---|---|
| 氢氧根（mg/L） | 0 | 0 | 0 | 0 | 0 |
| 碳酸根（mg/L） | 0 | 0 | 0 | 0 | 0 |
| 碳酸氢根（mg/L） | 3253.23 | 3692.67 | 3146.13 | 3097.49 | 2726.31 |
| 氯离子（mg/L） | 2775.95 | 2291.42 | 3223.68 | 2691.51 | 2364.16 |
| 硫酸根（mg/L） | 43.10 | 312.00 | 48.40 | 214.40 | 216.40 |
| 钙离子（mg/L） | 120.48 | 24.95 | 169.07 | 83.17 | 189.62 |
| 镁离子（mg/L） | 25.79 | 32.68 | 3.68 | 30.26 | 24.21 |
| 钠钾离子（mg/L） | 2860.83 | 2937.45 | 3099.54 | 2863.72 | 2401.67 |
| 矿化度（mg/L） | 9079.37 | 9291.17 | 9690.51 | 8980.55 | 7922.36 |
| pH 值 | 7.39 | 8.05 | 7.40 | 7.66 | 7.28 |
| 水型 | $NaHCO_3$ | $NaHCO_3$ | $NaHCO_3$ | $NaHCO_3$ | $NaHCO_3$ |
| 取样日期：2013 年 9 月 16 日 | | | | | |

表 4-30 试验区南部外围油井产出水水质分析统计表

| 分析项目 | T71793 井 | T71795 井 | T71812 井 | T71813 井 | TD71829 井 |
|---|---|---|---|---|---|
| 氢氧根（mg/L） | 0 | 0 | 0 | 0 | 0 |
| 碳酸根（mg/L） | 0 | 0 | 0 | 0 | 0 |

| 分析项目 | T71793 井 | T71795 井 | T71812 井 | T71813 井 | TD71829 井 |
|---|---|---|---|---|---|
| 碳酸氢根（mg/L） | 3020.70 | 4127.86 | 3923.06 | 2444.72 | 3635.07 |
| 氯离子（mg/L） | 2873.36 | 1091.15 | 2164.12 | 836.55 | 2691.51 |
| 硫酸根（mg/L） | 41.77 | 351.90 | 207.80 | 165.90 | 290.80 |
| 钙离子（mg/L） | 124.75 | 50.90 | 79.84 | 99.80 | 77.84 |
| 镁离子（mg/L） | 54.47 | 26.63 | 37.52 | 27.84 | 32.68 |
| 钠钾离子（mg/L） | 2776.56 | 2323.53 | 2819.64 | 1376.44 | 3104.46 |
| 矿化度（mg/L） | 8891.61 | 7971.97 | 9231.99 | 4951.25 | 9832.37 |
| pH 值 | 7.38 | 7.76 | 7.51 | 7.54 | 7.59 |
| 水型 | $NaHCO_3$ | $NaHCO_3$ | $NaHCO_3$ | $NaHCO_3$ | $NaHCO_3$ |
| 取样日期：2013 年 9 月 16 日 | | | | | |

## 2. 试验区原油性质分析

七东₁区三元复合驱试验区原油黏度差异不大，基本都低于 20mPa·s，含蜡量为 5.0% 左右，平均碳原子数为 17，主要成分为饱和烃，极性组分胶质和沥青质含量均小于 10%，原油酸值为 0.14mg KOH/g，为中低酸值原油，加碱后不易形成超低界面张力，要求表面活性剂的分子量、结构与原油尽量匹配（表 4-31 和图 4-27）。

表 4-31　试验区原油性质分析统计表

| 井号 | 原油黏度（mPa·s） | 含蜡（%） | 原油族组分分析（%） | | | | |
|---|---|---|---|---|---|---|---|
| | | | 饱和烃 | 芳香烃 | 胶质 | 沥青质 | 总收率 |
| T71732 | 24.1 | 5.18 | 71.05 | 8.04 | 5.90 | 0.80 | 85.79 |
| T71748 | 11.2 | 5.07 | 70.75 | 9.55 | 5.37 | 0.90 | 86.57 |
| T71749 | 14.2 | 5.12 | 68.15 | 11.15 | 7.32 | 0.96 | 87.58 |
| T71760 | 10.8 | 5.20 | 65.43 | 6.86 | 6.86 | 1.14 | 80.29 |
| T71775 | 12.4 | 5.15 | 66.57 | 7.33 | 6.74 | 0.88 | 81.52 |
| T71777 | 45.0 | 4.87 | 68.99 | 7.59 | 6.96 | 2.85 | 86.39 |
| T71794 | 12.2 | 5.22 | 66.57 | 6.16 | 6.45 | 1.47 | 80.65 |
| 取样日期：2013 年 7 月 19 日 | | | | | | | |

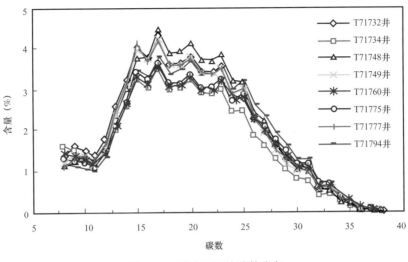

图 4-27　试验区原油碳数分布

## 五、三元复合驱聚合物筛选

流度控制是复合驱实现大幅度提高采收率的机理之一，在复合驱前置段塞及主体段塞中都要用到聚合物，因此，聚合物性质优劣对提高采收率同样起决定作用。聚合物的筛选是在七东₁区聚合物驱研究工作基础上进行的，选取了几种高分子量聚合物类型，在研究过程中也不断收集新的产品，选择聚合物依据是产品性能优良、质量稳定、产量大，能够保证现场需求量。

### 1. 不同聚合物溶液性能评价

评价了六种聚合物的黏浓性、流变性及弹性模量（Ka1 为 DQ3500、Ka2 为 DQ2500、Kb1 为 K3500，Kb2 为 HJKY-2、Kc1 为 FP3740、Kc2 为 FP934H）。从实验结果（图 4-28）看，六种聚合物黏浓曲线基本相似，其中 Ka1、Ka2、Kb2 及 Kc1 四种聚合物溶液黏度具有一定优势，当聚合物浓度为 1500mg/L 时，其黏度达到 125mPa·s 左右（溶液黏度的测定条件为：测试温度 34℃，剪切速率 10s⁻¹）。

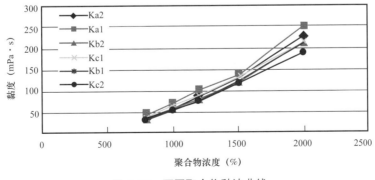

图 4-28　不同聚合物黏浓曲线

## 2. 不同聚合物复合体系溶液性能评价

### 1) 三元复合体系流变性

在对 KPS 界面张力研究中，得出了满足超低界面张力的配方体系，评价了不同聚合物在三元复合体系中的增黏性。从图 4-29 可知：复合体系黏度比聚合物溶液的黏度大幅度降低，当聚合物浓度为 1500mg/L 时，复合体系的黏度为 30mPa·s 左右，为聚合物溶液黏度的 25%，地下原油黏度为 5.13mPa·s，能够满足流度控制的要求。

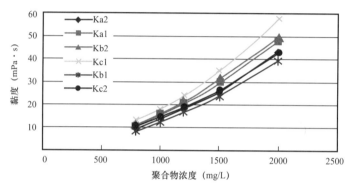

图 4-29　不同聚合物清水复合体系的黏浓曲线（0.3%KPS+0.8% 碳酸钠 +1.0% 氯化钠）

### 2) 三元复合体系中化学剂对聚合物黏度的影响

实验考察了碱、盐及 KPS 对聚合物溶液黏度的影响（图 4-30 和图 4-31），从结果看：当盐（碱）小于 0.5%，随盐（碱）浓度的增加，聚合物溶液黏度急剧降低，当盐（碱）大于 0.5%，随盐（碱）浓度的增加，聚合物溶液黏度降低幅度趋缓，聚合物—KPS 体系黏度比聚合物溶液黏度略有增加，可见影响复合体系黏度的因素为碱和盐，KPS 对复合体系的黏度基本没有影响。

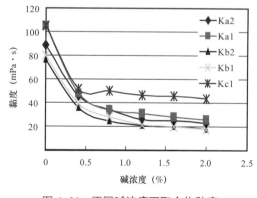

图 4-30　不同碱浓度下聚合物黏度

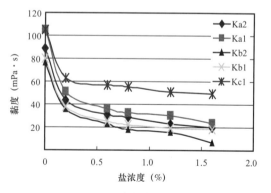

图 4-31　不同盐浓度下聚合物黏度

所用表面活性剂为 KPS，除 Kc1 聚合物外，其他几种聚合物—KPS 体系黏度比聚合物溶液黏度略有增加（图 4-32），Kc1 聚合物—KPS 体系黏度比聚合物溶液黏度低。

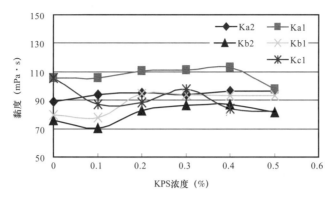

图 4–32 不同表面活性剂浓度下聚合物黏度（聚合物浓度为 1500mg/L）

### 3）不同聚合物复合体系界面张力

用清水配制复合体系（0.3%KPS+0.8% 碳酸钠 +1.0% 氯化钠 +1500mg/L 聚合物），分别测定复合体系界面张力（图 4–33），可见，不同聚合物类型对复合体系界面张力的影响几乎是相同的。

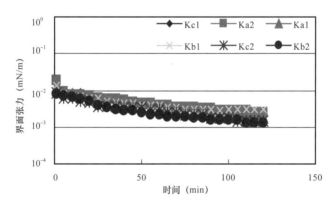

图 4–33 不同聚合物（浓度为 1500mg/L）复合体系与原油界面张力

### 3. 聚合物分子量、浓度选择

七东₁区三元复合驱试验区位于 I 区物性较好的区域，结合前文 2500 万分子量聚合物与更高分子量聚合物性能对比，该区域三元复合驱采用更高分子量聚合物时优势并不明显。另外，从市场调研结果看，目前 3000 万分子量以上的聚合物产品性能差异较大，现场应用相对较少。综合以上因素，推荐三元复合驱聚合物分子量、浓度选择与该区域聚合物驱一致，选用 2500 万分子量的聚合物，浓度 1500 ～2000mg/L，三元体系黏度 32 ～50mPa·s，估算地层工作黏度 15 ～25mPa·s，流度比 0.24～0.4。聚合物平均浓度 1800mg/L，黏度 43mPa·s，地层工作黏度 20mPa·s，流度比 0.3。

根据聚合物性能评价及综合评判结果，推荐选用与聚合物驱一致的 HJKY–2 作为三元复合驱用聚合物。

## 六、碱剂筛选

复合驱使用的碱主要有两种：强碱氢氧化钠及弱碱碳酸钠。大庆油田复合驱先导试验及工业性试验发现复合驱采出系统有结垢、卡泵现象，尤其是强碱三元复合驱结垢严重，对生产影响也严重，而弱碱结垢较轻，目前大庆油田复合驱也尽可能选择弱碱[14-17]。新疆二中区先导试验采用的是弱碱复合驱，弱碱复合驱是新疆油田复合驱的特色之一，从七东₁区原油与氢氧化钠和碳酸钠的界面张力测定结果看（表4-32），氢氧化钠浓度为0.7%、碳酸钠浓度为1.2%时界面张力可以达到$10^{-2}$ mN/m数量级，碳酸钠与原油的界面张力值相对比较低并且保持超低界面张力的时间比较长，综合考虑界面性能、乳化和油层伤害等因素，七东₁区三元复合驱工业试验选择弱碱碳酸钠。

表 4-32  原油与两种碱溶液的界面张力

| 碳酸钠浓度（%） | 界面张力（mN/m） | 氢氧化钠（%） | 界面张力（mN/m） |
|---|---|---|---|
| 0.4 | >10 | 0.1 | >10 |
| 0.8 | >10 | 0.3 | >10 |
| 1.2 | $1.15 \times 10^{-2}$ | 0.5 | >10 |
| 1.6 | $4.65 \times 10^{-2}$ | 0.7 | $3.67 \times 10^{-2}$ |

## 七、表面活性剂的选择

新疆油田在"八五"期间开展的二中区复合驱先导试验取得了很好的效果，所用表面活性剂为KPS，同时KPS为本地生产，具有运输便利、配方调整较为主动的优势；其次，新疆有众多的炼油厂，KPS原料来源可以得到保障。使用KPS需要解决的问题有以下几个方面：（1）由于产品销路问题，三元用KPS已于2003年停产，目前现存三元用KPS产品为1997年及2001—2002年生产产品，因此，需要对不同年份不同批次生产的三元用KPS产品质量及稳定性进行评价；（2）装置在不同时期所使用的原料油来源不同，使产品性能有所不同，因此必须针对七东₁区原油的性质从原料油上进行进一步优化。

七东₁区克下组复合驱配方首选的表面活性剂为KPS。根据中国石油天然气股份有限公司及油田公司相关会议，对表面活性剂的选择采取两条腿走路的精神，对外地产表面活性剂也进行了评价，无论从界面张力还是从耐盐性考察，KPS都属于性能优良的表面活性剂（表4-33和表4-34）。

### 1. 配方研究

在以上研究工作基础上，以KPS和Na₂CO₃为研究对象，开展了弱碱三元复合驱油体系配方研究。在弱碱三元复合驱中，表面活性剂浓度、碱浓度是调节驱替液与原油界面张力的决定因素。对于特定油藏的原油，只有在适当的表面活性剂与碱的浓度下，界面张力才能达到超低；而当表面活性剂浓度继续增大时，界面张力不再下降，甚至会有反弹。

表 4-33　几种表面活性剂—碱体系与试验区原油界面张力

| 碳酸钠（%） | 界面张力① （mN/m） | | | |
|---|---|---|---|---|
| | α—烯烃磺酸盐 | 克拉玛依石油磺酸盐 | 大庆重烷基苯磺酸盐（弱碱型） | 胜利石油磺酸盐 |
| 0.4 | >1 | $2.0 \times 10^{-2}$ | $3.22 \times 10^{-2}$ | >10 |
| 0.8 | $3.18 \times 10^{-3}$ | $1.2 \times 10^{-2}$ | $1.47 \times 10^{-2}$ | >10 |
| 1.2 | $7.95 \times 10^{-4}$ | $7.8 \times 10^{-4}$ | $1.09 \times 10^{-3}$ | $2.04 \times 10^{-2}$ |
| 1.6 | $8.70 \times 10^{-5}$ | $1.1 \times 10^{-3}$ | $4.18 \times 10^{-4}$ | $3.60 \times 10^{-3}$ |
| 2.0 | $2.07 \times 10^{-4}$ | $8.5 \times 10^{-3}$ | $2.70 \times 10^{-5}$ | $3.02 \times 10^{-3}$ |

① 表面活性剂浓度为 0.2%。

表 4-34　不同年份生产表面活性剂—碱与试验区原油界面张力

| 碳酸钠浓度（%） | 界面张力① （mN/m） | | | |
|---|---|---|---|---|
| | 1997 年 | 2001 年 9 月 | 2001 年 10 月 | 2002 年 4 月 |
| 0.4 | >1 | $7.0 \times 10^{-1}$ | $6.9 \times 10^{-1}$ | $2.0 \times 10^{-2}$ |
| 0.8 | $1.4 \times 10^{-2}$ | $1.5 \times 10^{-2}$ | $1.1 \times 10^{-2}$ | $1.2 \times 10^{-2}$ |
| 1.2 | $1.0 \times 10^{-3}$ | $5.8 \times 10^{-3}$ | $3.0 \times 10^{-3}$ | $7.8 \times 10^{-4}$ |
| 1.6 | $1.0 \times 10^{-3}$ | $1.1 \times 10^{-2}$ | $1.1 \times 10^{-2}$ | $1.1 \times 10^{-3}$ |
| 2.0 | $1.4 \times 10^{-2}$ | $2.4 \times 10^{-2}$ | $3.1 \times 10^{-2}$ | $8.5 \times 10^{-3}$ |

① 表面活性剂浓度为 0.2%。

试验中通过调节 KPS 的浓度，实现表面活性剂浓度的调节，调节碳酸钠的浓度实现了碱浓度的调节。将聚合物的浓度固定在 0.15%，分子量选择 2500 万；碳酸钠浓度固定在 0.2%～1.8% 范围，KPS 浓度固定在 0.05%～0.4% 范围，对溶液进行了界面张力的测定（图 4-34）。从界面张力活性图上可以明显看出，当表面活性剂浓度越高时，达到超低界面张力的需碱量越高，当碳酸钠的浓度大于等于 1.2% 时，所有体系界面张力均位于 $10^{-3}$ mN/m 区域内。考虑到表面活性剂、碱液在地层油层中的消耗和吸附，同时参考大庆三元驱以及克拉玛依二中区三元复合驱的试验经验，配方初步定为：0.3%KPS+1.4%Na$_2$CO$_3$+0.15%HJ2500。

## 2. 配方体系的稀释性能评价

当配方体系注入地层后，其段塞前后缘将分别被地层水及后续的注入水所稀释，在此过程中主要包括：（1）由于稀释作用，引起各化学剂浓度的降低；（2）由于配方与地层水的混合，使体系中二价阳离子（主要是钙、镁离子）浓度增加；（3）由于地层水及后续水的稀释作用，使体系的离子强度发生变化。以上各因素综合作用的结果，对复合体系的性质将产生一定的影响。

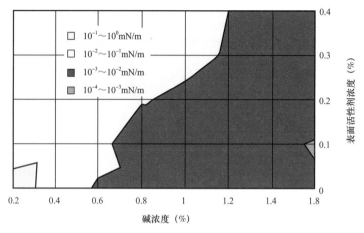

图 4-34　KPS—Na$_2$CO$_3$ 体系与试验区原油界面张力活性图

　　为考察各种可能的因素对配方体系的影响，分别用注入水和地层水对配方体系进行了不同比例的稀释（分别稀释至 10%、20% 和 50%），测定稀释后体系的界面张力（图 4-35 和图 4-36）。稀释后界面张力测定结果存在以下趋势：配方耐注入水稀释性相对较弱，耐地层水稀释性较强；配方体系被注入水稀释至 10% 后，界面张力较难达到 $10^{-3}$mN/m，稀释至 20% 后，只能达到 $9 \times 10^{-3}$ mN/m 级别，稀释至 50% 后，界面张力出现反弹，较难达到 $10^{-3}$ mN/m 量级；但是配方体系被地层水稀释到 10% 时，界面张力能达到 $9 \times 10^{-3}$mN/m，稀释至 20% 后，最低能达到 $4 \times 10^{-3}$mN/m，稀释至 50% 后，界面张力一开始就能迅速下降到 $10^{-3}$mN/m 以下，地层水稀释的效果要强于注入水，这主要是因为地层水的矿化度接近 10000mg/L，能够提供足够高的离子强度，而注入水的矿化度只有 400mg/L，不能提供较高的离子强度。

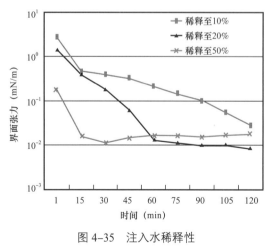

图 4-35　注入水稀释性

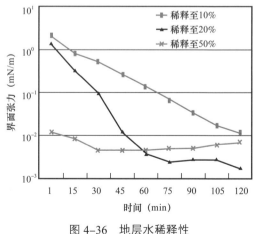

图 4-36　地层水稀释性

通过稀释性试验和活性图可以了解到，现在的配方体系（0.3%KPS + 1.4%Na$_2$CO$_3$ + 0.15%HJ2500）具有优异的抗稀释性。配方注入时，受到地层水稀释至50%，表面活性剂浓度下降到0.15%，碱浓度下降到0.7%，仍然能保持超低界面张力，即使被地层水稀释至20%，界面张力依然达标。此外，表面活性剂在注入过程中会产生吸附等损失，浓度会降低，但是该表面活性剂在浓度大于等于0.1%时都能使界面张力达到超低，非常有利于配方在油层驱替时发挥提高驱油效率作用。

### 3. 环烷基石油磺酸盐吸附性能

新疆油田稀油老区先后开展了砾岩油藏弱碱三元复合驱、二元复合驱和聚合物驱，并取得了多项成熟配套技术。但实施过程中也遇到了很多问题，特别是复合驱油体系在油藏中的吸附规律以及色谱分离效应，由于复合驱过程中驱油体系各组分极性不同，特别是由于表面活性剂的吸附、脱附能力不同导致了注入流体在渗流过程中的吸附滞留以及色谱分离。二元驱油体系中靠表面活性剂加合增效作用达到显著降低油水相界面张力的驱油体系，发生色谱分离后驱油效果变差，严重影响现场实施效果。不同液固比条件下测定砾岩油砂—水界面吸附滞留规律，得出二元（三元）表面活性剂、聚合物的吸附速率方程，为研究其在油藏条件下，驱油体系在不同介质上的静、动态吸附规律与色谱分离情况，为驱油配方设计及表面活性剂用量计算提供理论指导，为新疆油田老区可持续发展贡献力量。

#### 1）岩心比表面测定

（1）氮吸附孔隙体积、喉道体积测定。

从表4-35可得，T71721井岩心的总孔体积最大，露头岩心次之，用于动态化学驱的成块岩心总孔体积最小。露头岩心的平均孔直径略大，动态化学驱岩心和T71721井下岩心的平均孔直径具有明显差别。

表 4-35　孔体积及孔径分布测试结果

| 样品编号 | 总孔体积（mL/g） | 平均孔直径（nm） |
|---|---|---|
| 动态 1 | 0.0188 | 34.39 |
| 动态 6 | 0.0219 | 21.10 |
| 动态 12 | 0.0213 | 41.69 |
| 动态 20 | 0.0226 | 23.08 |
| 动态 21 | 0.0177 | 28.01 |
| 动态 27 | 0.0127 | 26.17 |
| 1–16/17 | 0.0655 | 33.28 |

| 样品编号 | 总孔体积（mL/g） | 平均孔直径（nm） |
|---|---|---|
| 7-19/24 | 0.0386 | 29.14 |
| 露头 2 | 0.0177 | 77.48 |
| 露头 3 | 0.0470 | 33.99 |

（2）岩心比表面测定。

比表面积是指单位质量物料所具有的总面积。矿物的表面特征是由其矿物结构决定的，包括比表面积、孔结构、表面能等各个方面的参数，均严格依赖于矿物种类。黏土矿物是一种层状的水铝硅酸盐矿物，由硅氧四面体和铝氧八面体按 1:1、2:1、2:1:1 层型组成高岭石、蒙皂石、伊利石、绿泥石，或形成混层矿物，这种独特的晶体结构导致黏土矿物颗粒细小，比表面积巨大，吸附能力强。

就试验区储层来讲，虽然岩心由不同的矿物组成，矿物也都具有不同的晶体结构，但是比表面可以作为一个衡量表面能大小的定量指标（表 4-36）。

表 4-36　矿物比表面　　单位：m²/g

| 储层矿物组构 | 矿物名称 | 测量方法 | | |
|---|---|---|---|---|
| | | BET 多点法 | BET 单点法 | Langmuir 单分子吸附 |
| 岩石骨架矿物 | 石英砂 | 0.05 | 0.05 | 0.12 |
| | 钾长石 | 1.47 | 1.49 | 2.89 |
| 碳酸岩矿物 | 方解石 | 3.67 | 3.52 | 5.71 |
| | 白云石 | 0.84 | 0.82 | 1.67 |
| 黏土矿物 | 高岭石 | 15.26 | 14.96 | 23.98 |
| | 伊利石 | 0.62 | 0.59 | 1.06 |
| | 绿泥石 | 3.76 | 3.57 | 5.87 |
| | 蒙皂石 | 75.14 | 68.50 | 111.43 |

分析表 4-37 可知，试验区储层岩心比表面分布范围为 3～8m²/g 之间，比表面较大。该区较大的比表面将导致储层岩石对三元驱配方的吸附强烈，在研究三元复合驱配方时应考虑黏土矿物的吸附。

（3）新疆砾岩储层比表面与东部其他油田对比分析。

新疆砾岩储层岩心比表面最大，其次是吉林红岗油田、辽河锦州油田（表 4-38），比表面最小的是长庆马岭北油田。由此分析，新疆砾岩油藏黏土矿物含量高、胶结物和杂基含量高，颗粒细小，在三次采油时更容易造成驱油剂吸附量增大，储层伤害更加明显。

表4-37 比表面测试结果

| 类别 | 岩性 | 孔隙度(%) | 渗透率范围(mD) | 沉积微相 | 胶结程度 | 黏土含量(%) | 伊蒙混层(%) | 伊利石(%) | 高岭石(%) | 绿泥石(%) | 三元驱作用程度 | 取心位置 | 比表面(m²/g) |
|---|---|---|---|---|---|---|---|---|---|---|---|---|---|
| I | 含砾中粗砂岩 | 17~23 | >1000 | 扇中 | 疏松 | 5.9 | 5 | 12.5 | 75.0 | 10.0 | 很明显 | 岩心 | 7.252 |
|  |  |  |  |  |  |  |  |  |  |  |  | 岩心 | 7.210 |
| II | 粗砂细砾岩 | 17~23 | 500~1000 | 扇中 | 疏松 | 6.9 | 4 | 12.5 | 74.5 | 9.0 | 明显 | 岩心 | 7.772 |
|  |  |  |  |  |  |  |  |  |  |  |  | 岩心 | 7.830 |
|  |  |  |  |  |  |  |  |  |  |  |  | 露头 | 2.200 |
|  |  |  |  |  |  |  |  |  |  |  |  |  | 2.000 |
|  |  |  |  |  |  |  |  |  |  |  |  | 露头 | 2.500 |
| III | 砂基支撑砾岩 | 11~23 | 200~500 | 扇中 | 中等 | 2.3 | 0 | 8.0 | 82.0 | 10.0 | 较明显 | 岩心 | 5.291 |
|  |  |  |  |  |  |  |  |  |  |  |  | 露头 | 4.200 |
|  |  |  |  |  |  |  |  |  |  |  |  |  | 1.900 |
| IV | 中细砂岩 | 15-20 | 100~200 | 扇中 | 中等 | 2.95 | 0 | 19.0 | 73.5 | 7.5 | 不明显 | 岩心 | 3.125 |
|  |  |  |  |  |  |  |  |  |  |  |  | 岩心 | 4.738 |
|  |  |  |  |  |  |  |  |  |  |  |  | 露头 | 3.900 |
| V | 砂砾泥混杂 | <17 | 50~100 | 扇中 | 疏松 | 4.9 | 4 | 14.5 | 77.0 | 6.5 | 作用微弱 | 岩心 | 8.019 |
|  |  |  |  |  |  |  |  |  |  |  |  | 岩心 | 4.639 |
| VI | 泥质粉细砂岩 | <17 | 0~50 | 扇中 | 中等 | 8.3 | 83 | 8.0 | 7.0 | 2.0 | 没有作用 | 岩心 | 7.565 |
|  |  |  |  |  |  |  |  |  |  |  |  | 露头 | 2.800 |
|  |  |  |  |  |  |  |  |  |  |  |  |  | 2.300 |

表 4-38　其他油田比表面测试结果

| 油田 | 比表面（$m^2/g$） |
|---|---|
| 吉林红岗 | 5.53 |
| 辽河锦州 | 1.28 |
| 长庆马岭北 | 0.91 |

（4）砾岩储层比表面影响因素分析。

矿物成分的微小差异可能导致矿物表面特征的较大差别，包括类质同象、离子交换以及表面吸附有机质的影响，其中表面能的变化尤其明显。钙基膨润土的比表面积要比钠基膨润土大一倍，孔体积有相同表现，但是微孔的贡献却相反，钙基膨润土的微孔贡献的比表面积和孔体积均小于钠基膨润土，主要是由于 $Ca^{2+}$、$Na^+$ 对蒙皂石层间距的改造差异决定的。高岭石质煤矸石和纯的高岭石粉末也有所差异，前者的比表面积、孔体积和微孔贡献均小于后者，特别是微孔体积不及后者的 1/2，主要是由于煤矸石中化学吸附了大量有机质分子，这些分子占据了微孔空间，造成表面特征的较大差异。矿物材料的粒度对表面能也有较大影响，总体来说，表面能随粒度减小而增高。但对于层状硅酸盐而言，粒度对其表面能的影响是有限的，因为其表面的主体是微孔表面。一般认为颗粒的粒度越小，表面能越大，或者是比表面积越大，表面能越大。实际上，这均是以矿物种类相同、且为球形颗粒为前提的。不同的矿物类型其表面能分布明显不同，表面能的高低并不总与比表面积的大小呈正比，甚至不与孔大小、颗粒的比表面积呈正比。例如，海泡石是试样中比表面积最大的矿物，但是其表面能却只有 40e/k，钠基膨润土也基本如此。相反比表面积最小的钾长石却有着一系列大小不同的表面能数值，最高的达到 100e/k。这主要是由于矿物的结构不同引起的，链层硅酸盐的比表面积主要是由微孔贡献的，而这些表面均为完整的结构面，不存在或很少有断键和缺陷暴露，因此缺乏较高的表面能，而钾长石为架状硅酸盐，其表面分布有大量断键，不同的断键其能量也不相同，从而形成一系列能量大小不同的表面（图 4-37）。

就试验区储层来讲，虽然岩心由不同的矿物组成，矿物也都具有不同的晶体结构，但是比表面可以作为一个衡量表面能大小的定量指标。

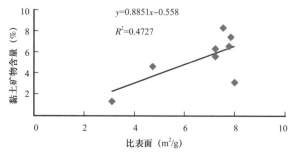

图 4-37　比表面与黏土矿物含量关系拟合

据表4-39测得的单矿物比表面数据，黏土矿物比表面远远大于岩石骨架矿物，黏土矿物对比表面的贡献占主要部分，这一现象解释了比表面随黏土矿物含量增加而增大这一客观现象。

表4-39 矿物比表面                单位：m²/g

| 储层矿物组构 | 矿物名称 | 测量方法 | | |
|---|---|---|---|---|
| | | BET 多点法 | BET 单点法 | Langmuir 单分子吸附 |
| 岩石骨架矿物 | 石英砂 | 0.05 | 0.05 | 0.12 |
| | 钾长石 | 1.47 | 1.49 | 2.89 |
| 碳酸岩矿物 | 方解石 | 3.67 | 3.52 | 5.71 |
| | 白云石 | 0.84 | 0.82 | 1.67 |
| 黏土矿物 | 高岭石 | 15.26 | 14.96 | 23.98 |
| | 伊利石 | 0.62 | 0.59 | 1.06 |
| | 绿泥石 | 3.76 | 3.57 | 5.87 |
| | 蒙脱石 | 75.14 | 68.50 | 111.43 |

据图4-37，试验区黏土矿物含量与岩心比表面呈正相关，如式（4-1）所示：

$$C = 0.8851\mu - 0.558 \tag{4-1}$$

式中　$C$——黏土矿物含量，位 %；

　　　$\mu$——岩心比表面积，m²/g。

式（4-1）表明随着岩心黏土矿物含量增加，比表面增大。在实际油田生产当中，取心后用 X 射线衍射法分析黏土矿物含量，代入公式（4-1），计算出该区岩心比表面。

如图4-38所示，试验区表面功函数与比表面呈正相关。

$$w = 0.0585\mu + 4.7323 \tag{4-2}$$

式中　$w$——岩心表面功，eV；

　　　$\mu$——岩心比表面积，m²/g。

式（4-2）表明当比表面积增大时，岩心表面功函数增加，岩心吸附驱油剂的能力增强。

如图4-39所示，试验区 Zeta 电位绝对值与比表面呈正相关，如式（4-3）所示：

$$p = -2.4661\mu - 5.6122 \tag{4-3}$$

式中　$p$——Zeta 电位，mV；

　　　$\mu$——岩心比表面积，m²/g。

式（4-3）表明比表面积增大时，矿物晶体端面暴露增多，矿物表面所带电荷增大，当 Zeta 电位大于 30mV 时，系统不再稳定，发生内部凝聚现象。试验区 Zeta 电位分布范

围 $-30\sim-10\text{mV}$，地下储层中黏土矿物胶体系统稳定。试验区 Zeta 电位绝对值在 30mV 范围之内，胶体带有很多的正电荷或负电荷，在没有外来流体侵入的情况下，胶体颗粒间斥力大，非常稳定，但是当有带电性的外来流体（如表面活性剂、聚合物）入侵时，Zeta 电位越大，呈现对外来流体越强的吸附性。

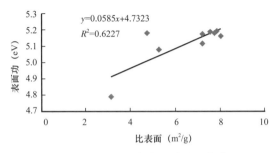

图 4-38　比表面与表面功关系拟合

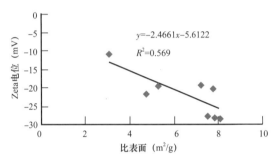

图 4-39　比表面与 Zeta 电位关系拟合

## 2）复合驱过程中岩心静态吸附测定

吸附前复合体系界面张力如图 4-40 所示，在二元（三元）体系中，表面活性剂质量浓度为 0.3% 时，驱油体系展现出了很好地降低油水界面张力性能，在 120min 范围内平衡界面张力 $IFT_{120min}$ 均达到超低界面张力 $10^{-3}\text{mN/m}$ 的技术指标要求，满足配方体系设计要求，结果见表 4-40。

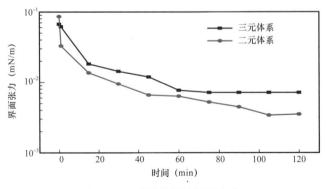

图 4-40　吸附前原始界面张力

表 4-40　原液化学剂含量测定

| 原液：三元 0.3%KPS+0.15%HJ2500 万 +1.2% 碳酸钠（清水）<br>二元 0.2%KPS202+0.1%HJ1000 万（A 区水） | | | |
|---|---|---|---|
| 体系 | 碱浓度（mg/L） | 表面活性剂浓度（mg/L） | 聚合物浓度（mg/L） |
| 三元 | 12410 | 3012.935 | 1577.698 |
| 二元 | — | 2113.743 | 1008.026 |

未经吸附的复合体系含量见表 4-40。三元体系设计配方为：0.3%S+0.15%HPAM+1.2%A。二元体系配方设计为：0.3%S+0.1%HPAM。

（1）不同吸附次数界面性能变化规律。

不同吸附次数对界面性能影响如图 4-41 所示，按照液固比分别为 9：1、7：3、5：5准确称取二元（三元）体系和岩心砂，在 40℃下恒温摇床中振荡吸附 48h，取上层清液体，测定界面张力，结果表明：不同配比条件下，二元体系（三元体系）经过岩心砂四次吸附后界面张力基本未发生改变，平衡界面张力 $IFT_{120min}$ 均达到超低界面张力 $10^{-3}$mN/m的指标要求。吸附两次界面张力变化趋势变化不大，吸附三次后液固比为 9：1 的三元体系表现出界面张力继续降低，说明随着吸附进行，由于碱的吸附速率大于表面活性剂和聚合物，随着碱浓度逐渐被消耗，驱油体系配方存在最佳碱浓度范围，在这一范围内驱油体系表现出较低的界面张力性能；继续增加固含量，三元体系的平衡界面张力 $IFT_{120}$ 并未表现出液固比为 9：1 的特征，而是随着固含量增大 $IFT_{120}$ 逐渐升高，说明驱油体系中随着固含量增加，表面活性剂吸附损耗增大，维持超低界面张力的浓度逐渐减少，岩心组成见表 4-41。

表 4-41　天然岩心砂粒径分布

| 项目 | 粒径级别（mm） | | | | | |
|---|---|---|---|---|---|---|
| | >1.50 | 1.25～1.50 | 1.00～1.25 | 0.45～1.00 | 0.25～0.45 | <0.25 |
| 组成比例（%） | 44.01 | 5.42 | 4.42 | 23.27 | 11.01 | 11.86 |

（2）不同吸附次数化学剂含量变化。

不同吸附次数对化学剂影响见表 4-42，按照液固比分别为 9：1、7：3、5：5准确称取二元（三元）体系和岩心砂，在 40℃下恒温摇床中振荡吸附 48h，取上层清液体，测定各化学剂含量，结果表明：不同配比条件下，二元体系（三元体系）经过岩心砂四次吸附后各化学剂含量均随着吸附次数增加而减少，随着岩心砂含量增加各化学剂含量逐渐降低，整体上碱的吸附损耗最大，吸附四次后含量损失一半左右，如图 4-42所示。

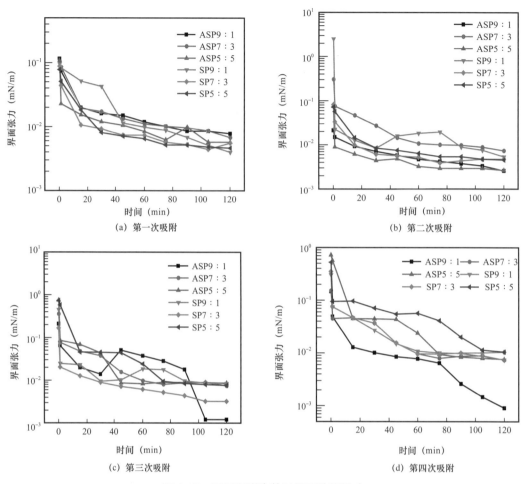

图 4-41   不同吸附次数对界面性能影响

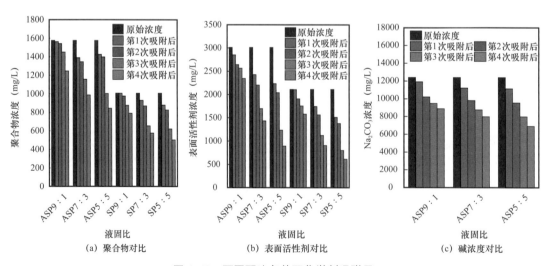

图 4-42   不同配比条件下化学剂吸附量

表 4-42 不同吸附次数后化学剂含量测定

单位：mg/L

| 液固比 | 第一次吸附 | | | 第二次吸附 | | | 第三次吸附 | | | 第四次吸附 | | |
|---|---|---|---|---|---|---|---|---|---|---|---|---|
| | S | P | A | S | P | A | S | P | A | S | P | A |
| 三元 9：1 | 2851.578 | 1563.066 | 11919.880 | 2642.720 | 1542.120 | 10221.450 | 2566.470 | 1448.560 | 9475.640 | 2346.770 | 1245.780 | 8879.150 |
| 三元 7：3 | 2428.903 | 1388.153 | 11222.152 | 2204.912 | 1345.234 | 9802.266 | 1697.140 | 1156.210 | 8755.230 | 1435.220 | 987.460 | 7979.460 |
| 三元 5：5 | 2236.515 | 1423.842 | 11152.928 | 2044.456 | 1397.277 | 9540.144 | 1235.210 | 1002.890 | 7980.660 | 894.450 | 844.950 | 6912.30 |
| 二元 9：1 | 2109.153 | 1006.491 | — | 1911.553 | 977.369 | — | 1755.430 | 877.640 | — | 1579.400 | 789.600 | — |
| 二元 7：3 | 1743.842 | 930.821 | — | 1565.478 | 870.978 | — | 1123.450 | 654.230 | — | 908.500 | 576.400 | — |
| 二元 5：5 | 1512.194 | 879.921 | — | 1379.642 | 825.665 | — | 802.450 | 621.020 | — | 614.780 | 503.460 | — |

对不同配比条件下的二元体系和三元体系各组分的吸附量作曲线可以看出，同一配比条件下吸附量随着吸附次数增加而增大，呈现出线性关系，对曲线进行拟合可以得出同一配比条件下的吸附拟合方程，见表4-43，该标准曲线的斜率即为各化学剂的吸附损耗速率（表4-44）。

不同配比条件下的吸附损耗速率如图4-43所示，二元体系（三元体系）中各化学剂的吸附损耗满足线性吸附，随着砾岩岩心砂含量增加而增大，三元碱的吸附速率＞三元表面活性剂吸附速率＞二元复合驱表面活性剂吸附速率＞三元复合驱聚合物吸附速率≈二元聚合物吸附速率。吸附速率实验结果表明：三元体系中碱的吸附损耗最大，是三元表面活性剂的2倍，三元聚合物浓度吸附损耗与二元聚合物吸附速率略大，这与碱存在时聚合物的水解度变化有关；二元表面活性剂的吸附损耗低于三元表面活性剂，ASP体系中碱在油砂中吸附损速率最快、吸附量最大，利用碱的吸附特性复配体系中增大碱的含量可以有效降低表面活性剂和聚合物的吸附损耗，在设计三元配方时，碱浓度一定要大于表面活性剂浓度的2倍以上。与二元体系相比，三元体系中表面活性剂的吸附速率比二元体系的吸附速率略大，其主要原因是碱的加入，增加了离子强度而导致表面活性剂的吸附量增加，随着油砂含量增加，二元体系和三元体系的吸附速率差异变大。

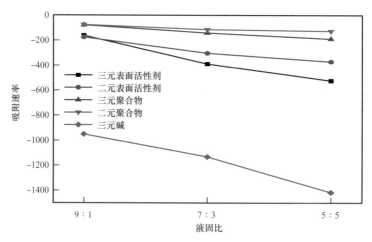

图4-43　不同配比条件下的化学剂吸附速率

表4-43　化学剂吸附速率拟合方程

| 液固比 | 聚合物 | 表面活性剂 | 碱 |
|---|---|---|---|
| ASP9：1 | $Y=1631.11-77.834X$, $R^2=0.7288$ | $Y=3007.58-161.74X$, $R^2=0.98036$ | $Y=12482.41-950.59X$, $R^2=0.9504$ |
| ASP7：3 | $Y=1574.03-141.44X$, $R^2=0.9649$ | $Y=2933.26-388.72X$, $R^2=0.974$ | $Y=12299.42-1132.80X$, $R^2=0.9861$ |
| ASP5：5 | $Y=1627.82-189.04X$, $R^2=0.9019$ | $Y=2932.37-523.83X$, $R^2=0.962$ | $Y=12432.74-1416.77X$, $R^2=0.9944$ |

| 液固比 | 聚合物 | 表面活性剂 | 碱 |
|---|---|---|---|
| SP9：1 | $Y=110.37-75.04x$，$R^2=0.9384$ | $Y=2275.23-174.53X$，$R^2=0.9997$ | — |
| SP7：3 | $Y=1036.06-113.98X$，$R^2=0.9372$ | $Y=2097.18-303.08X$，$R^2=0.9813$ | — |
| SP5：5 | $Y=1021.22-126.8X$，$R^2=0.9656$ | $Y=2026.09-370.77X$，$R^2=0.9489$ | — |

表 4-44　拟合后化学剂吸附损耗速率

| 液固比 | 三元表面活性剂 | 二元表面活性剂 | 三元聚合物 | 二元聚合物 | 三元碱 |
|---|---|---|---|---|---|
| 9：1 | −161.74 | −174.53 | −77.83 | −75.04 | −950.59 |
| 7：3 | −388.72 | −303.08 | −141.44 | −113.98 | −1132.8 |
| 5：5 | −523.83 | −370.77 | −189.04 | −126.8 | −1416.77 |

另外，二元体系与三元体系表面活性剂的表面活性效能不同，三元体系依靠碱的作用驱油体系达到超低界面张力的能力没有二元驱油用表面活性剂的效能大，二元体系在表面活性剂界面的效能更高，达到超低界面张力难度更大。该实验结果对设计三元体系时具有重要作用，在设计三元配方体系时，应充分考虑碱在油藏中的吸附损耗，此部分碱不参与驱油体系将低界面张力作用，即在表面活性剂浓度为 0.3% 时，175m 井距，注入 0.5PV 三元体系时，碱在地下吸附损耗接近 0.6%，也就是说设计三元体系时碱的最低浓度也不应该低于 0.6%，为了使驱油体系充分发挥作用，按照吸附损耗速率满足线性关系，为了保证化学剂有效利用，建议按照"梯次降低碱浓度"的方法设计段塞，即注三元段塞时前期注入一个高碱浓度的三元体系，后期注入低碱浓度的段塞，可以更有效发挥驱油体系作用。

### 4.配方物理模拟驱油效率评价

对初步配方进行了物理模拟驱油效率评价，共进行了两块岩心的驱油效率评价，从试验结果看（表 4-45 和图 4-44）：（1）复合体系注入过程中压力不断增加，在岩心条件基本相同的条件下，压力增加幅度较大的其驱油效率也高；（2）复合驱后岩心流出液乳化现象严重。

表 4-45　配方驱油效率评价

| 岩心编号 | 配方黏度（mPa·s） | 岩心孔隙体积（mL） | 饱和油量（mL） | 含油饱和度（%） | 饱和水 | 水测渗透率（mD） | 采收率（%） | | | 注剂压力（MPa） |
|---|---|---|---|---|---|---|---|---|---|---|
| | | | | | | | 水驱 | 复合驱 | 提高值 | |
| A017 | 14.3 | 53.8 | 43.4 | 80.97 | 地层水 | 0.5172 | 32.26 | 63.13 | 30.87 | 0.704 |
| A015 | 19.3 | 61.0 | 48.7 | 79.84 | 地层水 | 0.4310 | 28.30 | 60.2 | 31.80 | 0.753 |

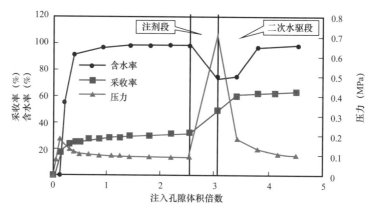

图 4-44　注入孔隙体积倍数与采收率、含水率、注入压力的关系曲线

## 八、调剖设计

以《新疆克拉玛依油田七东₁区克下组砾岩油藏 30 万吨聚合物总体调剖方案》为基础，针对七东₁区克下组油藏西北部 9 注 16 采试验区内平面物性差异，选定 3 套不同强度的调剖体系：体膨颗粒、有机铬凝胶、有机酚醛凝胶，可满足单井"强调""中强调""弱调"的需要。

根据储层水流优势通道分布、非均质性、吸水剖面、注入压力及井组含水率状况等方面综合分析，确定 9 注 16 采试验区前缘水驱阶段需要调剖 6 口井（图 4-45），平均调剖厚度 2.6m，封堵半径为井距的 1/3，设计为 47m，单井平均调剖剂用量 3792m³，合计调剖剂用量 2.275×10⁴m³（表 4-46）。现场施工选择单泵对单井的井口橇装式工艺进行，调剖速度为配注水量的 60%～80%，压力升幅为 2～3MPa。

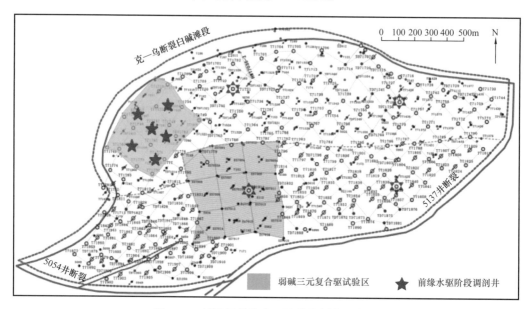

图 4-45　试验区前缘水驱阶段调剖井分布图

表4-46　试验区前缘水驱阶段调剖井设计参数表

| 序号 | 井号 | 调剖厚度（m） | 封堵半径（m） | 渗透率（mD） | 孔隙度（%） | 调剖剂量（m³） |
|---|---|---|---|---|---|---|
| 1 | 7555A | 3.0 | 47 | 777.8 | 18.7 | 3800 |
| 2 | T71308 | 2.9 | 47 | 2542.0 | 22.0 | 4400 |
| 3 | T71313 | 2.4 | 47 | 1538.5 | 19.7 | 3200 |
| 4 | T71307 | 1.6 | 47 | 698.0 | 19.1 | 2450 |
| 5 | T71747 | 3.3 | 47 | 1614.1 | 21.7 | 4900 |
| 6 | T71776 | 2.6 | 47 | 1398.1 | 20.4 | 4000 |
| 平均 | | 2.6 | 47 | 1428.1 | 20.3 | 3792 |

单针对水流优势通道发育特征，现场以段塞组合方式注入实施。设计了两套段塞组合方式，现场以四个阶段实施（表4-47）。以聚合物驱试验区各阶段调剖井次为参考，注聚过程中每年调剖井数占注水井的20%～40%，注聚结束前按注水井数的40%进行调剖，通过估算，七东₁区克下组弱碱三元复合驱试验区合计需调剖30井次。

表4-47　试验区调剖段塞组合方式设计表

| 段塞阶段 | 方式一 | 方式二 |
|---|---|---|
| 第一阶段 | 0.3%～0.5%聚合物 | 0.3%～0.5%聚合物 |
| 第二阶段 | 聚合物中强凝胶（0.2%～0.5%聚+0.2%Q+0.005%～0.02%F） | 聚合物强凝胶（0.2%～0.5%聚+0.2%Q+0.005%～0.02%F+0～1%体膨颗粒） |
| 第三阶段 | 聚合物弱凝胶（0.15%～0.25%聚+0.2%Q+0.005%～0.02%F） | 聚合物弱凝胶（0.15%～0.2%聚+0.2%Q+0.005%～0.02%F）<br>聚合物中强凝胶（0.2%～0.5%聚+0.2%Q+0.005%～0.02%F） |
| 第四阶段 | 聚合物强凝胶（0.2%～0.5%聚+0.2%Q+0.005%～0.02%F+0～1%体膨颗粒） | 聚合物强凝胶（0.2%～0.5%聚+0.2%Q+0.005%～0.02%F+0～1%体膨颗粒） |

注：Q为助凝剂；F为交联剂。

## 九、弱碱三元复合驱驱油方案

### 1.三元复合驱注入参数优化

#### 1）注入速度优化

优化注入速度时，配方参数为：前置段塞0.1PV，聚合物浓度1800mg/L；主段塞

0.45PV，聚合物浓度 1500mg/L 左右，表面活性剂有效浓度 0.3%，碱浓度 1.2%；副段塞 0.25PV，聚合物浓度 1500mg/L 左右，表面活性剂有效浓度 0.1%，碱浓度 1.0%；保护段塞不超过 0.2PV，聚合物浓度为 1500mg/L。

从七东$_1$区三元复合驱注入速度优化结果看（图 4-46），化学剂注入速度越快，日产峰值会出现得越早，提升幅度越大，但高峰期稳产时间较短；注入速度越慢，日产峰值会出现得越晚，提升幅度越小，但高峰期稳产时间较长。总体看，注入速度总体采收率差距不大，考虑技术经济性（图 4-47），为了保持合理的注入速度和开发年限，最终确定注入速度 0.12PV/a，与七东$_1$区注聚合物保持一致。

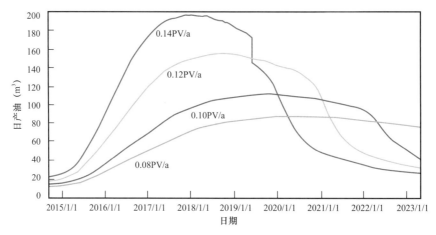

图 4-46　不同三元体系注入速度下日产油曲线

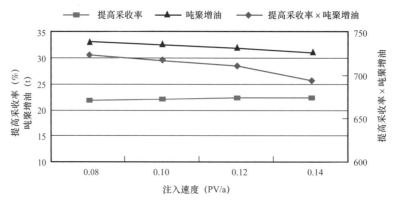

图 4-47　三元体系注入速度优选

### 2）三元复合驱段塞方式的确定

在三元复合驱中选择有效合理的化学剂组合段塞，不仅可以降低化学剂的用量，而且还能够提高驱油效率。在复合驱过程中为了使得化学剂发挥最大的效应，必须减少影响化学剂发挥作用的不利因素，诸如地层水矿化度、化学剂的吸附等。油田现场化学剂注入清水段塞，一方面进行清水预冲洗以降低地层水矿化度，同时为化学剂的注入能力提供数据。另外，在化学剂注入浓度及顺序上，选择成本较低的化学剂优先注入，减少后续注入化学剂的吸附。

基于化学注入剂既要起到扩大油层波及体积的作用，又要实现高效驱油的目的，还要考虑到尽可能地节约化学剂成本，根据以往大量的实验研究和矿场经验（表4-48），结合实际研究结果，七东₁区三元复合驱试验区采用"聚合物前置段塞 + 三元主段塞 + 三元副段塞 + 聚合物保护段塞"注入方式。

表4-48　大庆油田复合驱应用区块化学剂注入方式

| 区块 | | 前置段塞（PV） | 主段塞（PV） | 副段塞（PV） | 保护段塞（PV） | 合计（PV） |
|---|---|---|---|---|---|---|
| 北一区断东二类油层 | 方案设计 | 0.0375 | 0.3000 | 0.2500 | 0.2000 | 0.7875 |
| | 实际 | 0.0540 | 0.3510 | 0.1500 | | |
| 南五区一类油层 | 方案设计 | 0.0375 | 0.3000 | 0.2500 | 0.2000 | 0.7875 |
| | 实际 | 0.0617 | 0.3243 | 0.1710 | | |
| 南六区工业性 | 方案设计 | 0.0375 | 0.3500 | 0.1000 | 0.2000 | 0.6875 |
| | 实际 | 0.0801 | >0.1011 | | | |
| 杏一至杏二区东部Ⅱ块 | 方案设计 | 0.0375 | 0.3000 | 0.1500 | 0.2000 | 0.6875 |
| | 实际 | 0.0510 | >0.2960 | | | |
| 喇嘛甸油田北东块萨Ⅲ 4-10 油层 | 方案设计 | 0.0750 | 0.3000 | 0.1500 | 0.2000 | 0.7250 |
| | 实际 | 0.0820 | >0.1650 | | | |

### 3）三元体系注入段塞参数优化

（1）前置段塞大小和浓度确定。

①前置段塞的目的及意义。

在三元复合驱过程中首先采用一定量的前置聚合物段塞，主要基于以下几点考虑。

a. 保证三元主段塞有较好的驱油性能。前置段塞的注入可以保护主段塞不被地下水体稀释，并且前置聚合物在岩石上的滞留，可以降低表面活性剂的吸附，从而保证主段塞的驱油效果。

b. 高浓前置聚合物段塞主要选择进入高渗透层并滞留，形成较大的阻力，阻碍后续主段塞在高渗透层的突进，并波及中低渗透层，从而起到调整剖面的作用。

c. 在前置段塞过程中，可以对注入系统进行检验并调整，使其对化学驱油体系性能影响降到最低。

d. 根据前置段塞注入的动态特征，对注入参数进一步优化。

②前置段塞大小和浓度确定。

数值模拟分别模拟了注入 0.06PV、0.08PV、0.10PV、0.12PV 前置段塞的驱油效果，各段塞具体参数见表 4-49。

表 4-49    不同前置段塞大小设计方案

| 前置段塞（P） | 主、副段塞（S+P+A） | 保护段塞（P） |
|---|---|---|
| 0.06PV，1800mg/L | | |
| 0.08PV，1800mg/L | 0.7PV，1500mg/L（P）+0.30%（S）+1.2%（A） | 0.2PV，1500mg/L |
| 0.10PV，1800mg/L | | |
| 0.12PV，1800mg/L | | |

注：S 表示表面活性剂、P 表示聚合物、A 表示碱，后同。

模拟结果表明（图 4-48），随着前置段塞注入量逐渐增加，采收率增幅在 0.1PV 时达到最大，大于 0.1PV 后逐渐减小，考虑技术经济指标，提高采收率 × 吨聚增油在 0.10PV 时最高，因此最终推荐前置段塞大小为 0.10PV。

在确定前置段塞大小（0.10PV）前提下，分别模拟优化了前置段塞浓度为 1500mg/L、1800mg/L、2000mg/L、2500mg/L 的驱油效果，各段塞具体参数见表 4-50。

表 4-50    前置段塞不同聚合物浓度设计方案

| 前置段塞（P） | 三元段塞（S+P+A） | 保护段塞（P） |
|---|---|---|
| 0.10PV，1500mg/L | | |
| 0.10PV，1800mg/L | 0.7PV，1500mg/L（P）+0.30%（S）+1.2%（A） | 0.2PV，1500mg/L |
| 0.10PV，2000mg/L | | |
| 0.10PV，2500mg/L | | |

模拟结果表明（图 4-49），随着前置段塞浓度加大，采收率增幅先增加后下降，在 1800mg/L 时采收率增幅最大；考虑技术经济指标，提高采收率 × 吨聚增油在 1800mg/L 时最高，因此最终推荐前置段塞浓度为 1800mg/L。

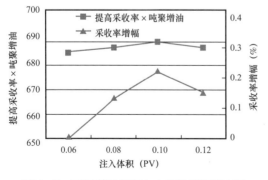 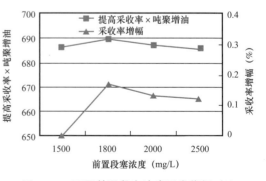

图 4-48    不同前置段塞大小开发指标对比图　　图 4-49    不同前置段塞浓度开发指标对比

（2）三元段塞（主、副段塞）大小和浓度确定。

①三元段塞大小优化。

三元复合驱油体系的段塞总大小对驱油效果影响很大，过小的体积不能大幅度提高采收率，而过大的体积又导致化学剂浪费、经济效益变差。因此，为了更加有效地利用三元段塞，对三元段塞进行数值模拟优化。

分别设计了三元段塞（主、副段塞）大小分别为 0.6PV、0.65PV、0.7PV、0.75PV 的四套方案，进行开发效果优化，具体见表 4-51。

表 4-51　三元段塞（主、副段塞）大小设计方案

| 序号 | 前置段塞（P） | 主、副段塞（S+P+A） | 保护段塞（P） |
|---|---|---|---|
| 1 | 0.10PV，1800mg/L（P） | 0.6PV，1500mg/L（P）+0.30%（S）+1.2%（A） | 0.2PV，1500mg/L（P） |
| 2 | | 0.65PV，1500mg/L（P）+0.30%（S）+1.2%（A） | |
| 3 | | 0.7PV，1500mg/L（P）+0.30%（S）+1.2%（A） | |
| 4 | | 0.75PV，1500mg/L（P）+0.30%（S）+1.2%（A） | |

模拟结果表明（图 4-50），随着三元段塞注入量加大，采收率逐渐提高，但增加幅度逐渐减小，在 0.7PV 时采收率出现拐点；同时考虑技术经济指标，提高采收率 × 吨聚增油在 0.7PV 时最高，因此最终推荐三元段塞大小为 0.7PV。

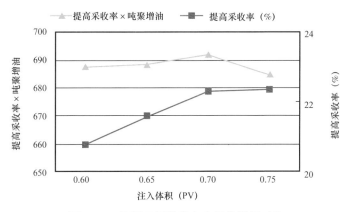

图 4-50　不同三元段塞大小开发指标对比

（3）三元段塞体系浓度优化。

①聚合物浓度优化。

在确定三元段塞大小为 0.7PV 条件下，分别对三元体系中聚合物、表面活性剂和碱的浓度进行了优化对比。优化聚合物浓度时，设计了 4 套方案进行效果对比（表 4-52）。

模拟结果表明（图 4-51），随着三元段塞聚合物浓度增加，采收率逐渐提高，超过 1500mg/L 时，采收率增加幅度减小；同时考虑技术经济指标，提高采收率 × 吨聚增油在 1500mg/L 出现拐点，综合考虑，最终推荐三元段塞聚合物浓度为 1500mg/L。

表 4-52　三元段塞不同聚合物浓度设计方案

| 前置段塞（P） | 主、副段塞（S+P+A） | 保护段塞（P） |
|---|---|---|
| 0.1PV，1800mg/L | 0.7PV，1000mg/L（P）+0.30%（S）+1.2%（A） | 0.2PV，1500mg/L |
| | 0.7PV，1200mg/L（P）+0.30%（S）+1.2%（A） | |
| | 0.7PV，1500mg/L（P）+0.30%（S）+1.2%（A） | |
| | 0.7PV，1800mg/L（P）+0.30%（S）+1.2%（A） | |

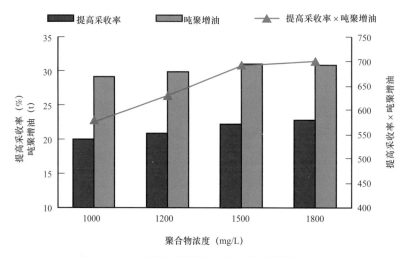

图 4-51　三元段塞不同聚合物浓度开发指标对比

② 表面活性剂浓度优化。

共设计了 4 套方案对表面活性剂浓度进行优化（表 4-53），模拟结果表明（图 4-52），随着三元段塞表面活性剂浓度增加，采收率逐渐提高，吨聚增油下降，这主要是因为表面活性剂在三元体系中对采收率的贡献值相对聚合物小，而表面活性剂的商品率又低，当折合成聚合物时价格远高于聚合物的价格，从而影响折合吨化学剂增油指标。综合考虑技术效果和经济效益，主、副段塞在采用单一浓度时，推荐表面活性剂有效浓度为 0.3%。

表 4-53　三元段塞不同表面活性剂浓度设计方案

| 前置段塞（P） | 主、副段塞（S+P+A） | 保护段塞（P） |
|---|---|---|
| 0.1PV，1800mg/L | 0.7PV，1500mg/L（P）+0.1%（S）+1.2%（A） | 0.2PV，1500mg/L |
| | 0.7PV，1500mg/L（P）+0.2%（S）+1.2%（A） | |
| | 0.7PV，1500mg/L（P）+0.3%（S）+1.2%（A） | |
| | 0.7PV，1500mg/L（P）+0.4%（S）+1.2%（A） | |

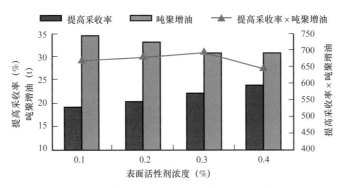

图 4-52　三元段塞不同表面活性剂浓度开发指标对比

③ 碱浓度优化。

共设计了 4 套方案对碱浓度进行优化（表 4-54），模拟结果表明（图 4-53），随着三元段塞碱浓度增加，采收率逐渐提高，超过 1.2% 时，采收率增加幅度减小；同时考虑技术经济指标，提高采收率 × 吨聚增油在 1.2% 时出现拐点。综合考虑，最终推荐三元段塞碱浓度为 1.0%～1.2%。

表 4-54　三元段塞不同碱浓度设计方案

| 前置段塞（P） | 主、副段塞（S+P+A） | 保护段塞（P） |
| --- | --- | --- |
| 0.1PV，1800mg/L | 0.7PV，1500mg/L（P）+0.3%（S）+0.8%（A） | 0.2PV，1500mg/L |
| | 0.7PV，1500mg/L（P）+0.3%（S）+1.0%（A） | |
| | 0.7PV，1500mg/L（P）+0.3%（S）+1.2%（A） | |
| | 0.7PV，1500mg/L（P）+0.3%（S）+1.4%（A） | |

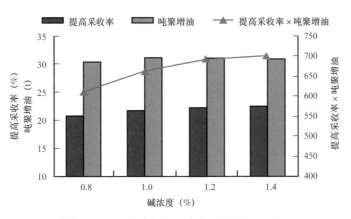

图 4-53　三元段塞不同碱浓度开发指标对比

（4）三元段塞组合优化。

表面活性剂浓度和用量对三元复合驱经济效果影响较大，因此在确定三元段塞大小为 0.7PV、聚合物浓度 1500mg/L、表面活性剂浓度 0.3%、碱浓度 1.2% 的前提下，需要对三元主、副段塞表面活性剂浓度及三元主副段塞大小进行优化，以提高经济效益。

① 主、副段塞表面活性剂浓度优化。

考虑到三元驱过程中表面活性剂的吸附的影响，又考虑经济成本的因素，分别数值模拟了不同主、副段塞表面活性剂浓度组合的驱油效果（表4-55）。结果表明（图4-54），表面活性剂用量相同时，不同浓度组合方式的采收率与单一浓度（0.3%）相比差距不大，但折算吨化学剂增油会有所提高，该结果与室内实验研究结果一致。

表4-55 三元主、副段塞表面活性剂浓度组合设计方案

| 前置段塞（P） | 主段塞（S+P+A） | 副段塞（S+P+A） | 保护段塞（P） |
| --- | --- | --- | --- |
| 0.1PV，1800mg/L | 0.35PV,1500mg/L（P）+0.3%（S）+1.2%（A） | 0.35PV,1500mg/L（P）+0.06%（S）+1.0%（A） | 0.2PV，1500mg/L |
| | 0.35PV,1500mg/L（P）+0.3%（S）+1.2%（A） | 0.35PV,1500mg/L（P）+0.08%（S）+1.0%（A） | |
| | 0.35PV,1500mg/L（P）+0.3%（S）+1.2%（A） | 0.35PV,1500mg/L（P）+0.10%（S）+1.0%（A） | |
| | 0.35PV,1500mg/L（P）+0.3%（S）+1.2%（A） | 0.35PV,1500mg/L（P）+0.12%（S）+1.0%（A） | |

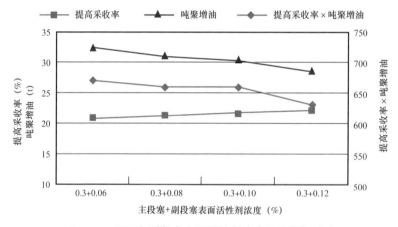

图4-54 不同主副段塞表面活性剂浓度开发指标对比

综合考虑，最终推荐三元主段塞表面活性剂有效浓度为0.3%，副段塞表面活性剂有效浓度为0.1%。

② 主、副段塞大小优化。

在三元段塞总大小为0.7PV的条件下，结合主副段塞三元体系参数优化结果，对三元主、副段塞各自大小进行模拟研究（表4-56）。

模拟结果表明（图4-55），随着主段塞注入量增加、副段塞注入量减小，采收率指标逐步增加。主要原因是主段塞中的表面活性剂浓度高，而副段塞中的表面活性剂浓度低，但提高采收率×吨聚增油指标逐步降低。考虑技术、经济因素，最终推荐三元主段塞大小为0.45PV，三元副段塞大小为0.25PV。

表 4-56 三元主、副段塞大小设计方案

| 前置段塞<br>（P） | 主段塞（S+P+A） | 副段塞（S+P+A） | 保护段塞<br>（P） |
|---|---|---|---|
| 0.1PV,<br>1800mg/L | 0.3PV,1500mg/L（P）+0.3%（S）+1.2%（A） | 0.4PV,1500mg/L（P）+0.1%（S）+1.0%（A） | 0.2PV,<br>1500mg/L |
| | 0.35PV,1500mg/L（P）+0.3%（S）+1.2%（A） | 0.35PV,1500mg/L（P）+0.1%（S）+1.0%（A） | |
| | 0.4PV,1500mg/L（P）+0.3%（S）+1.2%（A） | 0.3PV,1500mg/L（P）+0.1%（S）+1.0%（A） | |
| | 0.45PV,1500mg/L（P）+0.3%（S）+1.2%（A） | 0.25PV,1500mg/L（P）+0.1%（S）+1.0%（A） | |
| | 0.7PV，1500mg/L（P）+0.3%（S）+1.2%（A） | | |

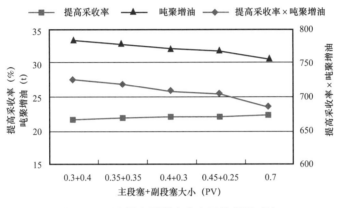

图 4-55 不同主副段塞大小开发指标对比

③ 主、副段塞碱浓度优化。

考虑碱结垢对储层伤害影响，在三元段塞总大小为 0.7PV 的条件下，结合主副段塞三元体系参数优化结果，对三元主、副段塞碱浓度进行优化研究（表 4-57）。

模拟结果表明（图 4-56），随着副段塞碱浓度增加，采收率指标逐步增加，但提高采收率 × 吨聚增油指标逐步降低。考虑技术、经济因素，最终推荐三元主段塞碱浓度为1.2%，三元副段塞碱浓度为 1.0%。

表 4-57 三元主、副段塞碱浓度设计方案

| 前置段塞<br>（P） | 主段塞（S+P+A） | 副段塞（S+P+A） | 保护段塞<br>（P） |
|---|---|---|---|
| 0.1PV,<br>1800mg/L | 0.45PV,1500mg/L（P）+0.3%（S）+1.2%（A） | 0.25PV,1500mg/L（P）+0.1%（S）+0.6%（A） | 0.2PV,<br>1500mg/L |
| | 0.45PV,1500mg/L（P）+0.3%（S）+1.2%（A） | 0.25PV,1500mg/L（P）+0.1%（S）+0.8%（A） | |
| | 0.45PV,1500mg/L（P）+0.3%（S）+1.2%（A） | 0.25PV,1500mg/L（P）+0.1%（S）+1.0%（A） | |
| | 0.45PV,1500mg/L（P）+0.3%（S）+1.2%（A） | 0.25PV,1500mg/L（P）+0.1%（S）+1.2%（A） | |

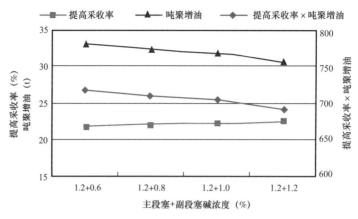

图 4-56　不同主副段塞碱浓度开发指标对比

4）保护段塞大小和浓度确定。

保护段塞主要是注入一定浓度的聚合物，其目的是在进一步提高开发效果的基础上，重点防止后续水驱阶段，注入水快速突破，含水率上升过快，影响已注入三元体系驱油效果。因此保护段塞参数优化重点是注入量和聚合物浓度。

（1）保护段塞大小。

共设计了四套方案进行优化（表 4-58）。模拟结果表明（图 4-57），随着保护段塞注入量增加，采收率指标缓慢上升，但增幅不大。主要原因是三元段塞将大部分可动剩余油驱替并采出，剩余小部分剩余油高度分散导致保护段塞开发效果不明显。从提高采收率 × 吨聚增油指标看，注入 0.2PV 时出现拐点，再增加注入量技术经济效果不明显。

综合考虑，最终推荐保护段塞大小为 0.2PV。

表 4-58　保护段塞大小设计方案

| 前置段塞（P） | 主段塞（S+P+A） | 副段塞（S+P+A） | 保护段塞（P） |
|---|---|---|---|
| 0.1PV，1800mg/L | 0.45PV，1500mg/L（P）+ 0.3%（S）+1.2%（A） | 0.25PV，1500mg/L（P）+ 0.1%（S）+1.0%（A） | 0.16PV，1500mg/L |
| | | | 0.18PV，1500mg/L |
| | | | 0.20PV，1500mg/L |
| | | | 0.22PV，1500mg/L |

（2）聚合物浓度。

共设计了四套方案进行优化（表 4-59）。模拟结果表明（图 4-58），随着聚合物浓度增加，采收率指标缓慢上升、吨聚增油缓慢下降，但二者变化幅度不明显；从提高采收率 × 吨聚增油指标看，聚合物浓度超过 1500mg/L 时，开始下降。考虑到保护段塞的主要作用和经济性，最终推荐保护段塞聚合物浓度为 1500mg/L，实际注入浓度可根据现场情况进行调整。

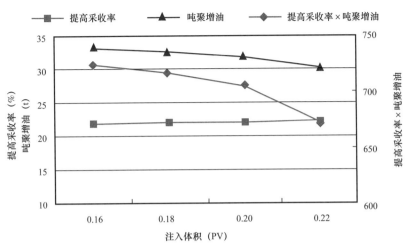

图 4-57　不同保护段塞大小开发指标对比

**表 4-59　保护段塞聚合物浓度设计方案**

| 前置段塞（P） | 主段塞（S+P+A） | 副段塞（S+P+A） | 保护段塞（P） |
|---|---|---|---|
| 0.1PV，1800mg/L | 0.45PV，1500mg/L（P）+<br>0.3%（S）+1.2%（A） | 0.25PV，1500mg/L（P）+<br>0.1%（S）+1.0%（A） | 0.2PV，1000mg/L |
| | | | 0.2PV，1200mg/L |
| | | | 0.2PV，1500mg/L |
| | | | 0.2PV，1800mg/L |

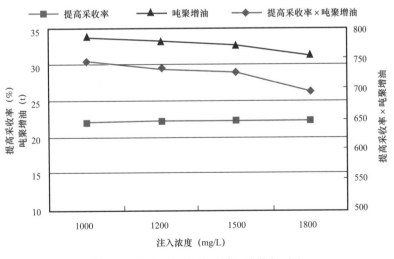

图 4-58　不同保护段塞浓度开发指标对比

## 2.三元体系参数优化结果

综上所述，三元复合驱试验区前置段塞注入聚合物浓度 1800mg/L，段塞尺寸 0.1PV；

三元主段塞注聚合物浓度 1500mg/L，表面活性剂有效浓度 0.3%，碱浓度 1.2%，段塞尺寸 0.45PV；三元副段塞注聚合物浓度 1500mg/L，表面活性剂有效浓度 0.1%，碱浓度 1.0%，段塞尺寸 0.25PV；后续保护段塞聚合物浓度 1500mg/L，保护段塞尺寸 0.2PV；后续水驱段塞尺寸 0.24PV 至含水率 95%，试验结束（表 4-60）；注入时机与七东₁区聚合物驱同步，注入速度 0.12PV/a。

表 4-60　七东₁区三元驱试验区三元体系段塞优化参数结果

| 前置段塞（P） | 主段塞（S+P+A） | 副段塞（S+P+A） | 保护段塞（P） | 后续水驱段塞 | 注入速度（PV/a） |
|---|---|---|---|---|---|
| 0.1PV，1800mg/L | 0.45PV，1500mg/L（P）+0.3%（S）+1.2%（A） | 0.25PV，1500mg/L（P）+0.1%（S）+1.0%（A） | 0.2PV，1500mg/L | 0.24PV | 0.12 |

## 十、小结

不同渗透率下低界面张力和水油黏度比存在较明显的协同作用，实现相近采收率增幅条件下，可以通过降低界面张力的方法减弱对体系黏度比的要求，同样可以通过增大水油黏度比的方法，降低复合驱对油水界面张力的要求；均质条件下乳化能力的协同效应不明显；尽管如此，若实现最高采收率，则要求界面张力必须达到超低 $10^{-3}$mN/m。确定了不同渗透率砾岩油藏实现复合驱采收率大于 20% 对体系界面张力、黏度比和乳化能力的要求，据此确定了不同渗透率油藏中复合体系设计规范，同时给出了能够达到该性能要求的复合体系组成，可为实际应用中复合体系性能的设计及配方研制提供参考。

（1）七东₁区三元复合驱的表面活性剂配方正在筛选中，对克拉玛依炼化厂生产的老石油磺酸盐 KPS 进行了评价，认为 KPS 产品质量基本能够满足复合驱配方需要、性能较为稳定，但是还需要测试后进行后续评价。

（2）不同配比条件下，三元体系经过岩心砂四次吸附后界面张力基本未发生改变，平衡界面张力 $IFT_{120min}$ 均达到超低界面张力 $10^{-3}$mN/m 的指标要求。

（3）三元体系经过岩心砂四次吸附后各化学剂含量均随着吸附次数增加而减少，随着岩心砂含量增加各化学剂含量逐渐降低，整体上碱的吸附损耗最大，吸附四次后含量损失一半左右。

（4）各化学剂的吸附损耗满足线性吸附，随着砾岩岩心砂含量增加而增大：三元碱的吸附速率＞三元表面活性剂吸附速率＞二元复合驱表面活性剂吸附速率＞三元复合驱聚合物吸附速率≈二元聚合物吸附速率。

（5）七东₁区三元复合驱清水配液的初步配方为表面活剂浓度为 0.3%，碳酸钠为 0.8%～1.4%。

（6）聚合物选择与聚合物驱相同，分子量为 2500 万，浓度为 1200～1800mg/L。

# 第三节　现场实施效果

## 一、三元驱"驱、调"一体化技术

针对不同目标任务，不同于以往单一调控，本次调控实现从驱替体系到分阶段综合注采调控，实现不同阶段方案目标，最终达到控剂、增油、降水的目的。

### 1. 强非均质条件下的体系配方设计方法

渗透率级差不小于6时，调剖降低储层非均质程度，驱油体系采用高黏段塞，提高驱油体系调剖能力。渗透率级差在3～6间时，采用"梯次降黏"注入模式，先注入可在高渗透层中起到流度控制作用的高黏度体系，后续再注入与低渗透层配伍的低黏度体系。渗透率级差不大于3时，按照低渗透层的配伍性结果注入低黏度体系即可。

2019年1月28日三元驱及外扩井组7口井实施提浓，提浓至试验区停注阶段，日产液由499.8m³降至419m³，含水率由93.0%降至最低87.7%，日产油由35.1t最高升至59.3t，此阶段提浓措施有一定增油降水效果（图4-59）。

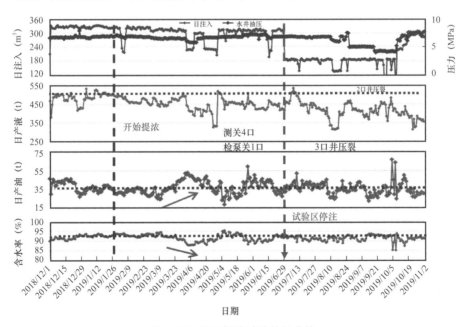

图4-59　7口提浓试验井组曲线

2019年4月试验区3口井进行变碱强度试验，变强度至试验区停注阶段，日产液由201.3m³升至222.5m³，含水率由91.3%最低降至88.0%，日产油由17.6t最高升至30.4t，变强度后见到一定效果，试验区停注后变强度井组液量下降明显，井组效果变差（图4-60）。

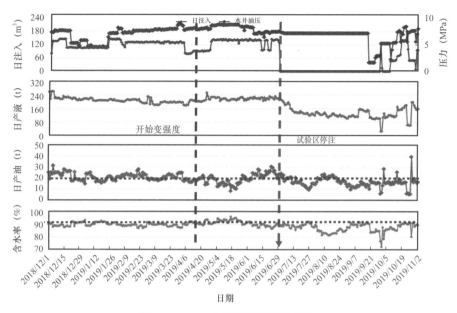

图 4-60　3 口变强度试验井组曲线

## 2. 高渗透、强非均质性储层的小剂量、高强度、多轮次连片调剖技术

裂缝型窜流通道：先采用 CBS 封堵裂缝，后续采用凝胶颗粒封堵次级通道。优势渗流通道：采用 ASG、体膨颗粒多轮次调剖改善平剖面矛盾（表 4-61）。

表 4-61　不同优势通道适应的调剖配方及段塞组合模式

| 聚窜类型 | | 指导思想 | 封堵示意图 | 配方体系 | 段塞设计思想 |
|---|---|---|---|---|---|
| 裂缝型 | | 逐级封堵分级动用 | | CBS 固化体系—体膨颗粒 /ASG | CBS 解决堵剂在裂缝中站得住，通过体膨颗粒 /ASG 扩大波及体积 |
| 优势通道型 | I 级 | 小剂量多轮次 | | ASG/ 体膨颗粒 | ASG 小剂量多轮次改善平剖面矛盾 |
| | II 级 | 远堵近调 | | 体膨颗粒 / 微球 | 通过体膨颗粒封堵优势通道，扩大后续聚合物驱波及体积 |

根据 2019 年调剖思路和选井原则，在弱碱三元区选择井组油井高含水、高产聚、窜流明显的 4 口井（图 4-61），从 9 月 29 日到 11 月 4 日先后开展 ASG 体系调剖。前两轮次效果比较明显，第三轮次的效果还有待继续跟踪观察。

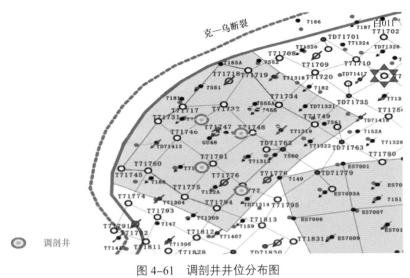

图 4-61　调剖井井位分布图

## 3. 砾岩油藏三元复合驱分阶段精细综合调控技术

通过建立精细注采调控流程，针对存在的问题，明确了调控目标，制订调控对策，保障方案最终目标实现。采用调堵结合能提高窜流通道封堵效果，实验结果表明：相比单独调剖或者单独堵水方式，采用调堵结合方式提高采收率明显（图 4-62），现场实施后，产聚浓度下降明显（图 4-63），为裂缝型窜流通道治理提供依据。

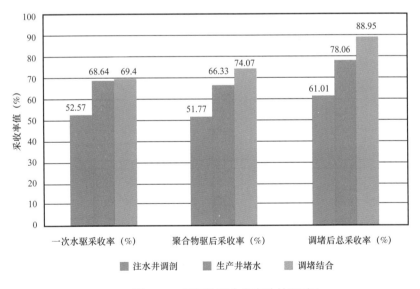

图 4-62　不同治理方案实验结果对比

通过对试验区窜流通道、剩余油及隔层分布深入认识，油井选层压裂，水井上部注入，采用"封下采上"，现场应用效果明显，达到动用中低渗透层目的（图 4-64 和图 4-65）。

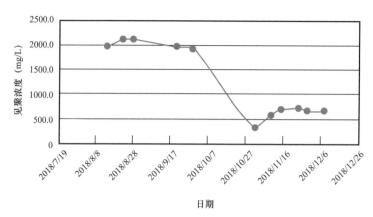

图 4-63 T71761 井见聚浓度

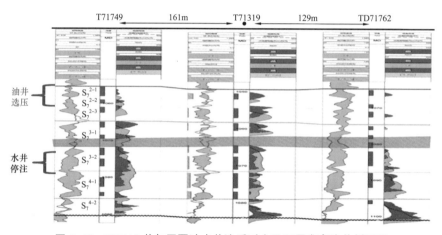

图 4-64 T71319 井与周围油水井注采对应及隔层发育连井剖面图

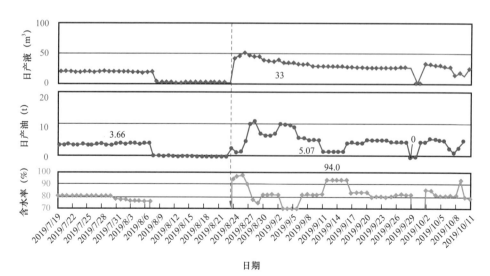

图 4-65 T71748 井生产曲线

## 二、停注后试验区效果分析和窜流通道识别

### 1. 停注阶段效果分析

试验区于 2019 年 6 月 30 日停注，停注后试验区液量、含水率下降明显，日产液由 504.5m³ 降至最低的 201.3m³，含水率由 90.3% 降至最低的 82.1%，日产油维持在 48t 左右（图 4-66）。停注后，注采压差减小，由停注前的 4MPa 降低至 3.7MPa（图 4-67）。试验区停注阶段产出液氯离子浓度逐渐升高，最高至 2438.3mg/L，目前产出液氯离子浓度为 1870.4mg/L（图 4-68）。

停注阶段含水率下降原因如下。

正常注入时，动用油藏的压力梯度为注采压差产生的梯度，体系也主要波及高渗透层，高渗透层压力梯度高，中渗透低渗透层压力梯度低一些，体系可通过高渗透层高压区渗流一部分到中低渗透层低压区，但逆向流动较困难。

停注后，注采压差下降使高渗透层压力梯度下降，中低渗透层压力梯度可能变得比高渗透层压力高，中低渗透区域油水通过高渗透层产出，由于先前注入时部分体系渗透进中低渗透层，因此中低渗透层产出液含水率较低。

### 2. 停注阶段水流优势通道识别

依据划分标准对试验区井网井进行分析，其中有 8 条一级通道，有 13 条二级通道，有 8 口油井仅存在正常水流优势通道（图 4-69）。

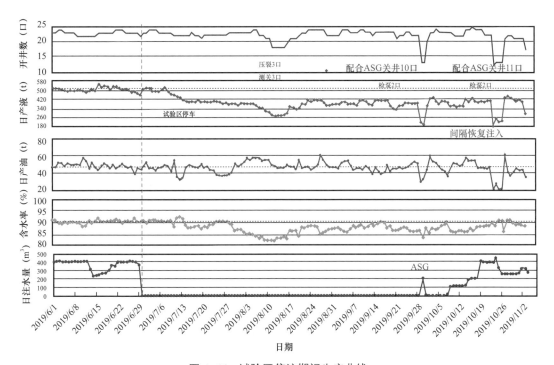

图 4-66　试验区停注期间生产曲线

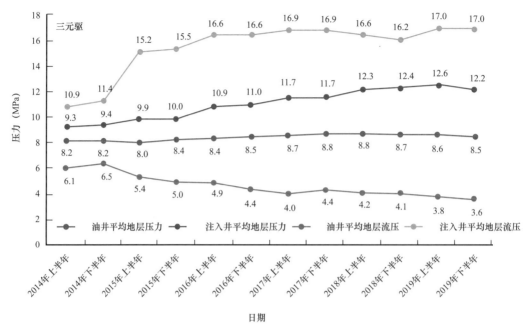

图 4-67　试验区压力曲线

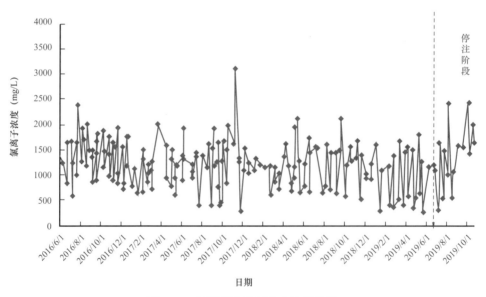

图 4-68　试验区氯离子产出浓度曲线

## 三、应用情况

截至 2020 年 8 月，试验区日注水 336t，日产液 413t，日产油 39t，含水率 90.5%。注入速度 0.06PV/a，注入压力 6.1MPa，地层压力 8.8MPa，累产油 $15.9 \times 10^4$t，阶段采出程度 14%（图 4-70）。

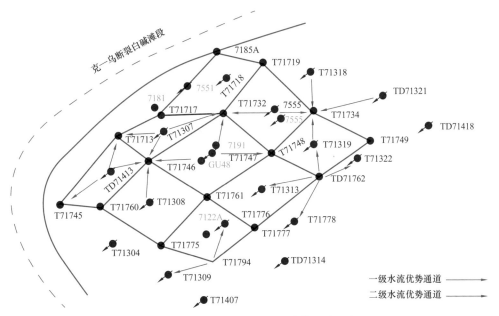

图 4-69 停注阶段试验区水流优势通道示意图

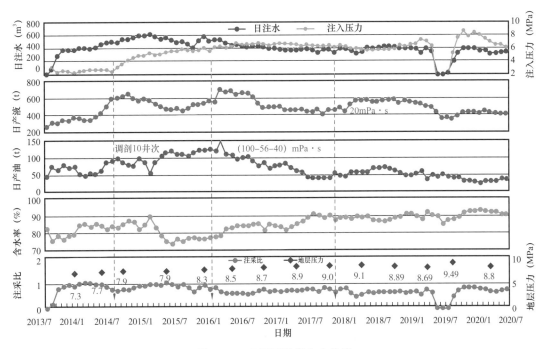

图 4-70 三元区月度生产曲线

为了改善开发效果，三元驱及外围共 7 口井自 2019 年 1 月 28 日开展提浓试验，设计注入黏度由 20 mPa·s 调至 78.5mPa·s，注入量按照配注量实施。

提浓试验井试验前日产液 439.7m³，含水率由 92.5% 降至最低 89.5%，日产油由

40.3t 最高升至 52.3t，截止到停注前，含水率有下降趋势，油量呈现波动。目前日产液 440.9m³，日产油 28.9t，含水率 93.5%。氯离子有上升趋势。提浓井组 21 口油井，见效井 10 口，占比 47.6%，明显见效井 5 口，5 口井在三元试验区内，未见效井 11 口（图 4-71 和图 4-72）。

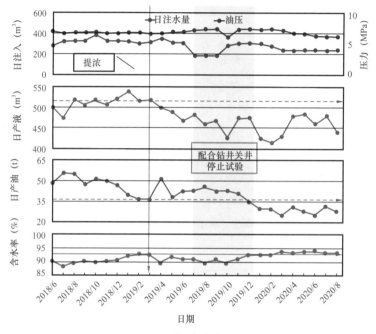

图 4-71　7 口提浓试验井组曲线

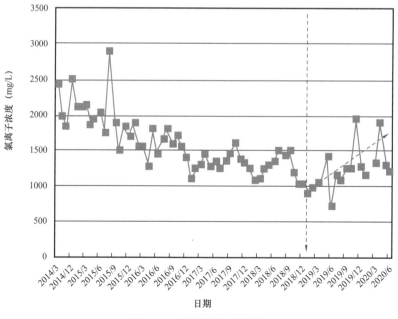

图 4-72　氯离子变化曲线

### 1. 三元驱注采对应封堵

储层下部 $S_7^3$、$S_7^4$ 为高渗透窜流层，而上部物性相对较差、但剩余油富集，为减少层间干扰，通过油井选层压裂改造 $S_7^2$ 层（5口），结合水井控制下部注入（4口），逐步建立 $S_7^2$ 层段的注采对应关系，提高上部中低渗透层有效动用程度。目前工作进展：5口油井压裂完，其中3口复抽开，平均单井日产油由 1.9t 提高到 3.5t，含水率由 91.9% 下降到85.9%；4口水井已隔堵，正在测试剖面变化，待 ASG 封堵后开井。

### 2. 提浓调整渗透率级差，增加对中高渗透储层动用

2019年优化驱油体系与储层配伍关系，三元驱及外扩共7口井注入黏度由 35.8mPa·s 调至 78.5mPa·s；Ⅰ区北5井组实施交替注入变强度试验，聚合物黏度在90mPa·s-50mPa·s-90mPa·s 交替注入；提浓试验井调整后注入压力稳定在 6.8MPa，日产液由 424t 下降至 385t，含水率由 92.4% 降至 91.4%，日产油稳定在 30.4t 左右，目前配合石炭系钻井关井。交替注入变强度试验调整后，日产液 293t 下降至 285t，含水率由95.1% 降至 93.4%，日产油由 14.5t 升至 18.8t。

## 四、小结

（1）研究了强非均质条件下的体系配方设计方法。
（2）形成了针对高渗透、强非均质性储层的小剂量、高强度、多轮次连片调剖技术。
（3）形成了砾岩油藏三元复合驱分阶段精细综合调控技术。

参 考 文 献

[1] 李宜强，陈建勋，金楚逸，等.砾岩油藏聚合物驱后二元和三元复合驱的优选[J].油气地质与采收率，2017，24（2）：63-66.

[2] 陈寓兴，聂振荣.七中区砾岩油藏聚表二元驱调剖技术研究[J].石油知识，2015（1）：48-49.

[3] Elhajjaji R，Hincapie R E，Tahir M，et al. Systematic Study of Viscoelastic Properties During Polymer-Surfactant Flooding in Porous Media[C]//SPE Russian Petroleum Technology Conference and Exhibition. 2016.

[4] Malik I A，Al-Mubaiyedh U A，Sultan A S，et al. Rheological and thermal properties of novel surfactant-polymer systems for EOR applications[J]. Canadian Journal of Chemical Engineering，2016，94（9）：1693-1699.

[5] Felix U，Ayodele T O，Olalekan O. Surfactant-Polymer Flooding Schemes（A Comparative Analysis）[J]. 2015.

[6] Marliere C，Wartenberg N，Fleury M，et al. Oil Recovery in Low Permeability Sandstone Reservoirs Using Surfactant-Polymer Flooding[C]//SPE Latin American and Caribbean Petroleum Engineering Conference. 2015.

［7］雷征东，袁士义，宋杰.三元复合体系乳状液渗流对采收率影响［J］.辽宁工程技术大学学报：自然科学版，2009（S1）：76-78.

［8］曾晓飞，郑晓宇，魏乾乾，等.乳化作用在复合驱提高原油采收率研究进展［J］.广州化工，2015（15）：20-22.

［9］栾和鑫，陈权生，陈静，等.驱油体系乳化综合指数对提高采收率的影响［J］.油田化学，2017，34（3）：528-531.

［10］刘晓霞，朱友益，徐倩倩.驱油用水溶性乳化剂乳化性能的评价［J］.应用化工，2016，45（2）：223-226.

［11］刘晓霞，朱友益.驱油用水溶性乳化剂乳化力评价方法的改进［J］.精细石油化工，2016，33（1）：73-76.

［12］Liu W，Luo L，Liao G，et al. Experimental study on the mechanism of enhancing oil recovery by polymer-surfactant binary flooding［J］. Petroleum Exploration and Development，2017，44（4）：636-643.

［13］Xiu J，Zhu W，Guo Y，et al. Study on Effects of Polymer for SP Binary Flooding on Emulsion Flowing Rules in Porous Medium［C］// International Conference on Mechatronics. 2016.

［14］张云善，李华斌，孙荟来.缔合聚合物在低渗透油层中驱油研究［J］.大庆石油地质与开发，2007，27（5）：114-116.

［15］郑力军，杨棠英，刘显，等.超低界面张力驱油用表面活性剂的研究及应用［J］.陕西科技大学学报，2014，32（2）：97-100.

［16］杨二龙，宋考平.大庆油田三类油层聚合物驱注入速度研究［J］.石油钻采工艺，2006，28（3）：45-49.

［17］刘皖露，马德胜，王强，等.化学驱数值模拟技术［J］.东北石油大学学报，2012，36（3）：72-78.